"十四五"职业教育国家规划教材

机械设计基础实训指导

（第七版）

◎主　编　　罗玉福　王少岩
◎副主编　　林建华　苟阿妮
　　　　　　罗　恺　贾宝富
　　　　　　郭　玲

大连理工大学出版社

图书在版编目(CIP)数据

机械设计基础实训指导 / 罗玉福,王少岩主编. --7版. -- 大连：大连理工大学出版社,2022.1(2024.11重印)
ISBN 978-7-5685-3331-7

Ⅰ. ①机… Ⅱ. ①罗… ②王… Ⅲ. ①机械设计－高等职业教育－教学参考资料 Ⅳ. ①TH122

中国版本图书馆CIP数据核字(2021)第222084号

大连理工大学出版社出版

地址：大连市软件园路80号　邮政编码：116023
营销中心：0411-84707410　84708842　邮购及零售：0411-84706041
E-mail:dutp@dutp.cn　URL:https://www.dutp.cn
大连永盛印业有限公司印刷　　大连理工大学出版社发行

幅面尺寸:185mm×260mm　　印张:15　　字数:339千字
2004年11月第1版　　　　　　　　　　2022年1月第7版
2024年11月第5次印刷

责任编辑：刘　芸　　　　　　　　责任校对：吴媛媛
　　　　　　　　　封面设计：方　茜

ISBN 978-7-5685-3331-7　　　　　　　　定　价：47.80元

本书如有印装质量问题,请与我社营销中心联系更换。

前 言

《机械设计基础实训指导》(第七版)是"十四五"职业教育国家规划教材、"十三五"职业教育国家规划教材及"十二五"职业教育国家规划教材。

本教材内容丰富,是一本既有课程实验内容,又有课程设计指导内容,还有机械设计的常用标准、技术规范及其他设计资料的"三合一"工作手册式教材。

本教材是在上版教材的基础上,根据高职教育机械类及近机械类相关专业人才培养目标的要求,结合近年来高职教学改革的经验与成果,并总结各院校对上版教材的使用经验修订而成的。在本次修订过程中,我们力求突出如下特色:

1. 在满足教学基本要求的前提下,以必需、够用为度,优化并完善教材内容,做到难易适度,保持本书简明、实用的特点和风格。

2. 融入教、学、做一体化的理念,以机械设计实训项目为导向,以带式输送机的传动装置设计、减速器设计任务为纽带,通过对设计工作过程的讲解,将有关设计理论知识和设计方法有机地结合在一起,步骤明确、实用性强,使学生得到充分的设计训练。常用的设计任务书可以保证每生一题。

3. 对部分内容进行了改写,并更正了前一版教材中文字、图表的疏漏和错误。

4. 为便于学生查找、应用设计资料,通过精选内容,将第11章设计成简明且实用的机械设计手册部分。

5. 全书采用现行国家标准、规范和资料。

本教材与《机械设计基础》(第七版)配套使用,可供高职院校机械、机电、模具、数控、汽车、船舶、仪表、化机等装备制造大类相关专业教学使用,也可作为成人院校相关专业的教材、自考教材及专升本教材等,还可供有关工程技术人员参考使用。

由于各学校、各专业的情况及教学安排不同，因而在教学中，教师可根据实际情况对本教材的内容进行取舍。

本教材由大连海洋大学应用技术学院罗玉福、辽宁理工职业大学王少岩任主编，武汉船舶职业技术学院林建华、厦门华天涉外职业技术学院苟阿妮、沈阳市装备制造工程学校罗恺、淄柴动力有限公司贾宝富、辽宁石油化工大学郭玲任副主编，大连海洋大学应用技术学院胡文静、丁堃参与了部分内容的编写。具体编写分工如下：王少岩编写第1、2章；林建华编写第3章；苟阿妮编写第4章；罗玉福编写第5、11章；郭玲编写第6章的6.1和6.2；贾宝富编写第6章的6.3和6.4；胡文静编写第7章；丁堃编写第8章；罗恺编写第9、10章。全书由罗玉福负责统稿和定稿。

在编写本教材的过程中，我们参考、引用和改编了国内外出版物中的相关资料以及网络资源，在此对这些资料的作者表示诚挚的谢意。请相关著作权人看到本教材后与我社联系，我社将按照相关的法律规定支付稿酬。

尽管我们在教材特色的建设方面做出了许多努力，但由于时间仓促，教材中仍可能存在一些错误和不足，恳请各教学单位和读者在使用本教材时多提宝贵意见，以便下次修订时改进。

编　者

2022年1月

所有意见和建议请发往：dutpgz@163.com
欢迎访问职教数字化服务平台：https://www.dutp.cn/sve/
联系电话：0411-84708979　84707424

目 录

第 1 章　机械设计基础课程实验 ... 1
- 1.1　机械设计基础课程实验概述 ... 2
- 1.2　机械设计基础课程实验示例 ... 2
- 1.3　机械设计基础课程实验指导 ... 3
- 1.4　机械设计基础课程实验报告 ... 11

第 2 章　机械设计基础课程设计概述 ... 19
- 2.1　课程设计的目的 ... 20
- 2.2　课程设计的内容及任务 ... 20
- 2.3　课程设计的进度计划 ... 21
- 2.4　课程设计应注意的问题 ... 22

第 3 章　传动装置的总体设计 ... 25
- 3.1　传动方案的分析和拟订 ... 26
- 3.2　选择电动机 ... 28
- 3.3　计算总传动比和分配各级传动比 ... 32
- 3.4　计算传动装置的运动和动力参数 ... 34
- 3.5　检查重点 ... 36

第 4 章　传动零件的设计计算 ... 37
- 4.1　箱外传动件的设计 ... 38
- 4.2　箱内传动件的设计 ... 39
- 4.3　轴径的初选 ... 41
- 4.4　检查重点 ... 43

第 5 章　减速器的结构 ... 45
- 5.1　减速器简介 ... 46
- 5.2　减速器的结构设计 ... 47
- 5.3　减速器的附件设计 ... 54
- 5.4　减速器的润滑和密封 ... 63
- 5.5　减速器装配图参考图例 ... 66
- 5.6　减速器零件图参考图例 ... 74

第 6 章　减速器装配图的设计 ... 79
- 6.1　装配草图设计的准备 ... 80
- 6.2　装配草图的设计 ... 80
- 6.3　减速器装配图的完成 ... 94
- 6.4　检查重点 ... 96

第 7 章 减速器零件图的设计 · 99
- 7.1 零件图的设计要点 · 100
- 7.2 轴类零件图的设计 · 101
- 7.3 齿轮类零件图的设计 · 103
- 7.4 箱体类零件图的设计 · 104
- 7.5 检查重点 · 106

第 8 章 编写设计计算说明书和答辩 · 107
- 8.1 编写设计计算说明书 · 108
- 8.2 答　辩 · 110
- 8.3 检查重点 · 112

第 9 章 课程设计示例 · 113
- 9.1 课程设计计算说明书 · 114
- 9.2 减速器装配图 · 124
- 9.3 减速器零件图 · 126

第 10 章 课程设计任务书与成绩评定 · 129
- 10.1 课程设计任务书 · 130
- 10.2 课程设计训练日志及总结 · 133
- 10.3 课程设计成绩评定 · 137

第 11 章 机械设计常用标准、规范及其他设计资料 · 139
- 11.1 机械制图常用标准、规范 · 140
- 11.2 标准尺寸 · 142
- 11.3 中心孔 · 143
- 11.4 砂轮越程槽 · 144
- 11.5 零件倒圆、倒角及轴肩、轴环的尺寸 · 145
- 11.6 常用金属材料及润滑剂 · 146
- 11.7 螺纹及螺纹连接件 · 154
- 11.8 轴系零件的紧固件 · 171
- 11.9 联轴器 · 181
- 11.10 电动机 · 195
- 11.11 滚动轴承 · 201
- 11.12 滚动轴承座 · 209
- 11.13 密封件 · 211
- 11.14 销 · 214
- 11.15 极限与配合 · 216
- 11.16 几何公差数值 · 220
- 11.17 表面粗糙度 · 222
- 11.18 齿轮的精度 · 224

参考文献 · 233

第 1 章

机械设计基础课程实验

1.1 机械设计基础课程实验概述

机械设计基础课程实验是本课程重要的实践教学环节之一。通过实验,能认识一些与本课程有关的实验设备,掌握最基础的机械设计实验方法及实验基本技能,培养认真细致、一丝不苟的工作作风,提高观察问题、分析问题和解决问题的能力,巩固和加深对本课程所学基本概念、基本理论的理解,为学习后续课程及今后从事技术工作打下必要的基础。

实验项目如下:
实验1,平面机构运动简图的绘制与分析。
实验2,渐开线齿廓的范成原理。
实验3,渐开线齿轮基本参数的测定。
实验4,减速器拆装。
实验5,轴系结构的分析与测绘。

在做实验之前,要认真预习机械设计基础课程实验指导(本章1.3节)的相关内容,并复习与实验有关的教学内容,为完成实验做好充分准备。实验后,必须写出实验报告。

上述实验项目供各校在教学中选用。建议有条件的学校开发更多的实验项目,如带传动、动平衡、传动效率、机构创新设计等。如果实验设备不足,可进行演示性实验。

1.2 机械设计基础课程实验示例

如图 1-1(a)所示为某冲床的主体传动机构,要求绘制该机构的运动简图。

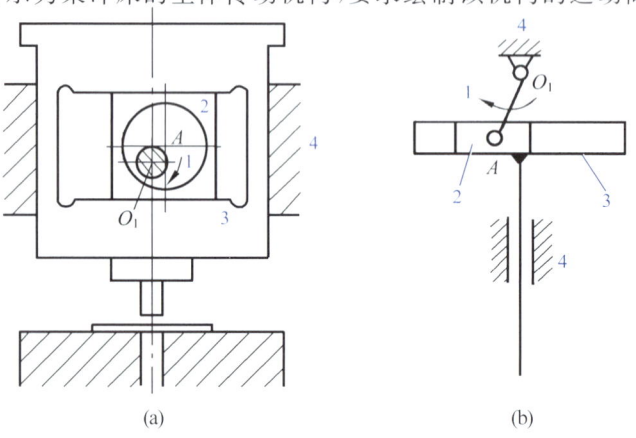

图 1-1 冲床的主体传动机构及其运动简图
1—偏心轮;2—滑块;3—冲头;4—机架

首先分析机构的结构及运动特征。通过动力输入构件或转动手柄,使机构缓慢地运动。循着传动路线仔细观察机构的运动,判断机构中哪些构件是原动件,哪些构件是连接构件、输出构件及固定构件等,同时确定构件的数目,并依次判断相邻两构件之间组成运动副的类别,确定哪些是转动副、移动副及高副或低副。

由图 1-1(a)可知,该机构由偏心轮、滑块、冲头与机架组成。偏心轮是该机构的原动件,绕固定轴线定轴转动;冲头为输出构件,在垂直方向往复移动;滑块是连接构件,做平动。偏心轮与机架组成固定转动副 O_1,同时又与滑块组成转动副 A;冲头与滑块组成水平方向的移动副,同时又与机架组成垂直方向的移动副。

下面绘制该机构的运动简图。选定投影面及适当的比例尺 μ_L,测量构件的有关尺寸,用规定的线条和符号画出运动副及构件,并在构件旁标注数字,在运动副旁标注字母,在原动件上标注箭头。

绘图时,根据机构的实际尺寸及所绘运动简图的大小选取比例尺 μ_L,冲头可简化为 T 字形构件,偏心轮可简化为杆件 O_1A。将原动件画在一般位置上,同时还应注意各构件之间的相对位置:O_1A 的距离为偏心距 e,构件 3 垂直方向的导路通过 O_1 点。绘出的机构运动简图如图 1-1(b)所示。

最后,利用机构自由度计算公式 $F=3n-2P_L-P_H$ 求出机构的自由度,并分析机构运动的确定性。

在该机构中,活动构件的数目 $n=3$,低副的数目 $P_L=4$,高副的数目 $P_H=0$,将数值代入机构自由度计算公式可得

$$F=3n-2P_L-P_H=3\times3-2\times4-0=1$$

由于原动件数为 1,且机构的自由度与原动件数相同,因此该机构的运动确定。

1.3 机械设计基础课程实验指导

实验 1 平面机构运动简图的绘制与分析

1. 实验目的

(1)初步掌握绘制平面机构运动简图的方法和技能,并能正确表达有关机构、运动副及构件。

(2)掌握平面机构自由度的计算方法,分析机构运动的确定性。

2. 实验设备和工具

(1)各种典型机构、机械的实物或模型。

(2)钢板尺、钢卷尺、内卡钳、外卡钳、量角器。

(3)学生自备绘图纸、笔、圆规、橡皮等文具。

3. 实验步骤

(1) 观察机构的运动并确定构件数

首先找出机构中的原动件,通过动力输入构件或转动手柄,使被测绘的机构或机器(或模型)缓慢地运动,循着运动的传递路线仔细观察并判断哪些为连接构件、工作构件、固定构件等,同时确定构件的数目。

(2) 判别各构件之间运动副的类别

按照运动的传递路线,根据两构件的接触情况及相对运动的特点,依次判断相邻两构件之间组成运动副的类别,确定哪些是转动副、移动副及高副或低副。

(3) 绘制平面机构的示意图

正确选择投影面,将原动件放在一般位置上,按照运动的传递路线及代表运动副、构件的规定符号绘制出机构运动的示意图,并对机构中的每一构件进行编号,在构件旁标注数字1、2、3……,在运动副旁标注字母 A、B、C……,在原动件上标注箭头。绘制机构示意图可供定性分析机构运动特征时使用,也可为正确绘制机构运动简图做好准备。

(4) 测量与机构运动有关的尺寸并按比例绘制平面机构的运动简图

仔细测量与机构运动有关的尺寸,包括转动副间的中心距、移动副导路的位置或角度等。选择适当的比例尺 μ_L,按比例确定各运动副之间的相对位置,并以简单的线条和规定的运动副符号正确绘出机构运动简图。

$$\text{比例尺 } \mu_L = \frac{\text{构件的实际长度(单位:mm)}}{\text{运动简图上构件的图示长度(单位:mm)}}$$

(5) 计算机构的自由度

平面机构自由度 F 的计算公式为

$$F = 3n - 2P_L - P_H$$

式中:n 为活动构件的数目,P_L 为低副的数目,P_H 为高副的数目。

(6) 分析机构运动的确定性

将计算得到的机构自由度与所测绘机构的原动件数相比较,两者应相等。若与实际情况不符,则要找出原因并及时改正。

4. 实验报告格式及要求

(1) 实验报告格式见本章1.4节。

(2) 所测绘的运动简图中,至少有一张要按比例绘制。

实验2 渐开线齿廓的范成原理

1. 实验目的

(1) 了解用范成法加工渐开线齿轮齿廓的原理。

(2) 了解用范成法加工时,齿廓产生根切现象的原因及避免根切的方法。

(3) 分析比较标准齿轮和正变位齿轮齿形几何尺寸的异同点。

2. 实验设备和工具

(1) 齿轮范成仪。

(2) 学生自备绘图纸、圆规、三角板、剪刀、铅笔(或圆珠笔)、计算器等文具。

3. 实验内容

用渐开线齿轮范成仪进行范成实验,模拟用范成法加工渐开线标准齿轮和正变位齿轮齿廓的过程,在图纸上各绘出2～3个完整的齿廓。

4. 实验原理

范成法是根据渐开线齿轮与齿条(或一对渐开线齿轮)相互啮合时,其共轭齿廓互为包络线的原理来切制齿轮的一种方法。如果把其中的齿条(或一个齿轮)做成刀具,另一个齿轮当作齿坯,使两者做纯滚动,则在各个不同位置上,刀刃轮廓线在齿坯上所依次占据的位置线就会形成包络线,这种在齿坯上形成的包络线就是渐开线齿廓。为了能清楚地观察到刀刃相对齿坯的各个位置形成包络线的过程,了解用范成法加工形成渐开线齿廓的原理,通常用齿轮范成仪进行模拟实验。

范成仪的结构形式较多,图1-2所示为用钢丝传动的渐开线齿轮范成仪。

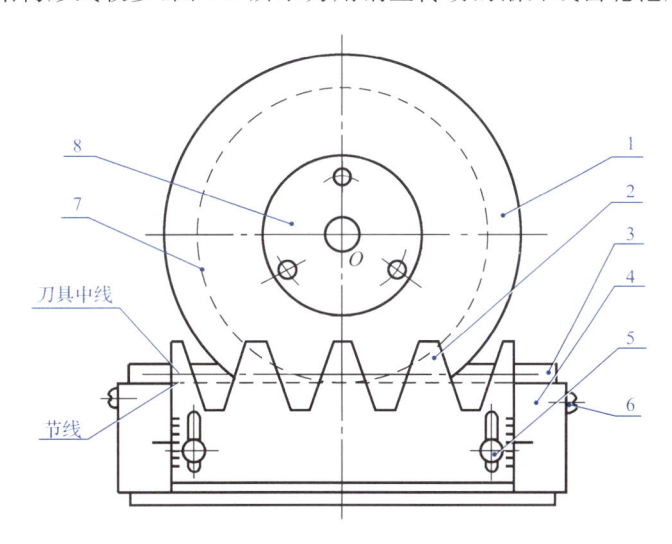

图1-2 用钢丝传动的渐开线齿轮范成仪

1—托盘;2—齿条刀具;3—机架;4—滑架;5—锁紧螺母;6—螺钉;7—钢丝;8—压板

代表齿坯的圆形绘图纸用压板固定在托盘上,托盘可绕O点定轴转动。滑架安装在机架的水平导向槽中,齿条刀具安装在滑架的径向导向槽中,它可上下调节,并用锁紧螺母固定在滑架上,齿条刀具随滑架在水平方向移动。钢丝被绕在托盘背面代表齿坯分度圆(图中虚线大圆)的凹槽内,并且两端用螺钉固定在滑架的节线(齿条刀具的节线)上,以保证齿坯与刀具做纯滚动。通过调节齿条刀具相对齿坯的径向位置,可以模拟用范成法加工渐开线标准齿轮和正变位齿轮的齿廓。

5. 实验步骤

(1)根据指导教师给出的齿轮参数,计算并在绘图纸上绘出渐开线标准齿轮的齿根圆、基圆、分度圆、齿顶圆和变位齿轮的齿根圆、齿顶圆(变位系数x值由指导教师给出或者按不根切的最小变位系数确定),用剪刀沿比齿顶圆稍大一些的圆周剪下,即得到齿坯。

(2)绘制渐开线标准齿轮的齿廓

①将齿坯安装到托盘上,注意两者的圆心重合。

②调整齿条刀具的径向位置,使刀具中线与齿坯分度圆相切。

③将齿条刀具推至左(或右)极限位置,用笔在齿坯上画出其齿廓线,然后向右(或向左)每移动刀具 3~5 mm 画一次刀具齿廓线,直到绘出 2~3 个完整的齿廓为止。这些刀具齿廓线所形成的包络线即渐开线标准齿轮的齿廓,如图 1-3 所示。

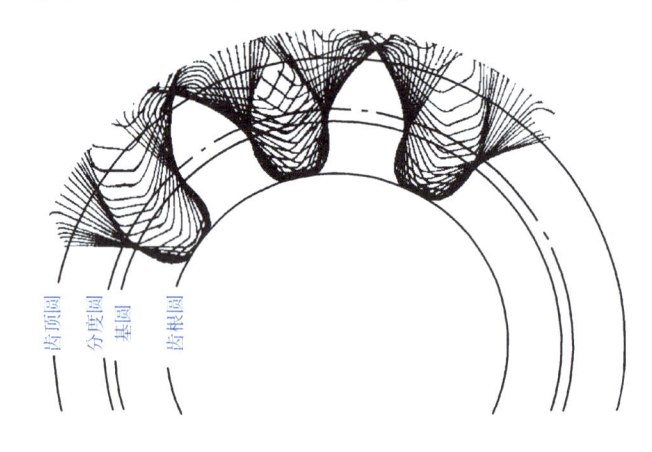

图 1-3 用范成仪绘制出的渐开线标准齿轮的齿廓

(3)绘制正变位齿轮的齿廓

①将齿坯取下,相对于托盘转动大约 180°,再重新安装固定齿坯。

②调整齿条刀具的径向位置,使其中线在相对于绘制渐开线标准齿轮时的位置,向远离齿坯中心的方向移动一段距离 xm(正变位)。

③按绘制渐开线标准齿轮齿廓的步骤,绘出 2~3 个完整的正变位齿轮的齿廓,如图 1-4 所示。

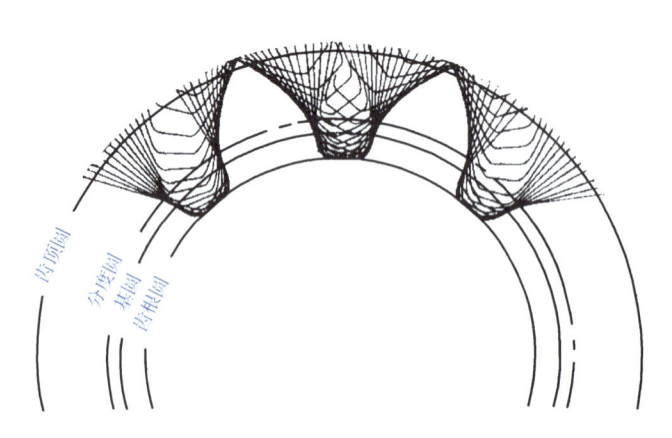

图 1-4 用范成仪绘制出的正变位齿轮的齿廓

④观察绘出的齿廓并将其与渐开线标准齿轮的齿廓做对照分析。

6. 实验报告格式及要求

(1) 实验报告格式见本章 1.4 节。

(2) 填写实验报告,并将其与所绘制的齿廓图一起交给指导教师。

实验3 渐开线齿轮基本参数的测定

1. 实验目的

(1) 掌握用简单量具测量渐开线标准直齿圆柱齿轮基本参数的方法。

(2) 加深理解渐开线的性质,熟悉齿轮各部分几何尺寸及其与基本参数之间的相互关系。

2. 实验设备和工具

(1) 待测量齿轮:选用两个模数制正常齿的渐开线标准直齿圆柱齿轮($h_a^* = 1$,$c^* = 0.25$,$\alpha = 20°$),其中一个齿轮的齿数为偶数,另一个齿轮的齿数为奇数。

(2) 实验量具:精度为 0.02 mm 的游标卡尺及公法线千分尺。

(3) 学生自备纸、笔、计算器等文具。

3. 实验步骤

(1) 确定齿轮的齿数 z

数出待测齿轮的齿数 z。

(2) 确定齿轮齿顶圆直径 d_a 和齿根圆直径 d_f

齿轮齿顶圆直径 d_a 和齿根圆直径 d_f 可用游标卡尺测出。为了减少测量误差,同一测量参数应在不同位置上测量三次,然后取其算术平均值。

当待测齿轮的齿数为偶数时,d_a 和 d_f 可用游标卡尺在待测齿轮上直接测出;当待测齿轮的齿数为奇数时,d_a 和 d_f 必须采用间接测量的方法测出,如图 1-5 所示,先测出齿轮内孔直径 D,然后分别量出孔壁到某一齿顶的距离 H_1 和孔壁到某一齿根的距离 H_2。

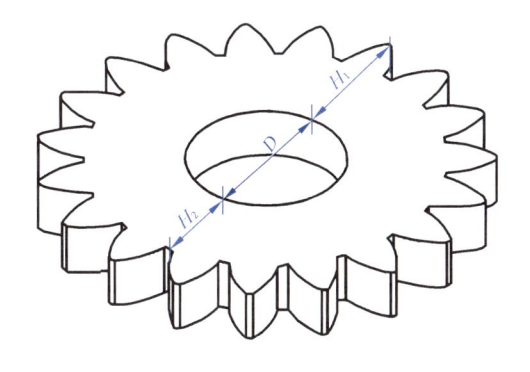

图 1-5 奇数齿轮的测量

由此可按下式计算 d_a 和 d_f:

$$d_a = D + 2H_1$$
$$d_f = D + 2H_2$$

(3)计算全齿高 h

偶数齿轮：$h=(d_\mathrm{a}-d_\mathrm{f})/2$

奇数齿轮：$h=H_1-H_2$

(4)计算齿轮模数 m

由 $h=(2h_\mathrm{a}^*+c^*)m$ 得

$$m=h/(2h_\mathrm{a}^*+c^*)=h/2.25$$

(5)用测量公法线长度的方法确定齿轮的基本参数

当待测齿轮齿顶圆的精度较低时,可采用测量公法线长度的方法确定齿轮的基本参数,如模数 m 及压力角 α 等,测量时一般应先按齿轮的齿数确定跨测齿数 k,见表 1-1。

表 1-1　　　　　　　　跨测齿数 k 与齿轮齿数 z 的对照

z	12～18	19～27	28～36	37～45	46～54	55～63	64～72	73～81
k	2	3	4	5	6	7	8	9

测出公法线长度 W_k 和 $W_{\mathrm{k}+1}$ 后,先求出基圆齿距 $p_\mathrm{b}=W_{\mathrm{k}+1}-W_\mathrm{k}$,再根据 $p_\mathrm{b}=\pi m\cos\alpha$ 或由基圆齿距表确定该齿轮的模数 m 和压力角 α。

4. 实验报告格式及要求

(1)实验报告格式见本章 1.4 节。

(2)由于齿轮制造时有误差,加之量具及测量均有误差,所以根据前述公式计算出模数 m 后,应将其与标准模数进行对照,再确定出齿轮的实际模数。

实验 4　减速器拆装

1. 实验目的

(1)熟悉减速器的基本结构,了解各部分零件的作用。

(2)了解减速器的装配关系及安装、调整方法,了解减速器的润滑、密封方式。

(3)掌握减速器基本参数的测定方法。

2. 实验内容

(1)按程序拆装一种减速器,分析减速器的结构及各零件的功用。

(2)测量并计算所拆减速器的主要参数,绘制其传动示意图。

(3)测量减速器传动副的接触精度和齿侧间隙,测量轴承的轴向间隙。

(4)分析轴系部件的结构以及周向和轴向的定位、固定和调整方法。

3. 实验设备和工具

(1)一级或二级齿轮减速器。

(2)钢板尺、内卡钳、外卡钳、游标卡尺、百分表及表架、扳手、轴承拆卸器、红铅油、铅丝等。

4. 实验步骤

(1)观察减速器的外部形状,判断传动方式、级数、输入输出轴等,测出外廓尺寸、中心距及中心高等。

(2) 测量轴承的轴向间隙。固定好百分表,用手沿轴线方向推动轴至一端,然后再沿反方向推动轴至另一端,百分表所指示的量即轴承轴向间隙的大小。

(3) 拧开连接箱盖与机座的螺栓及轴承端盖螺钉(嵌入式轴承端盖除外),拔出定位销,借助起盖螺钉打开箱盖。

(4) 边拆卸边观察分析

① 箱体的结构形状。

② 轴系的定位及固定。

③ 轴上零件的轴向和周向定位及固定方法。

④ 传动零件所受的轴向力和径向力向箱体传递的路线。

⑤ 调整轴承间隙的结构形式。

⑥ 润滑与密封方式。

⑦ 箱体附件(如通气器、油标、油塞、起盖螺钉、定位销等)的结构特点、位置和作用。

⑧ 零件的材料等。

(5) 根据所拆减速器的种类画出传动示意图,测定减速器的主要参数(如齿数、传动比、模数等)。

(6) 将所拆减速器的每个零件清洗干净,再将装好的轴系部件装到机座原位置上。

(7) 测量齿侧间隙 j_n。将直径稍大于齿侧间隙的铅丝(或铅片)插入相互啮合的轮齿之间,转动齿轮,碾压轮齿之间的铅丝,齿侧间隙等于铅丝变形部分最薄的厚度。用千分尺或游标卡尺可测出其厚度。

(8) 测量齿轮接触精度。接触精度通常用接触斑点大小与齿面大小的百分比来表示。在主动齿轮的 2～4 个轮齿上均匀地涂上一薄层红铅油,用手转动主动齿轮,则从动齿轮齿面上会印出接触斑点。观察接触斑点的大小与位置,画出示意图,并分别求出齿高及齿长方向接触斑点的百分数。齿长方向接触斑点的百分数为:沿齿长方向接触痕迹的长度 b'' 减去超过模数值的断开部分 c 后,与工作长度 b' 之比,即 $[(b''-c)/b']\times 100\%$。齿高方向接触斑点的百分数为:沿齿高方向接触痕迹的平均高度 h'' 与工作高度 h' 之比,即 $(h''/h')\times 100\%$。(接触斑点的测定可参考有关文献)

(9) 将减速器装配复原。

5. 注意事项

(1) 拆卸时,应把拆下的螺栓等零件按种类排列好,以防散失。

(2) 实验完毕后把设备及工具整理好,经指导教师同意后方能离开实验室。

6. 实验报告格式及要求

(1) 实验报告格式见本章 1.4 节。

(2) 实验报告必须独立完成,按期上交。

实验 5　轴系结构的分析与测绘

1. 实验目的

(1) 掌握轴系结构的测绘方法。

(2) 了解轴系各零部件的结构形状、功能、工艺性要求和尺寸装配关系。

(3) 掌握轴系各零部件的安装、固定和调整方法。

2. 实验设备和工具

(1) 根据实验室的设备情况，选择有代表性的轴系(如圆柱齿轮轴系、蜗杆轴系、蜗轮轴系、锥齿轮轴系等)进行分析测绘。

(2) 测量工具为游标卡尺、内卡钳、外卡钳和钢板尺等，学生自带圆规、三角板、铅笔、橡皮和坐标纸等用具。

3. 实验步骤及要求

(1) 对所测轴系进行结构分析

对所选轴系实物(或模型)进行具体的结构分析。首先对轴系的总体结构进行分析，明确轴系的工作要求，了解轴各部分结构的作用以及轴上各零件的用途。在此基础上分析轴上零件的受力情况和传力路线，了解轴承的类型和布置方式、轴上零件以及轴系的定位和固定方法，最后还应熟悉轴上零件的装拆和调整、公差和配合、润滑和密封等内容。

(2) 绘制一张轴系结构装配图

首先，按正确的拆卸顺序和拆卸方法把轴上零件拆卸下来；然后对各零件进行测绘，将测量各零件所得的尺寸对照实物(或模型)，按适当比例画出轴系结构装配图。对于因拆卸困难或需用专用量具等而难以测量的尺寸，允许按照实物(或模型)的相对大小和结构关系进行估算。标准件应参考有关标准确定尺寸。对于支承轴承的箱体部分，只要求画出与轴承和轴承盖相配的局部结构。

所绘制的轴系结构装配图要求结构合理、装配关系清楚、绘图正确(按制图要求并符合有关规定)并标注必要的尺寸(如齿轮直径和宽度、轴承间距和主要零件的配合尺寸等)。最后，应编写标题栏和明细栏。轴系结构装配图的图纸可用坐标纸，比例和图幅由指导教师确定。

4. 实验报告格式及要求

(1) 实验报告格式见本章 1.4 节。

(2) 填写实验报告，并将其与所绘制的轴系结构装配图一起交给指导教师。

1.4 机械设计基础课程实验报告

一、平面机构运动简图的绘制与分析实验报告

实验名称						日 期	
班 级		姓 名		学 号		成 绩	

测绘结果及分析：

编 号		机构名称	
机构示意图		机构自由度计算	活动构件数＝ 低副数＝ 高副数＝ 机构自由度＝ 原动件数＝

编 号		机构名称	
机构示意图		机构自由度计算	活动构件数＝ 低副数＝ 高副数＝ 机构自由度＝ 原动件数＝

续表

编　号		机构名称		
机构运动简图			机构自由度计算	比例尺 $\mu_L=$ 活动构件数＝ 低副数＝ 高副数＝ 机构自由度＝ 原动件数＝

注：上面所画的三张图中，如有复合铰链、局部自由度或虚约束，则应在图中指明。

二、渐开线齿廓的范成原理实验报告

实验名称						日 期	
班 级		姓 名		学 号		成 绩	

1. 已知数据

基本参数：$m=$ ，$\alpha=$ ，$z=$ ，$h_a^*=$ ，$c^*=$

变位量：$xm=$

2. 实验结果

序号	项目	计算公式	计算结果 渐开线标准齿轮	计算结果 正变位齿轮
1	分度圆直径	$d=mz$		
2	变位系数	$x=$变位量$/m$		
3	齿根圆直径	$d_f=m(z-2h_a^*-2c^*+2x)$		
4	齿顶圆直径	$d_a=m(z+2h_a^*)$		
5	基圆直径	$d_b=mz\cos\alpha$		
6	齿距	$p=\pi m$		
7	分度圆齿厚	$s=m(\pi/2+2x\tan\alpha)$		
8	分度圆齿槽宽	$e=m(\pi/2-2x\tan\alpha)$		

3. 齿廓图

三、渐开线齿轮基本参数的测定实验报告

实验名称				日 期	
班 级		姓 名		学 号		成 绩	

1. 待测齿轮已知参数

模数制正常齿标准直齿圆柱齿轮：$h_a^* = 1, c^* = 0.25, \alpha = 20°$

偶数齿轮编号：　　　　　　　奇数齿轮编号：

2. 测量数据及计算结果

(1) 齿数 z

偶数齿轮的齿数 $z=$

奇数齿轮的齿数 $z=$

(2) 齿顶圆直径 d_a、齿根圆直径 d_f 和全齿高 h

测量参数		测量数据（分三次）			平均值	全齿高
		1	2	3		
偶数齿轮	d_a					$h=$
	d_f					
奇数齿轮	D					$h=$
	H_1					
	H_2					
	$d_a = D + 2H_1$					
	$d_f = D + 2H_2$					

(3) 偶数齿轮的公法线长度

测量参数	测量数据（分三次）			平均值
	1	2	3	
W_k				
W_{k+1}				

(4) 模数（根据公法线长度求出）

偶数齿轮的模数 $m=$

奇数齿轮的模数 $m=$

注：模数必须取标准数值。

四、减速器拆装实验报告

实验名称				日 期	
班 级		姓 名		学 号		成 绩	

1. 减速器传动示意图

2. 减速器的传动参数

减速器的类型及名称			
参数名称	参数符号	高速级	低速级
中心距	a		
模数	m		
压力角	α		
螺旋角	β		
齿轮齿数	z_1		
	z_2		
分度圆直径	d_1		
	d_2		
齿宽	b_1		
	b_2		
传动比	i		
总传动比	$i_总$		
中心高	h		

3. 轴承型号及润滑方式

轴承型号	高速轴	中间轴	低速轴
润滑方式	齿轮		轴承

4. 减速器装配要求的测定

减速器名称		设备编号	
项 目	测量值/mm		
齿侧间隙大小	高速级 j_n		低速级 j_n
接触斑点	_____速级齿轮（接触斑点分布及尺寸图）		
	$b''=$		
	$b'=$		
	$c=$		
	$h''=$		
	$h'=$		
	$[(b''-c)/b']\times 100\% =$		
	$(h''/h')\times 100\% =$		
	估计齿轮的接触精度：		
轴承轴向间隙	高速轴	中间轴	低速轴

五、轴系结构的分析与测绘实验报告

实验名称						日　期	
班　　级		姓　名		学　号		成　绩	

1. 轴系结构名称

2. 轴系结构装配图

绘制一张轴系结构装配图，包括标题栏和明细栏。

3. 回答下列问题

(1)在所测绘的轴系中，轴的各段尺寸(包括轴的长度和直径)是根据什么来确定的？轴各段的过渡部位结构有何特点？轴为什么一般都做成阶梯形状？

(2)轴系中轴承采用什么类型？它们的布置和安装方式有何特点？

(3)轴承的间隙是如何调整的？调整方式有何特点？

(4)轴系中轴上零件是靠哪些零件来实现轴向定位的？轴向位置是如何固定的？它们的作用、结构形状有何特点？

(5)轴系固定采用何种形式？

第 2 章

机械设计基础课程设计概述

2.1 课程设计的目的

机械设计基础课程设计(以下简称为课程设计)是机械设计基础课程的一个重要的实践性教学环节,也是学生第一次进行较为全面的机械设计综合训练。课程设计的主要目的是:

(1)通过课程设计巩固、深化和扩展机械设计方面的知识,树立正确的设计思想,增强创新意识,培养综合运用所学理论知识与实践知识解决机械设计问题的能力。

(2)通过对常用机械传动装置及通用机械零件的设计,学习一般的机械设计方法,掌握机械设计的一般规律,为以后学习专业课程及进行工程设计打下必要的基础。

(3)进行机械设计基本技能训练,如计算能力、绘图能力以及计算机辅助设计能力等的训练,培养查阅设计资料(手册、图册等)和运用标准、规范的能力。

2.2 课程设计的内容及任务

一、课程设计的内容

课程设计根据设计题目的不同,所包含的内容和任务也不同。为达到课程设计的目的和要求,通常选择以齿轮减速器为设计主体的一般机械传动装置作为课程设计题目,如图 2-1 所示的带式输送机传动装置中的单级圆柱齿轮减速器或二级圆柱齿轮减速器设计等。

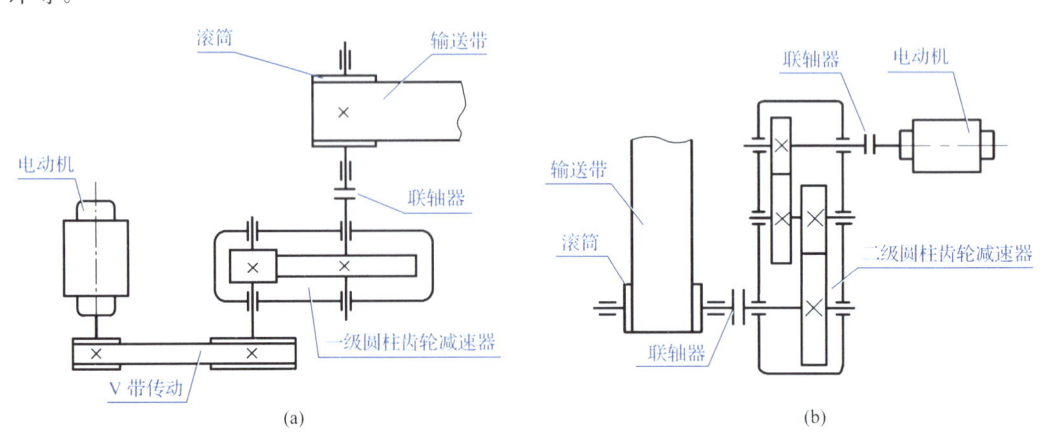

图 2-1 带式输送机

第2章 机械设计基础课程设计概述

课程设计的主要内容包括一般以下几方面：

(1)根据设计任务书确定和分析传动装置的总体设计方案。

(2)选择电动机，计算传动装置的运动和动力参数。

(3)传动零件及轴的设计计算；轴承、连接件、润滑与密封和联轴器的计算及选择；减速器箱体结构及附件的设计。

(4)绘制减速器装配图及零件图。

(5)编写设计计算说明书。

(6)总结及答辩等。

二、课程设计的任务

课程设计由指导教师下达设计任务书，要求每个学生都应完成以下工作任务：

(1)绘制减速器装配图1张(A1或A0图纸)。

(2)绘制零件图1～2张(齿轮、轴或箱体，A2或A3图纸)。

(3)编写设计计算说明书1份，约8 000字。

2.3 课程设计的进度计划

课程设计一般安排在2～3周内完成，有效工作时间为10～15天。以最常见的带式输送机传动装置中的齿轮减速器设计题目(本书10.1节中的第一个设计题目)为例，若设计时间为2周，则主要设计内容及步骤以及时间安排等可参考表2-1。

表 2-1　　　　　　　　　　设计进度安排(参考)

设计阶段			主要设计内容及步骤	工作时间
第一阶段	1	设计准备	(1)熟悉设计任务书，明确设计内容和要求 (2)熟悉设计指导书，准备好设计需要的资料和用具 (3)进行减速器拆装实验或观看实物、模型、相关录像等	2 天
	2	总体设计	(1)确定传动装置的总体布置方案 (2)选择电动机，确定其型号、转速和功率 (3)计算传动装置的总传动比并分配各级传动比 (4)计算各轴的转速、功率和转矩	
	3	传动件设计计算	(1)减速器外的传动件设计，如带传动设计等(主要参数和尺寸) (2)减速器内的传动件设计，如齿轮传动设计、速度允差计算等 (3)估算轴的直径 (4)选择联轴器	

续表

设计阶段			主要设计内容及步骤	工作时间
第二阶段	4	装配草图设计	(1)确定减速器的结构方案 (2)绘制装配草图(建议在坐标纸上画) (3)校核轴的强度及键连接的强度,计算轴承寿命 (4)绘制箱体、箱盖,进行减速器附件设计	3天
第三阶段	5	绘制装配图	(1)图面布置 (2)绘制规范的视图 (3)选择并标注必要的尺寸和配合 (4)标注零件的序号,编写明细栏 (5)编制传动装置的特性表、技术要求及标题栏	2.5天
	6	绘制零件图	绘制轴、齿轮、箱体或箱盖的零件图(由指导教师指定)	1天
	7	编写设计计算说明书及设计总结	(1)编写方法、顺序和格式 (2)设计总结,包括完成任务情况、收获体会及不足	1天
	8	答辩	(1)参考思考题进行复习准备 (2)答辩准备,按自述时间3～5 min写出自述稿,内容包括所做设计的主要优点、设计中遇到的问题及解决方法等 (3)回答问题	0.5天

注:由于各校的实际情况及设计题目的不同,加之设计步骤也不是一成不变的,因此表中所列的进度安排仅是建议性的,指导教师可合理调整设计内容、步骤及时间安排等。

2.4 课程设计应注意的问题

为了达到课程设计的目的,在设计时需要注意以下几个问题:

一、设计资料、用具的准备及工作方法

(1)设计资料、用具的准备要充分。应备齐指导书、教材、机械设计手册、课程设计图册、笔记本、绘图仪器、铅笔、橡皮、图板、丁字尺、两张A2坐标纸(小方格纸,绘制草图用)、绘图纸、说明书用纸等,若上机,则还要准备好计算机。另外,每个设计室应摆放一台小型减速器实物或减速器模型,供观察其内、外部结构使用。

(2)在课程设计的每个阶段开始前,指导教师应进行该阶段的任务安排,讲解设计方法、步骤、要点及注意事项等。在平时的设计过程中,指导教师应每天到设计室进行个别或集体辅导,解决疑难问题。

(3)要求学生认真执行设计计划,在教师的指导下独立完成任务。遇到问题时首先要独立思考,养成自我分析和自我审查的设计习惯,锻炼独立工作的能力。如碰到解决不了的问题,同学之间可以互相讨论,必要时请教师进行指点,解决问题。学生每天的有效工作时间不少于6～8 h。如果感觉完不成任务,应自行增加工作时间。

二、已有设计资料与创新的关系

充分利用已有设计资料,不仅可以避免重复工作,加快设计进程,同时也是提高设计质量的重要保证。但在设计时切不可盲目地、机械地照抄照搬资料,而应根据设计任务的要求和具体工作条件,合理地吸取技术成果,敢于创新,做到继承与创新相结合。

三、标准和规范的运用

熟悉并熟练使用标准和规范是课程设计的一项重要任务。采用标准和规范有利于实现零件的互换性,降低生产成本,并可节省设计时间。在设计中要严格遵照现行国家标准和规范,如标准件(螺栓、螺母、滚动轴承等)的尺寸参数必须符合标准的规定;非标准件的尺寸参数有标准的(如V带的长度、齿轮的模数等),必须执行标准,若无标准,则应尽量圆整成标准尺寸数列或选用优先数列(如轴的各段直径的选取),以方便制造和测量。

四、强度、刚度、结构和装配等各项要求的关系

在机械设计过程中必须建立一个较为完整的设计概念,只有这样才能得到较好的设计结果。如图 2-2(a)所示,将轴的结构设计成了一个光轴,这样考虑问题显然是不全面的。图 2-2(b)是综合考虑了轴的强度、刚度及轴上零件的轴向定位、周向定位、拆装等因素而确定的结构,这个结构满足强度、刚度、结构、工艺性等多方面要求,因此是合理的。

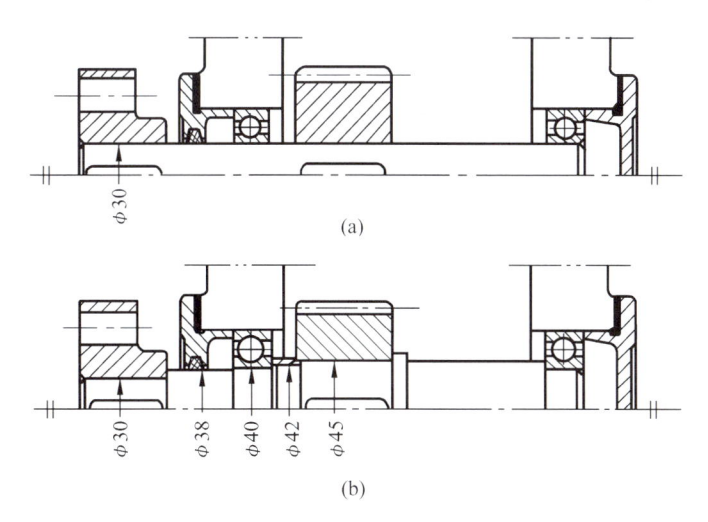

图 2-2 轴的结构设计

在设计过程中学生必须理解机械设计的结果不是唯一的,而是多样化的。理论计算只是设计过程中最根本的依据,而不是最完善的答案或设计结果。在设计过程中必须以理论计算为依据,根据相关经验公式和数据资料以及具体的实际情况对设计内容做适当调整,全面考虑强度、刚度、结构、工艺性等要求。

五、在绘图及编写设计计算说明书时的注意事项

(1)装配图设计尤其是装配草图设计是整个课程设计中的关键部分。在设计的过程中,由于有些结构尺寸是需要先画图才能最终确定的,因此要切忌把全部尺寸都计算完后再去画图。应采用计算和设计绘图互为依据、交替进行的办法,即"边计算、边画图、边修改"的"三边"设计方法。

(2)图纸应符合机械制图的标准规定。要保证画在图上的每一条线、每个符号都有依据。画图首先要保证正确,其次才是图面干净,有错误必须要改正。

(3)在绘制正规的装配图时,可以采用传统手工绘图或计算机绘图方法。若采用计算机绘图,则可采用CAXA电子图板或AutoCAD等绘图软件。

(4)设计计算说明书要求内容完备、计算正确、书写规范。

第 3 章

传动装置的总体设计

传动装置总体设计的内容:确定传动方案、选择电动机型号、计算总传动比、合理分配各级传动比以及计算传动装置的运动和动力参数等,为设计各级传动件和装配图提供条件。

3.1 传动方案的分析和拟订

传动方案一般用机构运动简图表示,它反映了运动、动力的传递路线及各部件的组成和连接关系。在课程设计中,如果设计任务书已给定了传动方案,学生就可了解和分析这种传动方案的特点,对方案提出自己的见解。若只给定工作机的工作要求,学生则应根据设计任务书的要求,分析比较各种传动的特点,确定最佳的传动方案。

合理的传动方案应满足工作机的工作要求,具有结构简单、尺寸紧凑、便于加工、成本低廉、传动效率高和使用维护方便等特点,以保证工作机的工作质量和可靠性。要同时满足这些要求是比较难的,故设计时要统筹兼顾,保证满足重点要求。

减速器多用来作为原动机和工作机之间的减速传动装置。表 3-1 列出了减速器的主要类型和特点,表 3-2 列出了常用传动机构的性能及适用范围,以供确定传动方案时参考。

对初步选定的传动方案,在设计过程中可能还要不断地修改和完善。

当采用不同传动形式组成多级传动时,要合理布置传动顺序。下列几点可供参考:

(1)带传动的承载能力较小,传递相同转矩时,其结构尺寸要比其他传动形式的大,但其传动平稳性好,能缓冲吸振,因此宜布置在高速级。

(2)链传动运转不均匀,平稳性差,且有冲击、振动,不适合高速传动,宜布置在低速级。

(3)蜗杆传动可实现较大的传动比,结构紧凑,传动平稳,但传动效率较低,适用于中、小功率及间歇运转的场合。其承载能力较齿轮传动低,当与齿轮传动同时应用时,宜将其布置在高速级,以减小蜗轮尺寸。

(4)锥齿轮(特别是大直径、大模数的锥齿轮)加工较困难,所以一般只在需要改变轴的布置方向时采用,并尽量布置在高速级且限制传动比,以减小大锥齿轮的直径和模数。

(5)斜齿轮传动的平稳性比直齿轮好,承载能力高,常用于转速高、载荷大或要求传动平稳的场合。

表 3-1　　　　　　　　　　　　　减速器的主要类型和特点

类型	简图及特点
一级圆柱齿轮减速器	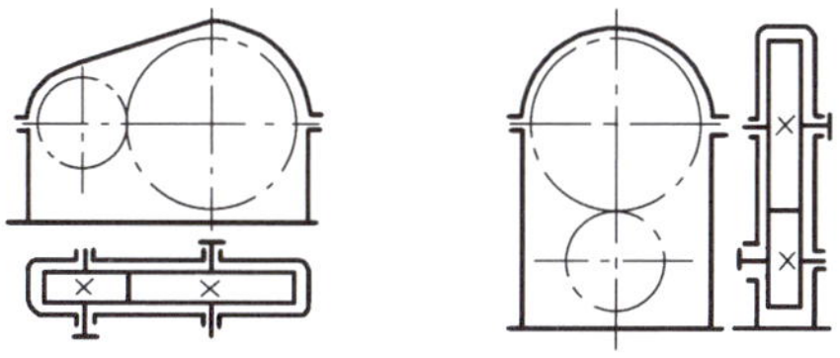 (a) 水平轴 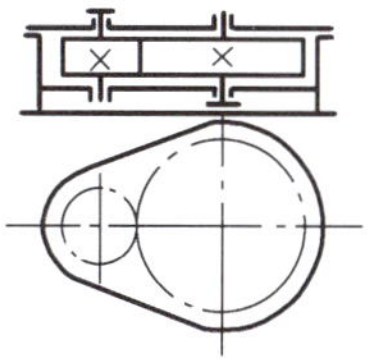　　(b) 立轴 传动比一般小于 5，可采用直齿、斜齿或人字齿齿轮，传递功率可达数万千瓦，效率较高。工艺简单，精度易于保证，一般工厂均能制造，应用广泛
二级圆柱齿轮减速器	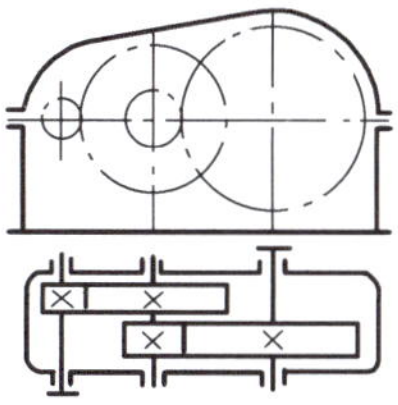 (a) 展开式 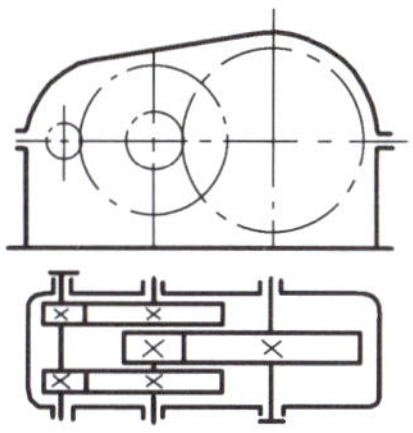　　(b) 分流式 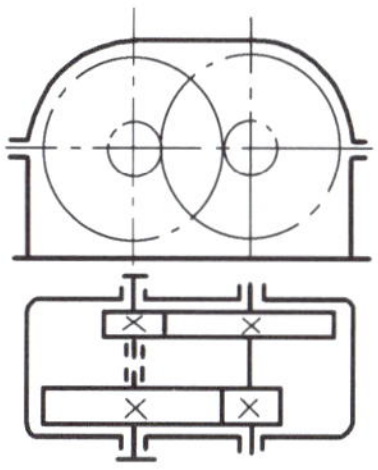　　(c) 同轴式 传动比一般为 8～40，采用斜齿、直齿或人字齿齿轮。结构简单，应用广泛。展开式由于齿轮相对于轴承为不对称布置，因而沿齿向载荷分布不均，要求轴有较大刚度；分流式齿轮相对于轴承对称布置，常用于较大功率、变载荷的场合；同轴式减速器长度方向尺寸较小，但轴向尺寸较大，中间轴较长，刚度较差，两级大齿轮直径接近，有利于浸油润滑
一级锥齿轮减速器	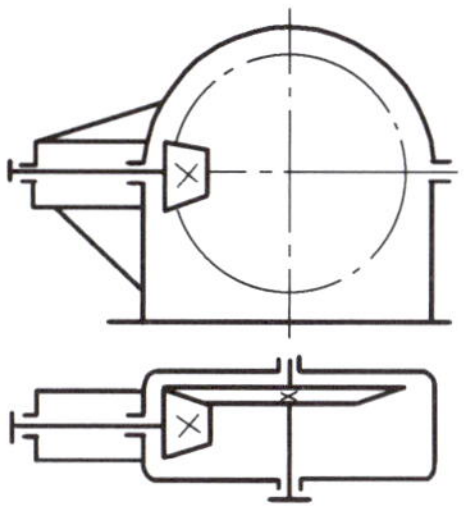 (a) 水平轴 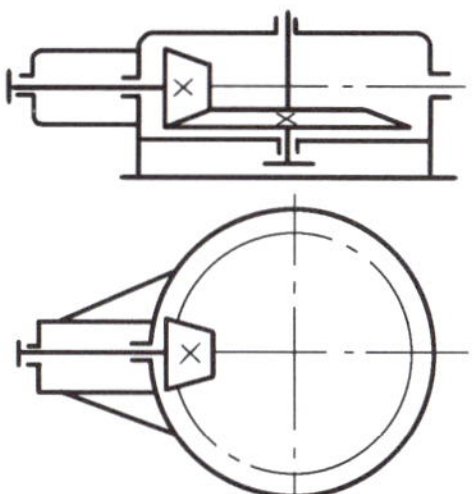　　(b) 立轴 传动比一般小于 3，采用直齿、斜齿或曲齿齿轮
一级蜗杆减速器	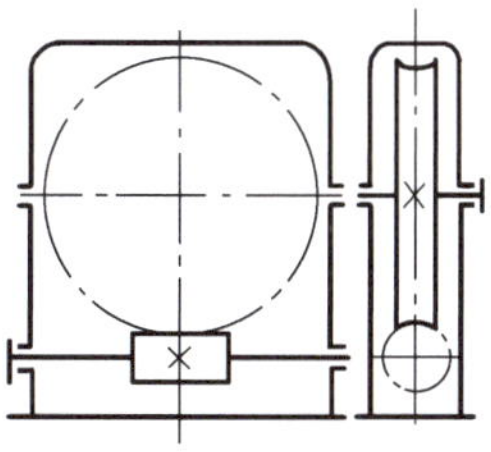 (a) 蜗杆下置式 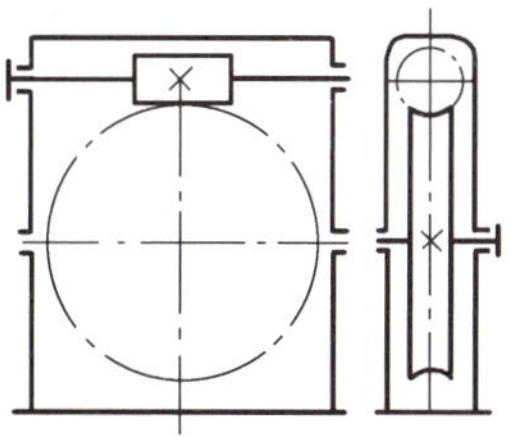　　(b) 蜗杆上置式 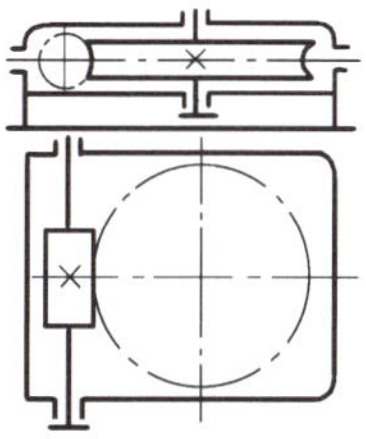　　(c) 立轴 结构简单、紧凑，但效率较低，适用于载荷较小、间歇工作的场合。当蜗杆圆周速度 $v \leqslant 4 \sim 5$ m/s 时，采用蜗杆下置式；当 $v > 4 \sim 5$ m/s 时，采用蜗杆上置式。采用立轴布置时密封要求高

表 3-2　　　　　　　　　　常用传动机构的主要性能及适用范围

选用指标		平带传动	V带传动	链传动	齿轮传动 圆柱	齿轮传动 圆锥	蜗杆传动
功率(常用值)/kW		小 (≤20)	中 (≤100)	中 (≤100)	大 (≤50 000)		小 (≤50)
单级传动比	常用值	2～4	2～4	2～5	3～5	2～3	10～40
	最大值	5	7	6	8	5	80
许用线速度/ (m·s^{-1})		≤25	≤25～30	≤40	6级精度直齿≤18,非直齿≤36; 5级精度≤100		≤15～35
外廓尺寸		大	大	大	小		小
传动精度		低	低	中等	高		高
工作平稳性		好	好	较差	一般		好
自锁能力		无	无	无	无		可有
过载保护作用		有	有	无	无		无
使用寿命		短	短	中等	长		中等
缓冲吸振能力		好	好	中等	差		差
制造及安装精度		低	低	中等	高		高
润滑条件		不需要	不需要	中等	高		高
环境适应性		不能接触酸、碱、油类、爆炸性气体		好	一般		一般

(6)开式齿轮传动的工作环境一般较差,润滑条件不好,磨损严重,寿命较短,应布置在低速级。

课程设计要求学生从整体出发,对传动方案进行详细分析,了解其优、缺点,并画出传动方案简图。

3.2　选择电动机

设计一般的机械装置常采用电动机作为原动机。由于电动机已经标准化、系列化,所以在设计中要根据工作载荷的大小及性质、转速高低、启动特性、过载情况、工作环境、安装要求及空间尺寸限制和经济性等要求,从产品目录中选择电动机的类型、结构形式、容量(功率)、转速及具体型号。

1. 选择电动机的类型和结构形式

电动机有交流电动机和直流电动机两种,一般工厂都采用三相交流电,因而多采用交流电动机。交流电动机有异步电动机和同步电动机两类。目前应用较广的是 YE4 系列

(IP55)三相异步电动机,其结构简单、工作可靠、启动性能好、价格低廉、维护方便,适用于不易燃、不易爆、无腐蚀性气体、无特殊要求的场合,如金属切削机床、运输机、风机、农业机械、食品机械等;也适用于某些对启动转矩有较高要求的机械,如压缩机等。在经常需要启动、制动和正、反转的场合(如起重机、提升机械设备),则要求电动机具有较小的转动惯量和较大的过载能力,应选用起重及冶金用三相异步电动机,常用 YZ 型(笼型)或 YZR 型(绕线型)。

2. 确定电动机的功率

电动机的功率选择是否合适,对电动机的工作性能和经济性能都有影响。如果所选电动机的功率小于工作要求,则不能保证工作机正常工作,或使电动机因长期过载运行而过早损坏;如果所选电动机的功率过大,则电动机的价格高,传动能力又不能充分利用,而且由于电动机经常在轻载下运转,其功率因数和效率较低,从而增加电能消耗,造成浪费。因此在设计中一定要选择合适的电动机功率。

对于载荷比较稳定、长期运转的机械(例如运输机),确定电动机功率时应保证电动机的额定功率等于或稍大于工作机要求的功率。如图 3-1 所示的带式运输机传动简图,其工作机所需的电动机输出功率为

$$P_\mathrm{d} = \frac{P_\mathrm{w}}{\eta} \quad (3-1)$$

式中 P_w ——工作机所需的工作功率,即输送带主动端所需的功率,kW;

η ——电动机至工作机主动端之间传动的总效率。

工作机所需的工作功率 P_w 可根据设计任务书给定的工作机的工作阻力和运动参数按下式计算:

$$P_\mathrm{w} = \frac{Fv}{1\,000} \quad (3-2)$$

或

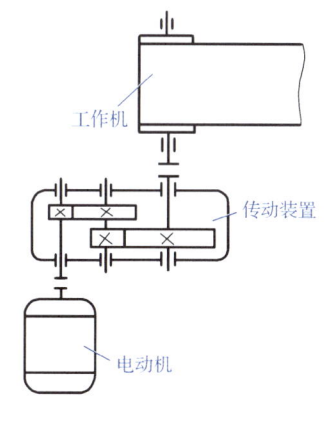

$$P_\mathrm{w} = \frac{Tn_\mathrm{w}}{9\,550} \quad (3-3)$$

图 3-1 带式运输机传动简图

式中 F ——工作机的工作阻力,N;
v ——工作机卷筒的线速度,m/s;
T ——工作机的阻力矩,N·m;
n_w ——工作机卷筒的转速,r/min。

电动机至输送带的传动总效率 η 为

$$\eta = \eta_1 \cdot \eta_2 \cdot \eta_3 \cdot \cdots \cdot \eta_n \quad (3-4)$$

其中 η_1、η_2、η_3、……、η_n 分别为传动装置中每个传动副(齿轮、蜗杆、带或链)、每对轴承、联轴器及卷筒的效率,其概略值可按表 3-3 选取。

表 3-3　　　　　　　　　　　　机械传动和摩擦副的效率概略值

种类		效率 η	种类		效率 η
圆柱齿轮传动	很好跑合的6级和7级精度齿轮传动(油润滑)	0.98～0.99	滑动轴承	润滑不良	0.94(一对)
	8级精度的一般齿轮传动(油润滑)	0.97		润滑正常	0.97(一对)
	9级精度的齿轮传动(油润滑)	0.96		润滑良好(压力润滑)	0.98(一对)
	加工齿的开式齿轮传动(脂润滑)	0.94～0.96		液体摩擦	0.99(一对)
锥齿轮传动	很好跑合的6级和7级精度齿轮传动(油润滑)	0.97～0.98	滚动轴承	球轴承	0.99(一对)
	8级精度的一般齿轮传动(油润滑)	0.94～0.97		滚子轴承	0.98(一对)
	加工齿的开式齿轮传动(脂润滑)	0.92～0.95	联轴器	浮动联轴器(十字沟槽联轴器等)	0.97～0.99
蜗杆传动	自锁蜗杆(油润滑)	0.40～0.45		齿轮联轴器	0.99
	单头蜗杆(油润滑)	0.70～0.75		弹性联轴器	0.99～0.995
	双头蜗杆(油润滑)	0.75～0.82		万向联轴器($\alpha \leqslant 3°$)	0.97～0.98
	三头和四头蜗杆(油润滑)	0.80～0.92		万向联轴器($\alpha > 3°$)	0.95～0.97
带传动	平带无张紧轮的传动	0.98	减(变)速器	一级圆柱齿轮减速器	0.97～0.98
	平带有张紧轮的传动	0.97		二级圆柱齿轮减速器	0.95～0.96
	V带传动	0.96		行星圆柱齿轮减速器	0.95～0.98
链传动	滚子链	0.96		一级锥齿轮减速器	0.95～0.96
	齿形链	0.97		锥-圆柱齿轮减速器	0.94～0.95
摩擦传动	平摩擦传动	0.85～0.92		无级变速器	0.92～0.95
	槽摩擦传动	0.88～0.90		摆线针轮减速器	0.90～0.97
复滑轮组	滑动轴承($i=2\sim6$)	0.90～0.98		传动滚筒	0.96
	滚动轴承($i=2\sim6$)	0.95～0.99		螺旋传动(滑动)	0.30～0.60

计算传动装置的总效率时需注意以下几点：

(1)当表3-3中所列为效率值的范围时，若工作条件差、加工精度低、用润滑脂润滑或维护不良，则应取低值，反之可取高值，一般取中间值。

(2)轴承效率均指一对轴承的效率。

(3)动力经过每个传动副时都会产生功率损耗，故同类型的几对传动副、轴承或联轴器均应单独计入总效率。

(4)蜗杆传动效率与蜗杆的头数及材料有关，设计时应先初选头数并估计效率，待设计出蜗杆的传动参数后再最后确定效率，并核验电动机所需功率。

3. 确定电动机的转速

同一类型、相同额定功率的电动机有几种不同的转速。如三相异步电动机有四种常用的同步转速，即 3 000 r/min、1 500 r/min、1 000 r/min、750 r/min。低转速电动机的极数多、外廓尺寸及质量较大、价格较高，但传动装置的总传动比及尺寸较小；高转速电动机则相反。设计时应综合考虑各方面因素，选取适当的电动机转速。一般选同步转速为 1 500 r/min 或 1 000 r/min 的电动机。

按照工作机的转速要求和传动机构的合理传动比范围，可以推算出电动机转速的可

选范围,即

$$n_d = (i_1 \cdot i_2 \cdots i_n) n_w \tag{3-5}$$

式中,i_1、i_2、……、i_n 分别为各级传动机构的合理传动比范围。

设计传动装置时,通常用工作机所需的电动机输出功率 P_d 进行计算,而不用电动机的额定功率 P_{ed}。传动装置的输入转速可按电动机额定功率时的转速,即满载转速来计算。

例 3-1

图 3-2 所示为带式运输机。已知输送带的有效拉力 $F=4\,000$ N,传动滚筒直径 $D=500$ mm,输送带速度 $v=0.8$ m/s,载荷平稳,在室温下连续运转。试选择合适的电动机。

解 (1)选择电动机类型

按已知的工作要求和条件,选用 YE4 系列三相异步电动机。

(2)选择电动机功率

所需电动机的输出功率为

$$P_d = \frac{P_w}{\eta}$$

工作机所需的工作功率为

$$P_w = \frac{Fv}{1\,000}$$

所以

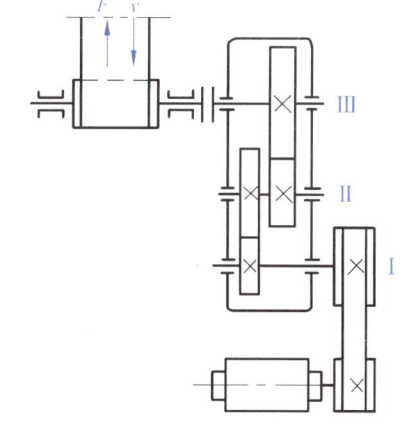

图 3-2 带式运输机

$$P_d = \frac{Fv}{1\,000\eta}$$

电动机至输送带之间的总效率(包括工作机效率)为

$$\eta = \eta_1 \cdot \eta_2^4 \cdot \eta_3^2 \cdot \eta_4 \cdot \eta_5$$

按表 3-3 确定各部分效率为:V 带传动效率 $\eta_1=0.96$,滚动轴承(一对)效率 $\eta_2=0.99$,齿轮传动效率 $\eta_3=0.97$,联轴器效率 $\eta_4=0.99$,传动滚筒效率 $\eta_5=0.96$,则

$$\eta = 0.96 \times 0.99^4 \times 0.97^2 \times 0.99 \times 0.96 = 0.825$$

所以

$$P_d = \frac{Fv}{1\,000\eta} = \frac{4\,000 \times 0.8}{1\,000 \times 0.825} = 3.88 \text{ kW}$$

(3) 确定电动机转速

滚筒轴的工作转速为

$$n_w = \frac{60 \times 1\,000 v}{\pi D} = \frac{60 \times 1\,000 \times 0.8}{3.14 \times 500} = 30.57 \text{ r/min}$$

按推荐的传动比合理范围，取 V 带传动的传动比 $i_1 = 2 \sim 4$，二级圆柱齿轮减速器的传动比 $i_2 = 8 \sim 40$，则总传动比的合理范围 $i = 16 \sim 160$，故电动机转速的可选范围为

$$n_d = i \cdot n_w = (16 \sim 160) \times 30.57 = 489 \sim 4\,891 \text{ r/min}$$

符合这一范围的同步转速有 750 r/min、1 000 r/min、1 500 r/min、3 000 r/min，现将同步转速 1 000 r/min、1 500 r/min、3 000 r/min 这三种方案进行比较。根据功率及转速，查本教材表 11-57 得到电动机相关参数，并将计算出的总传动比列于表 3-4 中。

表 3-4　　　　　　　　　电动机数据及总传动比

方案	电动机型号	额定功率/kW	电动机转速/(r·min⁻¹) 同步转速	电动机转速/(r·min⁻¹) 满载转速	总传动比 i
1	YE4-112M-2	4	3 000	2 915	95.35
2	YE4-112M-4	4	1 500	1 455	47.60
3	YE4-132M1-6	4	1 000	970	31.75

综合考虑电动机和传动装置的尺寸、质量、价格以及总传动比等因素，可知方案 2 比较合适，因此选定电动机型号为 YE4-112M-4。

3.3 计算总传动比和分配各级传动比

由选定电动机的满载转速 n_m 和工作机主动轴的转速 n_w，可得传动装置的总传动比为

$$i = \frac{n_m}{n_w} \tag{3-6}$$

总传动比 i 为各级传动比的连乘积，即

$$i = i_1 \cdot i_2 \cdot i_3 \cdots i_n \tag{3-7}$$

计算出总传动比后，应合理分配各级传动比。传动比分配得合理，可以减小传动装置的外廓尺寸及质量，使结构紧凑、成本降低，还可以得到较好的润滑条件。分配各级传动比时主要应考虑以下几点：

(1) 各级传动的传动比应在推荐的范围内选取，不得超过最大值，见表 3-2。

(2) 应使各传动件的尺寸协调，结构匀称、合理，避免互相干涉碰撞或安装不便。如图

3-3所示,由于高速级传动比过大,致使高速级大齿轮直径过大而与低速轴相碰。又如图3-4所示,在由带传动和齿轮减速器组成的传动中,一般应使带传动的传动比小于齿轮传动的传动比。如果带传动的传动比过大,则说明大带轮过大,易与底座相碰。

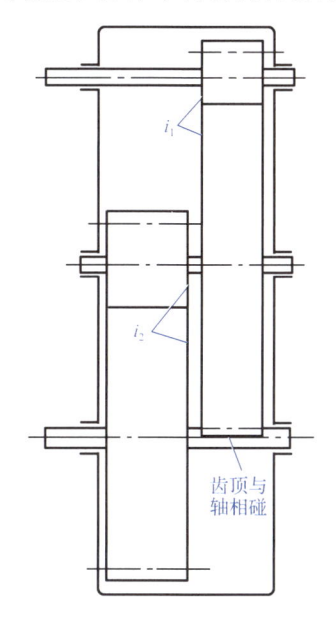

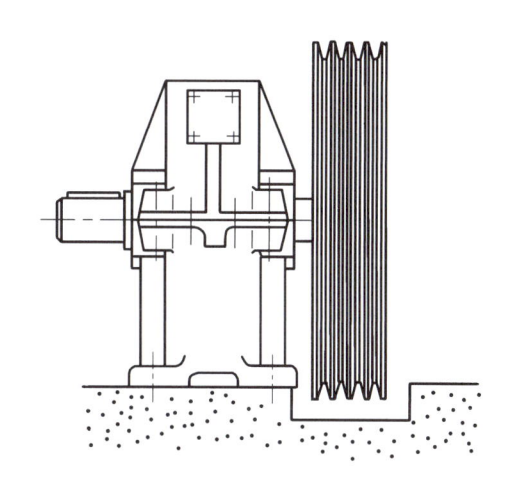

图 3-3　高速级大齿轮与低速轴干涉

图 3-4　带轮过大造成安装不便

(3)应尽量使传动装置的外廓尺寸紧凑、质量较轻。如图 3-5 所示,当二级减速器的总中心距和总传动比相同时,传动比分配方案不同,减速器的外廓尺寸也不同。

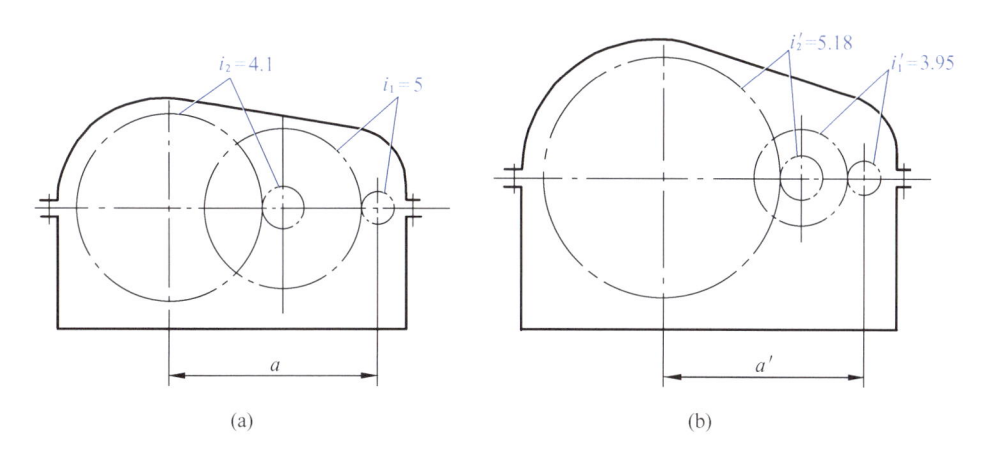

图 3-5　不同的传动比分配方案对外廓尺寸的影响

(4)在二级减速器中,各级齿轮都应得到充分润滑。高速级和低速级的大齿轮直径应尽量相近,应使高速级传动比略大于低速级传动比,以利于浸油润滑,如图 3-5(a)所示。

一般对于展开式二级圆柱齿轮减速器,推荐高速级传动比 $i_1=(1.3\sim1.5)i_2$,同轴式减速器则取 $i_1=i_2$。

例 3-2

按照例 3-1 的已知条件和计算结果，计算传动装置的总传动比，并分配各级传动比。

解 （1）计算总传动比

$$i=\frac{n_\text{m}}{n_\text{w}}=\frac{1\ 455}{30.57}=47.60$$

（2）分配各级传动比

由表 3-2 取 V 带传动的传动比 $i_0=3$，则减速器的传动比为

$$i_\text{a}=\frac{i}{i_0}=\frac{47.60}{3}=15.87$$

取二级圆柱齿轮减速器高速级的传动比为

$$i_1=1.4i_2$$

则

$$i_\text{a}=i_1 \cdot i_2=1.4i_2^2$$

低速级的传动比为

$$i_2=\sqrt{\frac{i_\text{a}}{1.4}}=\sqrt{\frac{15.87}{1.4}}=3.37$$

则高速级传动比为

$$i_1=1.4i_2=1.4\times 3.37=4.72$$

注意： 以上传动比的分配只是初步的，传动装置的实际传动比要由选定的齿轮齿数或带轮基准直径准确计算，故应在各级传动零件的参数确定后计算实际传动比，因而很可能与要求的传动比之间有误差。一般允许工作机实际转速与要求转速之间的相对误差为±(3～5)%。

3.4 计算传动装置的运动和动力参数

在选定电动机型号、分配好传动比之后，应计算出各轴的转速、功率和转矩，为进行传动件及轴的设计计算提供依据。一般由电动机至工作机之间运动传递的路线推算各轴的运动和动力参数。

1. 各轴的转速

$$n_\text{I}=\frac{n_\text{m}}{i_0} \tag{3-8}$$

$$n_\text{II}=\frac{n_\text{I}}{i_1}=\frac{n_\text{m}}{i_0 \cdot i_1} \tag{3-9}$$

$$n_\text{III}=\frac{n_\text{II}}{i_2}=\frac{n_\text{m}}{i_0 \cdot i_1 \cdot i_2} \tag{3-10}$$

式中　n_m——电动机的满载转速,r/min;
　　　$n_Ⅰ$、$n_Ⅱ$、$n_Ⅲ$——Ⅰ、Ⅱ、Ⅲ轴的转速,r/min,Ⅰ轴为高速轴,Ⅲ轴为低速轴;
　　　i_0——电动机轴至Ⅰ轴的传动比;
　　　i_1——Ⅰ轴至Ⅱ轴的传动比;
　　　i_2——Ⅱ轴至Ⅲ轴的传动比。

2. 各轴的输入功率

$$P_Ⅰ = P_d \cdot \eta_{01} \tag{3-11}$$

$$P_Ⅱ = P_Ⅰ \cdot \eta_{12} = P_d \cdot \eta_{01} \cdot \eta_{12} \tag{3-12}$$

$$P_Ⅲ = P_Ⅱ \cdot \eta_{23} = P_d \cdot \eta_{01} \cdot \eta_{12} \cdot \eta_{23} \tag{3-13}$$

式中　P_d——电动机的输出功率,kW;
　　　$P_Ⅰ$、$P_Ⅱ$、$P_Ⅲ$——Ⅰ、Ⅱ、Ⅲ轴的输入功率,kW;
　　　η_{01}、η_{12}、η_{23}——电动机轴与Ⅰ轴、Ⅰ轴与Ⅱ轴、Ⅱ轴与Ⅲ轴间的传动效率。

3. 各轴的输入转矩

$$T_Ⅰ = T_d \cdot i_0 \cdot \eta_{01} = 9\ 550 \frac{P_Ⅰ}{n_Ⅰ} \tag{3-14}$$

$$T_Ⅱ = T_Ⅰ \cdot i_1 \cdot \eta_{12} = 9\ 550 \frac{P_Ⅱ}{n_Ⅱ} \tag{3-15}$$

$$T_Ⅲ = T_Ⅱ \cdot i_2 \cdot \eta_{23} = 9\ 550 \frac{P_Ⅲ}{n_Ⅲ} \tag{3-16}$$

式中　$T_Ⅰ$、$T_Ⅱ$、$T_Ⅲ$——Ⅰ、Ⅱ、Ⅲ轴的输入转矩,N·m;
　　　T_d——电动机轴的输出转矩,N·m。其计算公式为

$$T_d = 9\ 550 \frac{P_d}{n_m} \tag{3-17}$$

由以上公式计算得到的各轴运动和动力参数可以表格的形式整理备用。

例 3-3

按照例 3-1 和例 3-2 的已知条件和计算结果,计算传动装置各轴的运动和动力参数。

解　(1)计算各轴的转速

由式(3-8)~式(3-10)得

Ⅰ轴　　　　　$n_Ⅰ = \dfrac{n_m}{i_0} = \dfrac{1\ 455}{3} = 485\ \text{r/min}$

Ⅱ轴　　　　　$n_Ⅱ = \dfrac{n_Ⅰ}{i_1} = \dfrac{485}{4.72} = 102.75\ \text{r/min}$

Ⅲ轴　　　　　$n_Ⅲ = \dfrac{n_Ⅱ}{i_2} = \dfrac{102.75}{3.37} = 30.49\ \text{r/min}$

滚筒轴　　　　$n_w = n_Ⅲ = 30.49\ \text{r/min}$

(2)计算各轴的输入功率

由式(3-11)~式(3-13)得

Ⅰ轴 $P_{Ⅰ}=P_d \cdot \eta_{01}=3.88\times0.96=3.72\ kW$

Ⅱ轴 $P_{Ⅱ}=P_{Ⅰ}\cdot\eta_{12}=P_{Ⅰ}\cdot\eta_2\cdot\eta_3=3.72\times0.99\times0.97=3.57\ kW$

Ⅲ轴 $P_{Ⅲ}=P_{Ⅱ}\cdot\eta_{23}=P_{Ⅱ}\cdot\eta_2\cdot\eta_3=3.57\times0.99\times0.97=3.43\ kW$

滚筒轴 $P_w=P_{Ⅲ}\cdot\eta_{34}=P_{Ⅲ}\cdot\eta_2\cdot\eta_4=3.43\times0.99\times0.99=3.36\ kW$

(3)计算各轴的输入转矩

由式(3-17)计算电动机轴的输出转矩为

$$T_d=9\ 550\frac{P_d}{n_m}=9\ 550\times\frac{3.88}{1\ 455}=25.47\ N\cdot m$$

由式(3-14)～式(3-16)得其他各轴的输入转矩为

Ⅰ轴 $$T_{Ⅰ}=9\ 550\frac{P_{Ⅰ}}{n_{Ⅰ}}=9\ 550\times\frac{3.72}{485}=73.25\ N\cdot m$$

Ⅱ轴 $$T_{Ⅱ}=9\ 550\frac{P_{Ⅱ}}{n_{Ⅱ}}=9\ 550\times\frac{3.57}{102.75}=331.81\ N\cdot m$$

Ⅲ轴 $$T_{Ⅲ}=9\ 550\frac{P_{Ⅲ}}{n_{Ⅲ}}=9\ 550\times\frac{3.43}{30.49}=1\ 074.34\ N\cdot m$$

滚筒轴 $$T_w=9\ 550\frac{P_w}{n_w}=9\ 550\times\frac{3.36}{30.49}=1\ 052.41\ N\cdot m$$

将运动和动力参数的计算结果列于表 3-5 中，供以后的设计计算使用。

表 3-5　各轴的运动和动力参数

轴　名	功率 P/kW	转矩 T/(N·m)	转速 n/(r·min^{-1})	传动比 i
电动机轴	3.88	25.47	1 455	3
Ⅰ轴	3.72	73.25	485	
Ⅱ轴	3.57	331.81	102.75	4.72
Ⅲ轴	3.43	1 074.34	30.49	3.37
滚筒轴	3.36	1 052.41	30.49	1

3.5 检查重点

(1)在传动方案简图中，若采用多级降速传动，则是否应将带传动放在高速级，将齿轮传动放在低速级。

(2)传动布置是否紧凑，传动件是否相互干涉或碰轴。

(3)电动机功率计算、传动效率计算是否有错，电动机功率的选择是否合理，电动机转速级别的选择是否过高或过低。

(4)传动比的分配是否在所选定传动装置的传动比的合理范围内。

(5)各轴转速、功率及转矩的计算是否正确。

第4章

传动零件的设计计算

传动零件的设计计算包括确定传动零件的材料、热处理方法、参数、尺寸和主要结构。这些工作是为进行装配草图的设计做准备。

由传动装置运动及动力参数的计算得到的数据及设计任务书给定的工作条件,即传动零件设计计算的原始数据。

传动零件包括箱外传动件和箱内传动件两部分,各传动零件的具体设计计算方法见《机械设计基础》教材(本书参考文献中第[11]条,后同)中所述。本章仅就课程设计中传动零件设计计算的要点做简要介绍。

4.1 箱外传动件的设计

一、带传动

(1)设计带传动必须确定出带的型号、长度、根数,带传动的中心距、安装要求(初拉力、张紧装置)、对轴的作用力及带轮的材料、结构、直径和宽度等尺寸。

(2)设计依据:传动的用途及工作情况;对外廓尺寸及传动位置的要求;原动机种类和所需的传动功率;主动轮和从动轮的转速等。

(3)注意带传动中各有关尺寸的协调问题。在带轮尺寸确定后,应检查带传动的尺寸在传动装置中是否合适。如图 4-1 所示,直接装在电动机轴上的小带轮,其外圆半径是否小于电动机的中心高,其毂孔直径是否与电动机轴直径相等,大带轮外圆是否与其他零部件相碰等。如有不合适的情况,则应考虑改选带轮直径 d_{d1} 及 d_{d2} 并重新设计计算。在带轮直径确定后,还应验算带传动的实际传动比和大带轮的转速。

(4)在确定带轮毂孔直径时,应根据带轮的安装情况分别考虑。当带轮直接装在电动机轴或减速器轴上时,应取毂孔直径等于电动机或减速器的轴伸直径;当带轮装在其他轴(例如开式齿轮轴端或滚筒轴端等)上时,则应根据轴端直径来确定毂孔直径。无论按哪种情况确定的毂孔直径,一般均应符合《标准尺寸》(GB/T 2822—2005)的规定。如图 4-2 所示,要注意带轮轮毂宽度与带轮的宽度不一定相等,一般轮毂宽度 B 按轴孔直径 d 的大小确定,常取 $B=(1.5\sim2)d$。安装在电动机上的带轮的轮毂宽度应按电动机输出轴长度确定,而轮缘宽度取决于带的型号和根数。

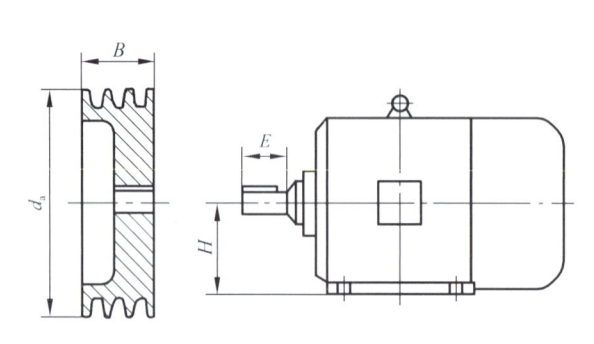

图 4-1 小带轮与电动机示意图

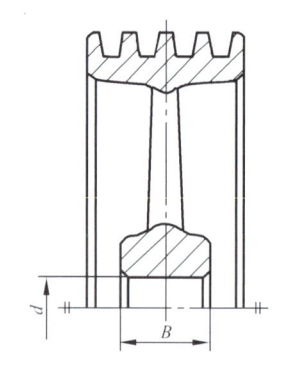

图 4-2 大带轮尺寸

(5)计算出带的初拉力,以便安装时检查,并依据具体条件考虑张紧方案。

(6)求出作用在轴上的力的大小和方向(压轴力),以供设计轴和轴承时使用。

二、链传动

链传动的设计除参照与带传动类似的各点外,还应注意:

(1)设计链传动需确定出链节距、链轮齿数、链轮直径、轮毂宽度、中心距及作用在轴上的力的大小和方向。

(2)大、小链轮的齿数最好为奇数且不能整除链节数。为不使大链轮尺寸过大,以控制传动的外廓尺寸,速度较低的链传动齿数不宜取得过多。当采用单排链传动计算出的链节距过大时,可改用双排链。为避免使用过渡链节,链节数最好取为偶数。

(3)画链轮结构图时不必画出端面齿形图。

(4)选用合适的润滑方式及润滑剂。

4.2 箱内传动件的设计

在减速器外部的传动零件设计完成后,应检验之前计算的运动及动力参数有无变动。如有变动,则应做相应的修改,再进行减速器箱内传动件的设计计算。

各类齿轮的设计计算可参考《机械设计基础》教材中的相关步骤和公式进行。

一、圆柱齿轮传动

(1)齿轮材料及热处理方法的选择,要考虑齿轮毛坯的制造方法。当齿轮的齿顶圆直径 $d_a \leqslant 400 \sim 600$ mm 时,一般采用锻造毛坯;当 $d_a > 400 \sim 600$ mm 时,因受锻造设备能力的限制,多采用铸造毛坯,如铸铁或铸钢。当齿轮的齿根圆直径和轴的直径相差不大时,可将齿轮和轴制成一体的齿轮轴,选用材料时应兼顾轴的要求。同一减速器内,各级大、小齿轮的材料最好对应相同,以减少材料牌号并简化工艺要求。

(2)设计的减速器若为大批量生产,则为提高零件的互换性,中心距等参数可参考标准减速器选取;若为单件或小批量生产,则中心距等参数可不必取标准减速器的数值,但为了制造、检测方便,最好使中心距的尾数为0或5。直齿圆柱齿轮传动可通过改变齿数、模数或采用变位来调整中心距;斜齿圆柱齿轮传动除可通过改变齿数或变位,还可通过改变螺旋角来实现对中心距尾数圆整的要求。

(3)合理选择参数。通常取小齿轮的齿数 $z_1 = 20 \sim 40$。因为当齿轮传动的中心距一定时,齿数多会增加重合度,这样既可改善传动平稳性,又能降低齿高和滑动系数,减轻磨损和胶合，因此在保证齿根弯曲强度的前提下，z_1可大些。但对传递动力用的齿轮，其模数不得小于1.5～2 mm。

(4)对数据的处理。斜齿圆柱齿轮的螺旋角初选时可取8°～12°，在m_n取标准值且中心距a圆整后，为保证计算和制造的准确性，斜齿轮螺旋角β的数值必须精确计算到秒，齿轮分度圆直径、齿顶圆直径必须精确计算到小数点后三位数值，绝对不允许随意圆整。

齿宽应圆整为整数，且小齿轮的齿宽一般比大齿轮的齿宽大5～10 mm。

齿轮结构尺寸，如轮缘内径D_1、轮辐厚度c_1、轮毂直径d_1和长度L(图4-3)等应尽量圆整，以便于制造和测量。

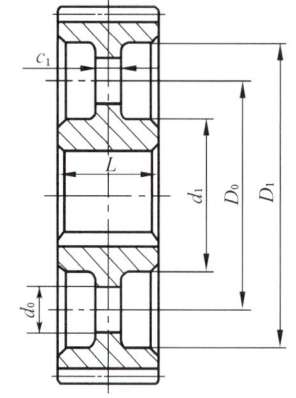

图4-3 圆柱齿轮的几何参数

对各级大、小齿轮几何尺寸和参数的计算结果应及时整理并列表，参考格式见表4-1。同时画出结构图，以备设计装配图时使用。

表4-1 圆柱齿轮传动参数

名称	小齿轮	大齿轮
中心距a/mm		
传动比i		
模数m_n/mm		
螺旋角β		
端面压力角α_t		
变位系数x_n		
齿数z		
分度圆直径d/mm		
节圆直径d'/mm		
齿顶圆直径d_a/mm		
齿根圆直径d_f/mm		
齿宽b/mm		
螺旋角方向		
材料及齿面硬度		

二、锥齿轮传动

锥齿轮传动的设计除参照圆柱齿轮传动的各点外，还应注意：

(1)直齿锥齿轮以大端模数为标准，计算几何尺寸时要用大端模数。

(2)两轴交角为90°时，在确定了大、小齿轮的齿数后，就可计算出分度圆锥的锥顶角

δ_1和δ_2,其数值应精确计算到秒,注意不能圆整。直齿锥齿轮的锥距R也不要圆整,按模数和齿数精确计算到小数点后三位数值。

(3)直齿锥齿轮的齿宽按齿宽系数$\psi_R = b/R$求得,并进行圆整,且大、小齿轮宽度相等。

三、蜗杆传动

(1)蜗杆传动副材料的选择和滑动速度有关,蜗杆传动副材料应具有较好的跑合性和耐磨损性能,一般是在初步估计滑动速度的基础上选择材料,待参数计算确定后再验算滑动速度。

(2)为了便于加工,蜗杆的螺旋线方向应尽量选为右旋,此时蜗轮轮齿方向也应为右旋。蜗杆转动方向由工作机转动方向及蜗杆螺旋线方向来确定。

(3)除啮合尺寸外,蜗杆和蜗轮的结构尺寸均应适当圆整。在蜗杆传动参数确定后,应校核其滑动速度和传动效率,如与初步估计有较大出入,则应重新修正计算。

(4)蜗杆的位置。蜗杆是在蜗轮上面还是下面应根据蜗杆的圆周速度来决定,当蜗杆分度圆的圆周速度$v \leqslant 4 \sim 5 \text{ m/s}$时,蜗杆一般下置,否则可将其上置。

(5)蜗杆轴的强度、刚度验算及蜗杆传动的热平衡计算常需画出装配草图,并在确定了蜗杆支点距离和箱体轮廓尺寸后才能进行。

4.3 轴径的初选

一、初选轴径

轴的结构设计要在初选轴径的基础上进行。初选轴径可用两种方法:一是按轴受纯扭矩估算;二是参照相近减速器的轴径,或按相配零件(如联轴器)的孔径及轴的结构要求等来确定。

按轴受纯扭矩估算轴径d的计算公式为

$$d \geqslant A \sqrt[3]{\frac{P}{n}}$$

式中 d——轴径,mm;

P——轴所传递的功率,kW;

n——轴的转速,r/min;

A——由轴的许用扭转剪应力所确定的系数,常用材料的A值见表4-2。

表 4-2　　　　　　　　　　　　　常用材料的 A 值

轴的材料	Q235A,20 钢	Q275,35 钢	45 钢	40Cr,35SiMn,3Cr13
A	160～135	135～118	118～107	107～98

对外伸轴,初估的轴径常作为轴的最小直径,这时应取较小的 A 值;对非外伸轴,初估的轴径常作为轴的最大直径,这时应取较大的 A 值。

如果初估轴的直径端是轴的外伸端并装有联轴器,则轴端直径必须满足联轴器的孔径要求。若估算的轴有键槽,则应将直径加大 5%(单键)或 10%(双键),并圆整成标准直径。

二、联轴器的选择

常用的联轴器多已标准化。选用时,首先按工作条件选择合适的类型,再按转矩、轴径和转速选择联轴器的具体尺寸。对于中小型减速器,可采用弹性柱销联轴器。输入轴如果与电动机轴相连,转速高,转矩小,则也可以选用弹性套柱销联轴器。

选择或校核联轴器时,应考虑机器启动时惯性力及过载等影响,按最大转矩(或功率)进行。设计时通常按计算转矩进行,计算转矩为

$$T_c = KT$$

式中　T_c——计算转矩,N·m;

　　　T——名义转矩,N·m;

　　　K——工作情况系数,见表 4-3。

表 4-3　　　　　　　　　　　　　工作情况系数

原动机	工作机	K
电动机	带式输送机、鼓风机、连续运动的金属切削机床	1.25～1.5
	链式输送机、刮板输送机、螺旋输送机、离心泵、木工机床	1.5～2.0
	往复运动的金属切削机床	1.5～2.5
	往复式泵、往复式压缩机、球磨机、破碎机、冲剪机、空气锤	2.0～3.0
	起重机、升降机、轧钢机、压延机	3.0～4.0
涡轮机	发电机、离心泵、鼓风机	1.2～1.5
往复式发动机	发电机	1.5～2.0
	离心泵	3～4
	往复式工作机,如压缩机、泵等	4～5

注:固定式、刚性可移动式联轴器选用较大 K 值;弹性联轴器选用较小 K 值;嵌合式离合器 $K=2～3$;摩擦式离合器 $K=1.2～1.5$;安全联轴器 $K=1.25$;从动件的转动惯量小,载荷平稳,K 取较小值。

根据工作条件选定联轴器的类型,求得计算转矩 T_c 之后,查本书 11.9 节的相关表格,选择相接近的公称转矩 T_n,且同时满足转矩 $T_n \geqslant T_c$、许用转速 $[n] \geqslant n$,就可确定联轴器的具体型号。

根据联轴器的型号,在确定联轴器的轴孔直径 d 和轴孔长度 L 等连接尺寸时,应保证符合主、从动端轴径的要求,否则还要根据轴孔直径 d 改选联轴器的型号。主、从动端轴径不相同是常见的现象,当转矩、转速相同,主、从动端轴径不相同时,应按大的轴径选

择联轴器型号。轴孔形式应符合表 11-56 中的规定,常采用 J 型轴孔、A 型键槽(平键单键槽)。轴孔长度应符合联轴器产品标准的规定。

例 4-1

某带式运输机用的减速器低速轴通过联轴器与卷筒轴相连。所传递的功率 $P=3.3$ kW,轴的转速 $n=75$ r/min,轴的材料为 45 钢。试确定该轴的最小直径,并选择联轴器。

解:(1)初定轴的最小直径

查表 4-2 取 $A=110$,则计算直径为

$$d \geqslant A\sqrt[3]{\frac{P}{n}} = 110 \times \sqrt[3]{\frac{3.3}{75}} = 38.83 \text{ mm}$$

考虑到该轴段处要安装联轴器,会有键槽存在,故将计算直径加 5%,得 40.77 mm,圆整后并考虑联轴器轴孔直径,初定直径 $d=42$ mm。

(2)选择联轴器

根据传动装置的工作条件,拟选用弹性柱销联轴器,联轴器传递的名义转矩为

$$T = 9\,550\frac{P}{n} = 9\,550 \times \frac{3.3}{75} = 420.2 \text{ N·m}$$

查表 4-3 取工作情况系数 $K=1.4$,则计算转矩为

$$T_c = KT = 1.4 \times 420.2 = 588.28 \text{ N·m}$$

根据计算转矩,查表 11-50 选取 LX3 型弹性柱销联轴器,$T_c=588.28$ N·m$<T_n=1\,250$ N·m,$n=75$ r/min$<[n]=4\,750$ r/min,转矩及转速均满足要求。轴孔直径符合初定的轴最小直径 $d=42$ mm 的要求,故 LX3 型弹性柱销联轴器可用。最后确定与减速器低速轴相配的半联轴器轴孔为 J 型,其长度 $L=84$ mm,A 型键槽(见表 11-56),另一半联轴器的轴孔需要根据滚筒轴的结构确定。

4.4 检查重点

(1)材料和热处理的选择是否合理,许用应力是否有错。
(2)计算准则是否正确。
(3)强度计算和中心距的确定是否有错。
(4)主要参数的选择是否合理,如齿宽过小或过大;齿数选择是否合适;按经验公式计算的轮辐、轮毂及轮缘尺寸是否圆整等。
(5)计算数据的处理是否正确。
(6)联轴器的选择是否正确,标记是否正确,联轴器的轴孔是否与轴一致。

第5章

减速器的结构

5.1 减速器简介

减速器是一种由封闭在箱体内的齿轮、蜗杆、蜗轮等组成的传动装置,它可以用来改变轴的转速和转矩,以适应工作的需要。

减速器结构简单,使用维修方便,传动效率高,在工程中应用广泛。

减速器类型很多,一般按传动装置的类型可分为圆柱齿轮减速器、锥齿轮减速器、锥-圆柱齿轮减速器、蜗杆减速器等,按传动级数又可分为一级、二级、三级减速器等,详见表 5-1。

表 5-1　　减速器的主要类型

类型		图示		
		一级	二级	三级
齿轮减速器	圆柱齿轮减速器	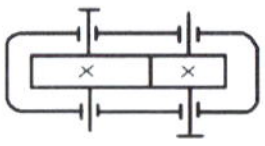	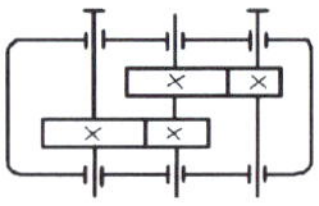	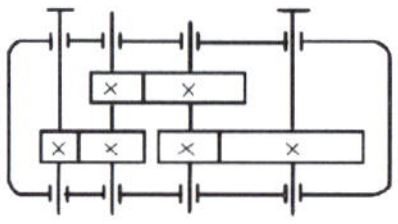
	锥齿轮减速器、锥-圆柱齿轮减速器	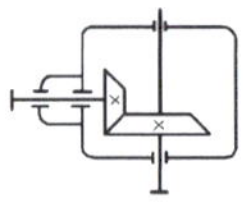	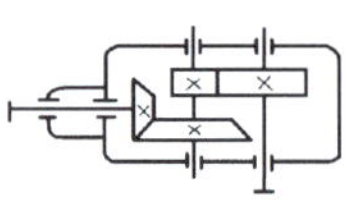	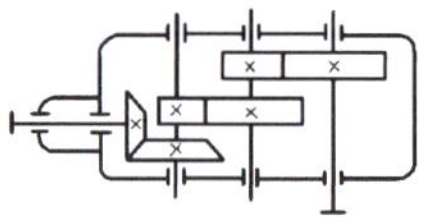
蜗杆减速器		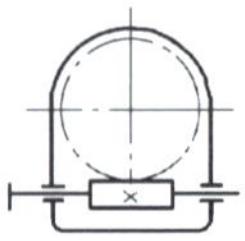	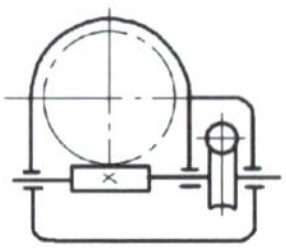	
齿轮-蜗杆减速器			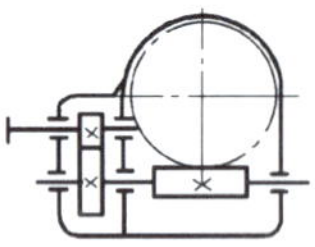 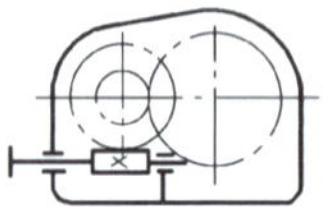	
行星齿轮减速器		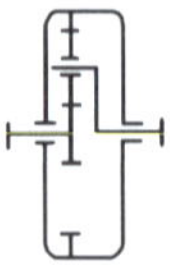	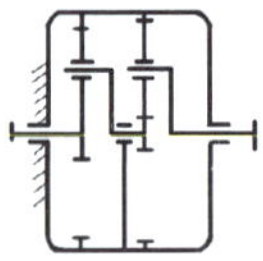	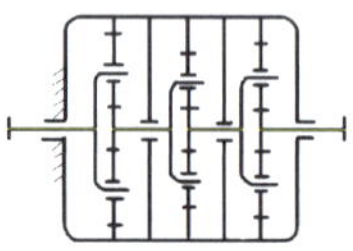

机械工程中某些类型的减速器已经标准化,可根据传动比、工作要求、载荷等条件进行设计和选用。

5.2 减速器的结构设计

减速器的结构设计主要是确定减速器的箱体尺寸,设计箱体结构及其工艺性。现以二级圆柱齿轮减速器为例加以介绍。图 5-1 所示为二级圆柱齿轮减速器的结构,它主要由轴系部件(齿轮、轴、轴承等)、箱体及其附件组成。

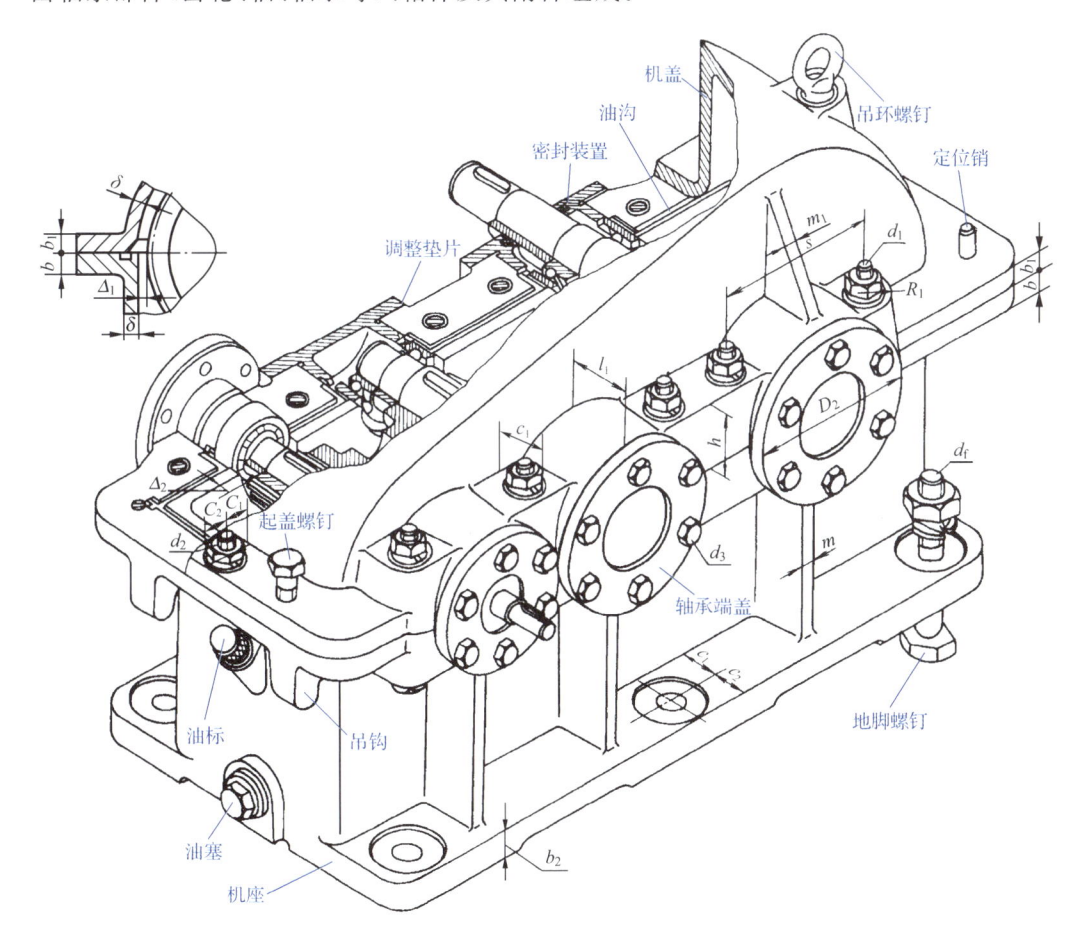

图 5-1 二级圆柱齿轮减速器的结构

一、减速器箱体尺寸

减速器箱体是减速器的重要组成部分,常用减速器箱体由箱座和箱盖两部分组成,用以支承和固定轴系零件,保证转动件的运转、润滑,实现与外界的密封。

箱体材料一般选用灰铸铁,如 HT150、HT200 等,灰铸铁具有良好的铸造性和减振性。在重型减速器中,为了提高箱体的强度,也可采用铸钢,如 ZG15、ZG25 等。除此之外,箱体也可使用钢板焊接而成,焊接箱体比铸造箱体轻 1/4~1/2,生产周期短,适于单件生产，但焊接时易变形，故要求较高的技术，并应在焊后做退火处理。

箱体约占减速器质量的 50%，是减速器中结构和受力最复杂的零件。因此，箱体结构对减速器的工作性能、加工工艺、材料消耗、质量及成本等有很大影响。对于箱体，目前尚无完整且简便的理论设计方法，通常是在满足强度、刚度的前提下，同时考虑结构紧凑、制造安装方便、质量轻及使用要求等进行经验设计。减速器箱体的尺寸可按表 5-2 和图 5-2 进行计算。

表 5-2　　铸铁减速器箱体的主要结构尺寸　　mm

<table>
<tr><th rowspan="2">名称</th><th rowspan="2">符号</th><th colspan="4">尺寸关系</th></tr>
<tr><th colspan="2">齿轮减速器</th><th>锥齿轮减速器</th><th>蜗杆减速器</th></tr>
<tr><td rowspan="2">箱座壁厚</td><td rowspan="2">δ</td><td>一级</td><td>$0.025a+1\geq 8$</td><td rowspan="4">$0.025(d_1+d_2)+\Delta\geq 8$
（d_1、d_2为小、大锥齿轮的大端直径）
单级：$\Delta=1$　两级：$\Delta=3$</td><td rowspan="2">$0.04a+3\geq 8$</td></tr>
<tr><td>二级</td><td>$0.025a+3\geq 8$</td></tr>
<tr><td rowspan="2">箱盖壁厚</td><td rowspan="2">δ_1</td><td>一级</td><td>$0.02a+1\geq 8$</td><td rowspan="2">蜗杆在上：$\approx\delta$
蜗杆在下：$0.85\delta\geq 8$</td></tr>
<tr><td>二级</td><td>$0.02a+3\geq 8$</td></tr>
<tr><td>箱盖凸缘厚度</td><td>b_1</td><td colspan="4">$1.5\delta_1$</td></tr>
<tr><td>箱座凸缘厚度</td><td>b</td><td colspan="4">1.5δ</td></tr>
<tr><td>箱座底凸缘厚度</td><td>b_2</td><td colspan="4">2.5δ</td></tr>
<tr><td>地脚螺钉直径</td><td>d_f</td><td colspan="2">$0.036a+12$</td><td>$0.036(d_1+d_2)+12$</td><td>$0.036a+12$</td></tr>
<tr><td>地脚螺钉数目</td><td>n</td><td colspan="2">$a\leq 250$ 时，$n=4$
$a=250\sim 500$ 时，$n=6$
$a>500$ 时，$n=8$</td><td>$d_1+d_2\leq 250$ 时，$n=4$
$d_1+d_2>250$ 时，$n=6$</td><td>$n=(L+B)/(200\sim 300)\geq 5$
（L、B 为箱座下部的长度和宽度）</td></tr>
<tr><td>轴承旁连接螺栓直径</td><td>d_1</td><td colspan="4">$0.75d_f$</td></tr>
<tr><td>箱盖与箱座连接螺栓直径</td><td>d_2</td><td colspan="4">$(0.5\sim 0.6)d_f$</td></tr>
<tr><td>连接螺栓 d_2 的距离</td><td>l</td><td colspan="4">125～200</td></tr>
<tr><td>轴承端盖螺钉直径</td><td>d_3</td><td colspan="4">按选用的轴承端盖确定或$(0.4\sim 0.5)d_f$</td></tr>
<tr><td>窥视孔盖螺钉直径</td><td>d_4</td><td colspan="4">$(0.3\sim 0.4)d_f$</td></tr>
<tr><td>定位销直径</td><td>d</td><td colspan="4">$(0.7\sim 0.8)d_2$</td></tr>
<tr><td>d_f、d_1、d_2 至外箱壁的距离</td><td>C_1</td><td colspan="4">见表 5-7</td></tr>
<tr><td>d_f、d_2 至凸缘边的距离</td><td>C_2</td><td colspan="4">见表 5-7</td></tr>
<tr><td>轴承旁凸台半径</td><td>R_1</td><td colspan="4">C_2</td></tr>
<tr><td>凸台高度</td><td>h</td><td colspan="4">根据低速级轴承座外径确定，以便于扳手操作为准</td></tr>
<tr><td>外箱壁至轴承座端面的距离</td><td>l_1</td><td colspan="4">$C_1+C_2+(5\sim 10)$</td></tr>
<tr><td>齿轮顶圆(或蜗轮圆)与内箱壁的距离</td><td>Δ_1</td><td colspan="4">$>1.2\delta$</td></tr>
<tr><td>齿轮（锥齿轮或蜗轮轮毂）端面与箱体内壁的距离</td><td>Δ_2</td><td colspan="4">$>\delta$</td></tr>
<tr><td>箱盖、箱座肋厚</td><td>m_1、m</td><td colspan="4">$m_1=0.85\delta_1$，$m=0.85\delta$</td></tr>
<tr><td>轴承端盖外径</td><td>D_2</td><td colspan="4">见表 5-9</td></tr>
<tr><td>轴承旁连接螺栓的距离</td><td>S</td><td colspan="4">尽量靠近，以与端盖螺栓互不干涉为准，一般取 $S=D+(2\sim 2.5)d_1$
（D 为轴承直径）</td></tr>
<tr><td>箱座深度</td><td>H_d</td><td colspan="4">$H_d=d_s/2+(30\sim 50)$　（d_s为大齿轮齿顶圆直径）</td></tr>
<tr><td>箱座高度</td><td>H</td><td colspan="4">$H=H_d+\delta+(5\sim 10)$</td></tr>
</table>

注：1. 多级传动时，a 取低速级中心距。

2. 对锥-圆柱齿轮减速器，按圆柱齿轮传动中心距取值。

第5章 减速器的结构

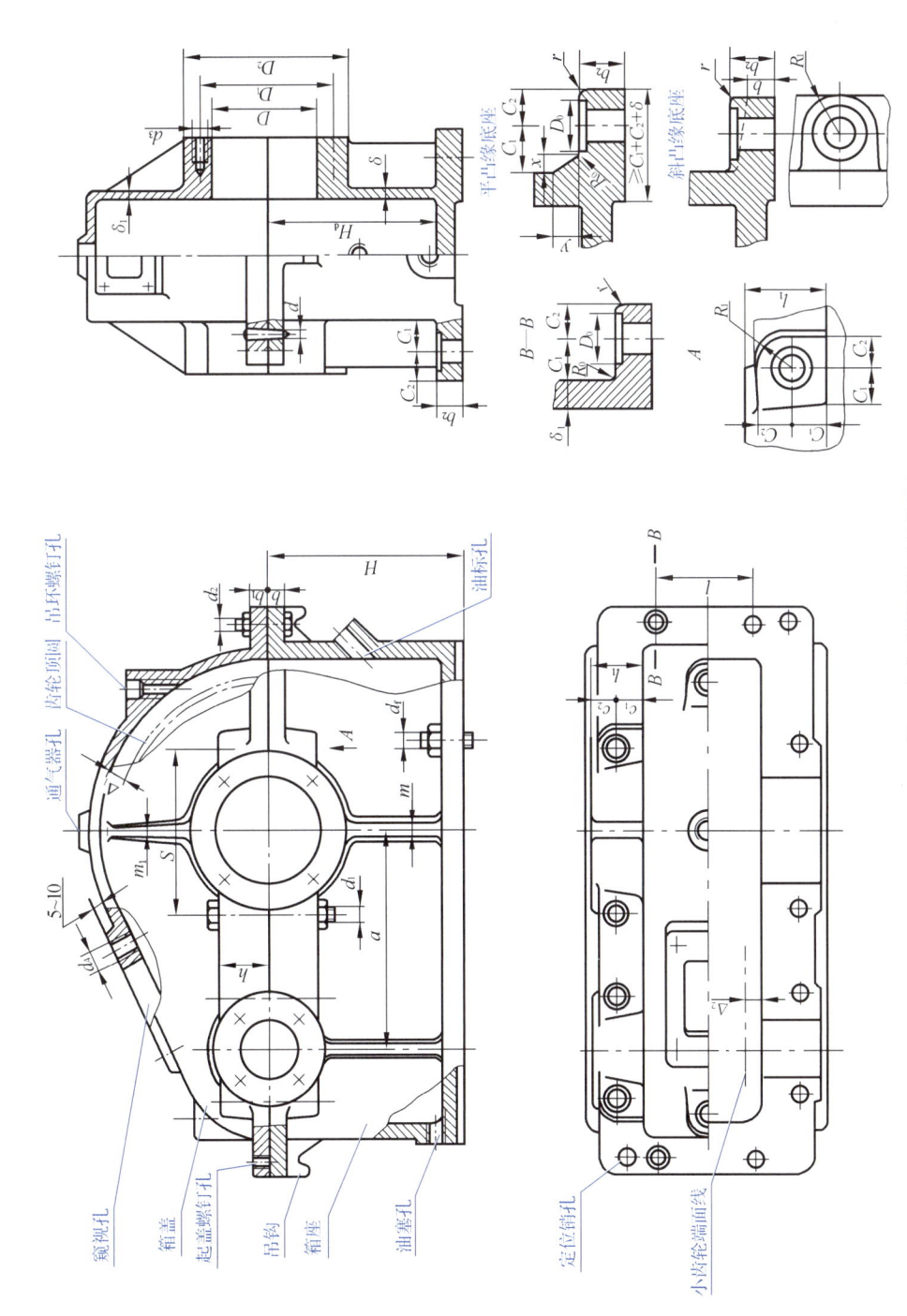

图5-2 齿轮减速器箱体的结构尺寸

二、减速器箱体结构及其工艺性

减速器箱体结构及其工艺性的好坏,对提高加工精度和装配质量、提高生产率和便于检修维护等方面有直接影响。为了便于装配,箱盖和箱座的分界面应与齿轮轴线重合。为了保证齿轮的轴线有正确的相对位置,对轴承孔的加工精度应有严格要求。此外,箱体必须有足够的刚度,以免在工作时产生过大的变形而影响齿轮、轴承的正常工作。由此可见,在箱体的结构尺寸设计中,应考虑箱体要具有合理的结构、足够的刚度和良好的加工工艺性。

1. 减速器箱体的铸造结构

在设计铸造箱体时,应考虑铸造工艺特点,力求形状简单、壁厚均匀、过渡平缓、金属无局部积聚。

(1) 箱体壁厚应合理

为了保证箱体的强度并减轻质量,避免浇不足、冷隔等缺陷,减小铸造中产生缩孔、缩松的倾向,在设计时应选择合理的截面形状,采用较薄的断面或带有加强肋的薄壁铸件。箱体应有一定的壁厚,壁厚值 δ 应满足表5-3的要求。

表5-3　　　　　　　　　铸件最小壁厚　　　　　　　　　　　　mm

铸造方法	铸件尺寸	铸钢	灰铸铁	球墨铸铁
砂型铸造	200×200 以下 (200×200)~(500×500)	8 10~12	6 6~10	6 12
金属型铸造	70×70 以下 (70×70)~(150×150) 150×150 以上	5 — 10	4 5 6	— — —

(2) 箱体铸件壁的连接和圆角

箱体的壁厚应力求均匀,如果因结构所需而不能达到壁厚均匀,则各部分不同壁厚的连接应逐渐过渡,可以有效地消除热裂缺陷,如图5-3所示。

铸件过渡连接尺寸见表5-4,铸造外圆角半径 R 的值见表5-5,铸造内圆角半径 R 的值见表5-6。

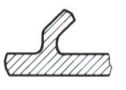

(a) 不正确(有缩孔)　　(b) 正确

图 5-3　铸件壁连接的形式

表 5-4　　　　　铸件过渡连接尺寸(摘自 JB/ZQ 4254—2006)　　　　　　mm

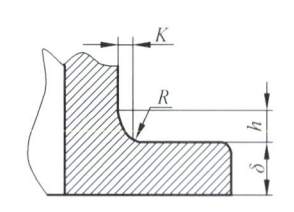

铸件壁厚 δ	K	h	R
10~15	3	15	5
>15~20	4	20	5
>20~25	5	25	5
>25~30	6	30	8

表 5-5　　　　　　　　　铸造外圆角（摘自 JB/ZQ 4256—2006）

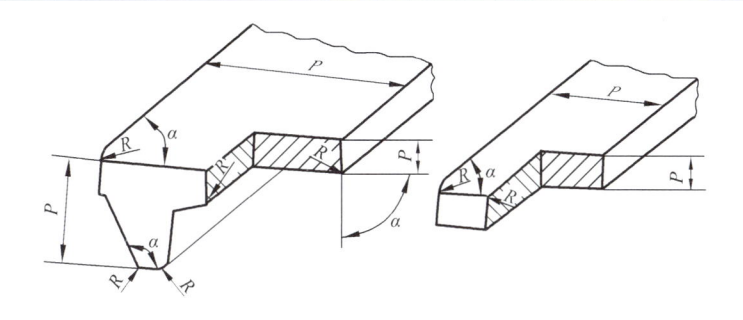

外圆角 α	表面最小尺寸 P/mm			
	≤25	>25～60	>60～160	>160～250
>75°～105°	2	4	6	8
>105°～135°	4	6	8	12

表 5-6　　　　　　　　　铸造内圆角（摘自 JB/ZQ 4255—2006）

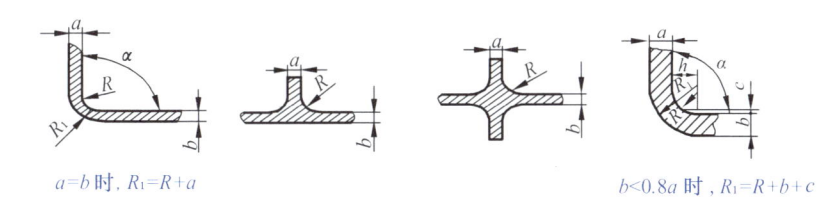

$a=b$ 时, $R_1=R+a$　　　　　　　　　$b<0.8a$ 时, $R_1=R+b+c$

内圆角 α		$\frac{a+b}{2}$/mm			
		≤8	9～12	13～16	17～20	21～27
>75°～105°	钢	6	6	8	10	12
	铁	4	6	6	8	10
>105°～135°	钢	8	10	12	16	20
	铁	6	8	10	12	16

（3）箱体轴承座孔的结构

为了提高轴承座处的连接刚度，箱体轴承座孔两侧的连接螺栓应尽量靠近（以不与端盖螺钉孔和轴承孔干涉为原则），为此轴承座孔附近应做出凸台，其高度要保证安装时有足够的扳手空间，如图 5-4 所示。图中左侧没有凸台，且 L_2 大，故刚性小；右侧有凸台，且 L_1 小，故刚性大。

有关凸台及凸缘的结构及尺寸分别参看图 5-2 和表 5-7。

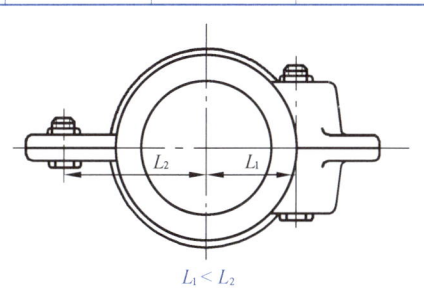

$L_1<L_2$

图 5-4　箱体轴承座孔连接螺栓的位置

表 5-7　　　　　　　　　　凸台及凸缘的结构尺寸　　　　　　　　　　mm

螺栓直径	M6	M8	M10	M12	M14	M16	M18	M20	M22
C_{1min}	12	14	16	18	20	22	24	26	30
C_{2min}	10	12	14	16	18	20	22	24	26
螺栓锪平孔直径 D_0	15	20	24	28	32	34	38	42	44
螺栓托面与箱体立面处的圆角半径 R_{0max}	5					8			
凸缘边处的圆角半径 r_{max}	3						5		

注：表中的螺栓直径见表 5-2 中的 d_f、d_1、d_2 等。

（4）在箱体上采用加强肋

减速器箱体若刚度不足，则在加工和工作过程中会产生过量变形，引起轴承座孔中心线歪斜，在传动中产生偏载，影响减速器的正常工作。为了使箱体具有足够的刚度，箱体应有一定的壁厚，在箱体上采用加强肋，并使轴承座部分的壁厚适当加大。如图 5-5 所示，箱体的加强肋有外肋和内肋两种，内肋刚度大，外表光滑、美观，但阻碍润滑油的流动，工艺比较复杂，故一般多采用外肋。

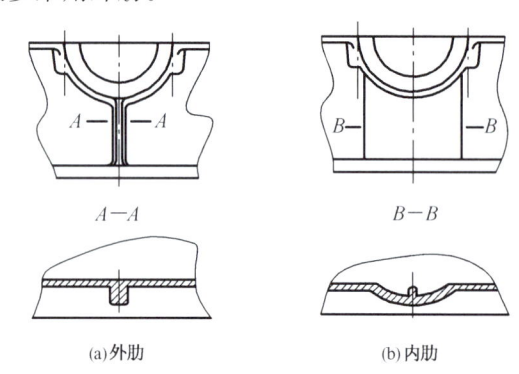

(a) 外肋　　　(b) 内肋

图 5-5　加强肋

（5）箱座底部的结构

为了提高减速器箱体的刚度，箱座底凸缘的宽度 B 应超过箱体内壁，如图 5-6 所示。

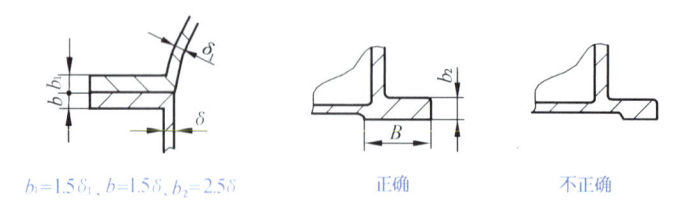

$b_1=1.5\delta_1$, $b=1.5\delta$, $b_2=2.5\delta$　　　正确　　　不正确

图 5-6　箱体连接凸缘及底座凸缘

（6）改进妨碍箱体铸件拔模的结构

为了便于拔模，铸件沿拔模方向应有拔模斜度，见表 5-8。

表 5-8　　　　　　　　　　　拔模斜度

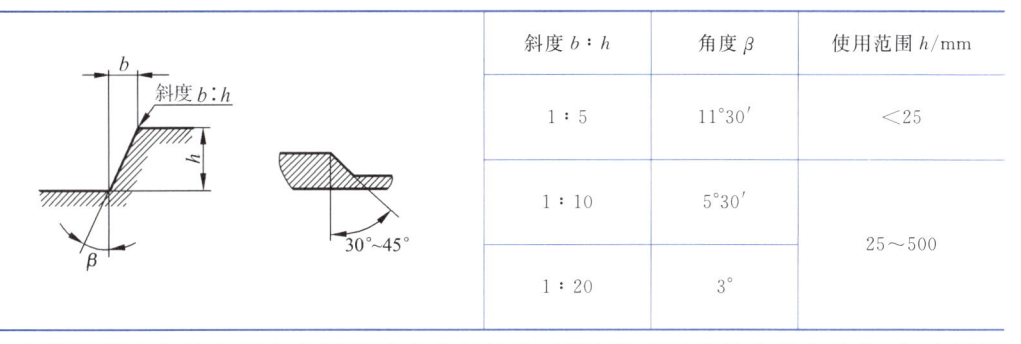

斜度 b:h	角度 β	使用范围 h/mm
1:5	11°30′	<25
1:10	5°30′	25~500
1:20	3°	

在沿拔模方向的表面上应尽量减小凸起结构；当铸件表面有几个凸起结构时，应尽量将其连成一体，便于木模的制造和造型，如图 5-7 所示。

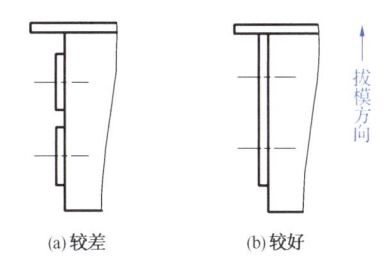

图 5-7　铸造凸起表面的结构

2. 减速器箱体的机械加工要求

设计结构形状时，应尽可能减小机械加工面积，以提高生产率，减轻刀具磨损。为了保证加工精度并缩短加工工时，应尽量减少机械加工时工件和刀具的调整次数。例如，同一轴线的两轴承座孔直径应尽量一致，以便于镗孔和保证镗孔精度。又如，同一方向的平面应尽量一次调整加工。机体的任何一处加工面与非加工面必须严格分开，如图 5-8 和图 5-9 所示。

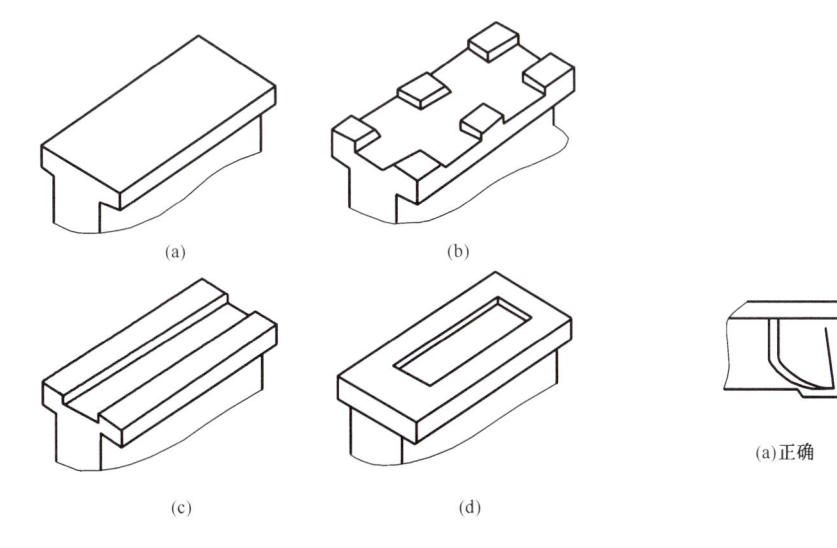

图 5-8　箱座底面结构

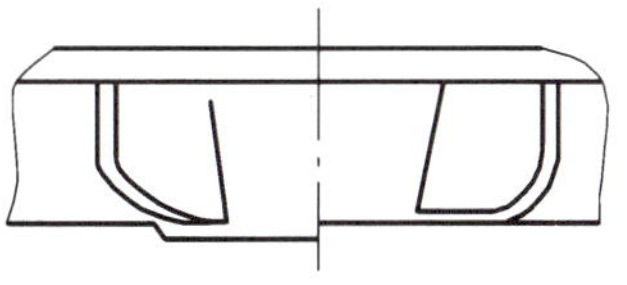

图 5-9　箱盖轴承座端面结构

5.3 减速器的附件设计

为了使减速器能正常工作，在设计时，箱体上必须设置一些附件，以便于减速器润滑油池的注油、排油、检查油面高度以及箱体的连接、定位和吊装等。

一、轴承端盖和套杯

轴承端盖主要用来固定轴承、调整轴承间隙以及承受轴向载荷。轴承端盖有凸缘式和嵌入式两种。凸缘式轴承端盖用螺钉固定在箱体上，便于拆装和调整轴承间隙，密封性能较好，因此使用较多。这种端盖大多用铸铁制造，设计时要考虑铸造工艺性要求。凸缘式轴承端盖的结构尺寸见表 5-9。嵌入式轴承端盖结构简单，依靠凸起部分嵌入轴承座的相应槽中，安装后外观比较平整，零件的数目少，但密封性较差，而且调整轴承间隙时需要打开箱盖以增减垫片，比较麻烦，故只适用于深沟球轴承。如果用于角接触轴承，则可在端盖上增加调整螺钉，以便调整轴承间隙。嵌入式轴承端盖的结构尺寸见表 5-10。

当同一转轴两端的轴承型号不同时，可利用套杯使箱体上的轴承孔直径一致，以便一次镗出，保证加工精度。也可利用套杯固定轴承的轴向位置，使轴承的固定、装拆更为方便，还可用来调整支承（包括整个轴系）的轴向位置。轴承套杯的结构尺寸见表 5-11。

表 5-9　　凸缘式轴承端盖的结构尺寸　　mm

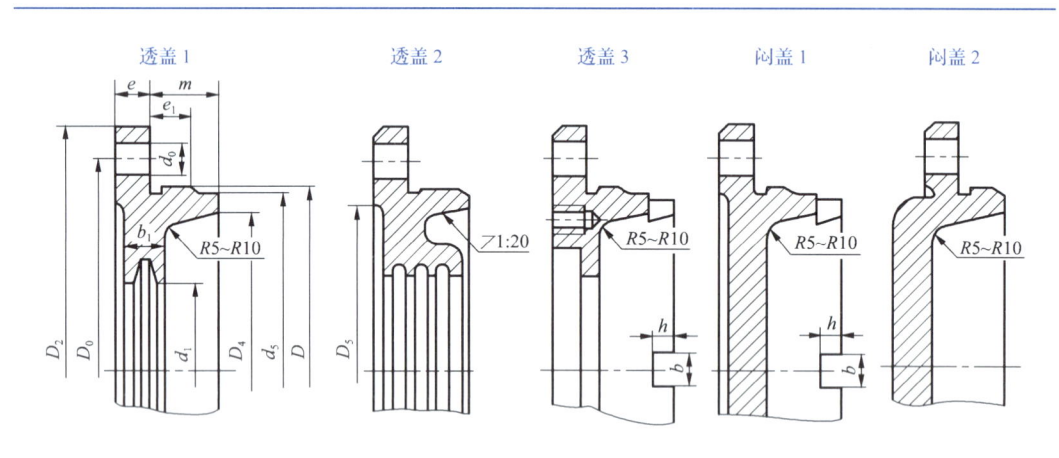

$d_0=d_3+1$；$D_0=D+2.5d_3$；
$D_2=D_0+2.5d_3$；
$e=(1\sim1.2)d_3$；$e_1\geqslant e$
d_3 为轴承端盖连接螺钉直径，尺寸见本表。当端盖与套杯相配时，图中 D_0 与 D_2 应与套杯相一致

$d_5=D-(2\sim4)$；$D_5=D_0-3d_3$；
$b=5\sim10$；$h=(0.8\sim1)b$；
$D_4=D-(10\sim15)$
m 由结构确定
b_1、d_1 由密封尺寸确定
凸缘式轴承端盖材料：HT150

轴承外径 D	螺钉直径 d_3	螺钉数
45～65	M6～M8	4
70～100	M8～M10	4～6
110～140	M10～M12	6
150～230	M12～M16	6

第5章 减速器的结构

表 5-10　嵌入式轴承端盖的结构尺寸　　mm

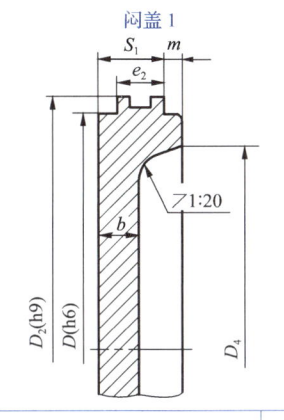

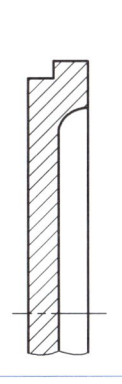

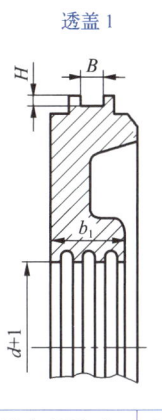

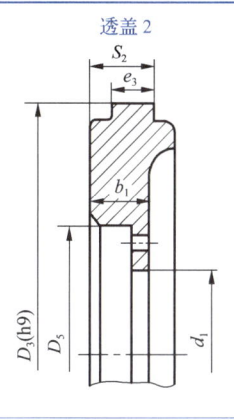

$S_1=15\sim20$；$S_2=10\sim15$； $e_2=8\sim12$；$e_3=5\sim8$； $b=8\sim10$	$D_3=D+e_2$，装有O形密封圈时， 按O形密封圈外径取整 m 由结构确定	D_5、d_1、b_1 等由密封尺寸确定 H、B 由O形密封圈的沟槽尺寸确定 嵌入式轴承端盖材料：HT150	

表 5-11　轴承套杯的结构尺寸　　mm

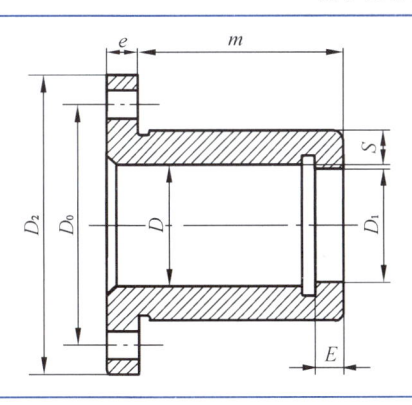

$S=7\sim12$
$E=e=S$
$D_0=D+2S+2.5d_3$（d_3 见表 5-2）
$D_2=D_0+2.5d_3$
m 由结构确定
D_1 由轴承安装尺寸确定
D 为轴承外径

二、窥视孔盖板

为检查传动零件的啮合情况并向箱体内注入润滑油，应在箱体的适当位置设置窥视孔。平时窥视孔盖板用螺钉固定在箱盖上。窥视孔盖板的结构尺寸见表 5-12。

表 5-12　窥视孔盖板的结构尺寸　　mm

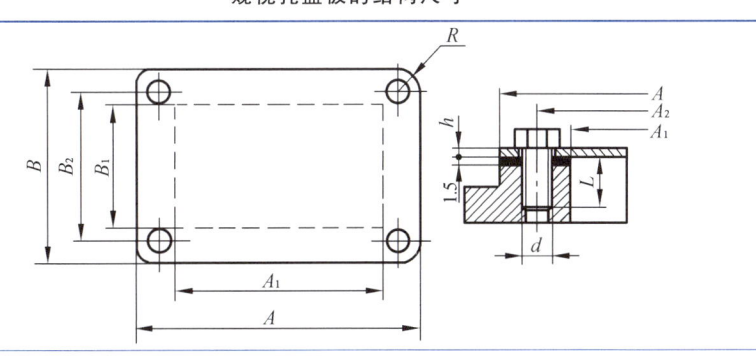

续表

A	B	A_1	B_1	A_2	B_2	h	R	螺钉		
								d	L	个数
115	90	75	50	95	70	3	10	M8	15	4
160	135	100	75	130	105	3	15	M10	20	4
210	160	150	100	180	130	3	15	M10	20	6
260	210	200	150	230	150	4	20	M12	25	8
360	260	300	200	330	230	4	25	M12	25	8

三、通气器

减速器工作时，箱体内温度升高，气体膨胀，压力增大。为使箱体内热胀空气能自由排出，以保持箱体内、外压力平衡而不使润滑油沿分合面、轴伸密封处或其他缝隙渗漏，通常在箱体顶部装通气器。通气器和通气帽的结构尺寸见表 5-13 和表 5-14。

表 5-13　　简单式通气器的结构尺寸　　mm

(a)　　(b)

<table>
<tr><th>d</th><th>D</th><th>D_1</th><th>L</th><th>l</th><th>a</th><th>d_1</th></tr>
<tr><td>M10×1</td><td>13</td><td>11.5</td><td>16</td><td>8</td><td rowspan="3">2</td><td>3</td></tr>
<tr><td>M12×1.25</td><td>18</td><td>16.5</td><td>19</td><td>10</td><td>4</td></tr>
<tr><td>M16×1.5</td><td>22</td><td>19.5</td><td>23</td><td>12</td><td>5</td></tr>
<tr><td>M20×1.5</td><td>30</td><td>25.4</td><td>28</td><td rowspan="2">15</td><td rowspan="5">4</td><td>6</td></tr>
<tr><td>M22×1.5</td><td>32</td><td>25.4</td><td>29</td><td>7</td></tr>
<tr><td>M27×1.5</td><td>38</td><td>31.2</td><td>34</td><td>18</td><td rowspan="3">8</td></tr>
<tr><td>M30×2</td><td>42</td><td rowspan="2">36.9</td><td>38</td><td>18</td></tr>
<tr><td>M33×2</td><td>45</td><td>46</td><td>20</td></tr>
</table>

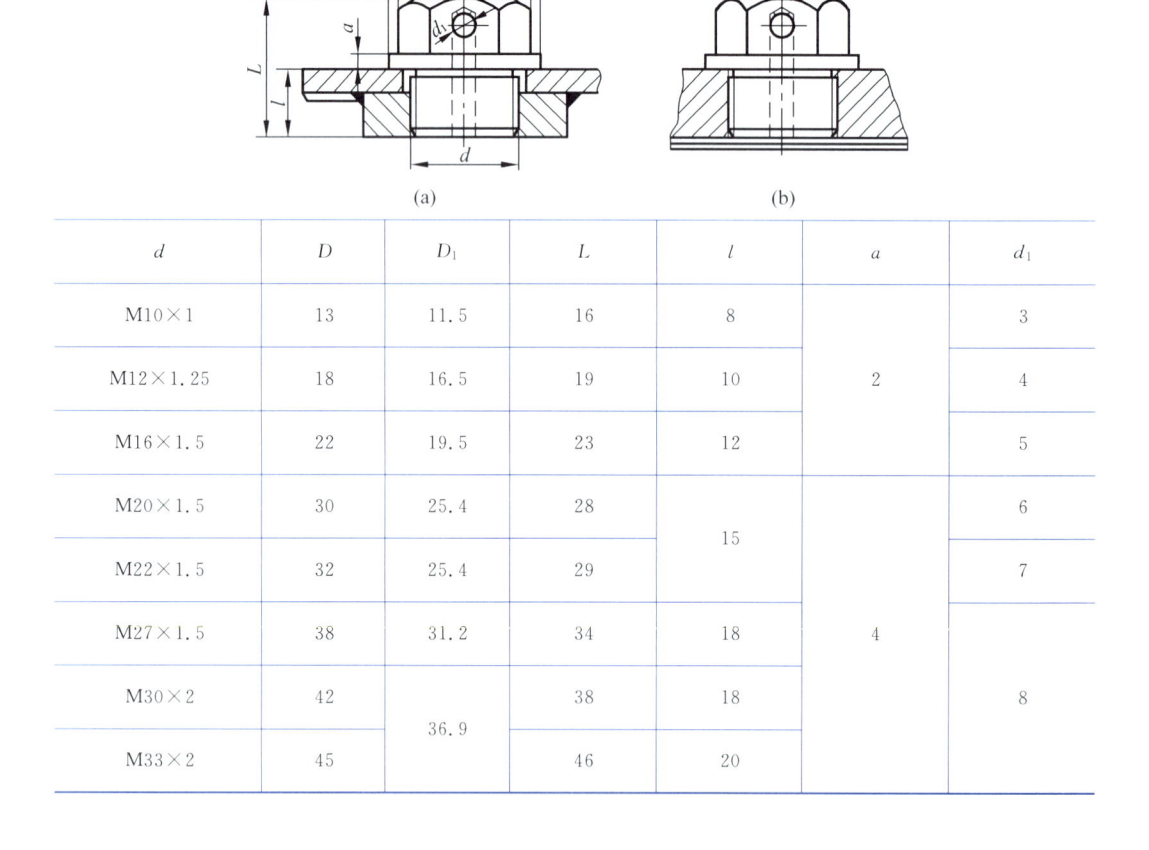

表 5-14　通气帽的结构尺寸　　　　　　　　mm

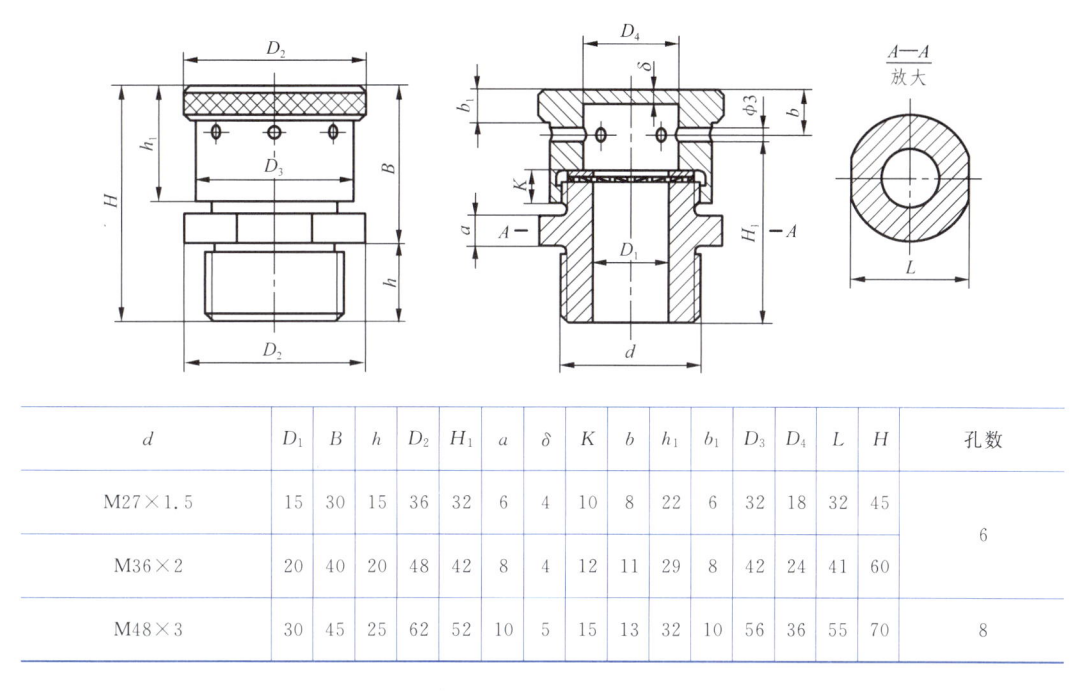

d	D_1	B	h	D_2	H_1	a	δ	K	b	h_1	b_1	D_3	D_4	L	H	孔数
M27×1.5	15	30	15	36	32	6	4	10	8	22	6	32	18	32	45	6
M36×2	20	40	20	48	42	8	4	12	11	29	8	42	24	41	60	6
M48×3	30	45	25	62	52	10	5	15	13	32	10	56	36	55	70	8

四、油面指示器

为检查减速器内油池油面的高度及油的颜色是否正常，经常保持油池内有适量的能使用的油，一般在箱体便于观察、油面较稳定的部位安装油面指示器。最低油面为传动件正常运转的油面，最高油面由传动件浸油的要求来决定。

常用的油面指示器为油标尺。设计时应注意其安置高度和倾斜度，若太低或倾斜度太大，则箱内油易溢出；若太高或倾斜度太小，则油标难以拔出，插孔也难以加工。油标尺的倾斜位置如图 5-10 所示，其结构及安装方式如图 5-11 所示，其结构尺寸见表 5-15。

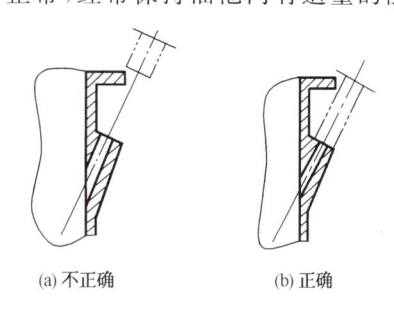

(a) 不正确　　(b) 正确

图 5-10　油标尺的倾斜位置

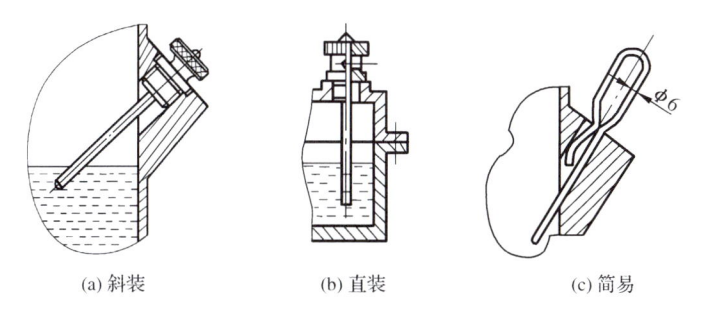

(a) 斜装　　(b) 直装　　(c) 简易

图 5-11　油标尺的结构及安装方式

表 5-15　　　　油标尺的结构尺寸　　　　mm

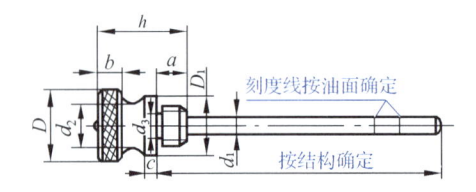

d	d_1	d_2	d_3	*h*	*a*	*b*	*c*	*D*	D_1
M12	4	12	6	28	10	6	4	20	16
M16	4	16	6	35	12	8	5	26	22
M20	6	20	8	42	15	10	6	32	26

圆形、长形及管状油标的结构尺寸见表 5-16～表 5-18。

表 5-16　　　　压配式圆形油标的结构尺寸(摘自 JB/T 7941.1—1995)　　　　mm

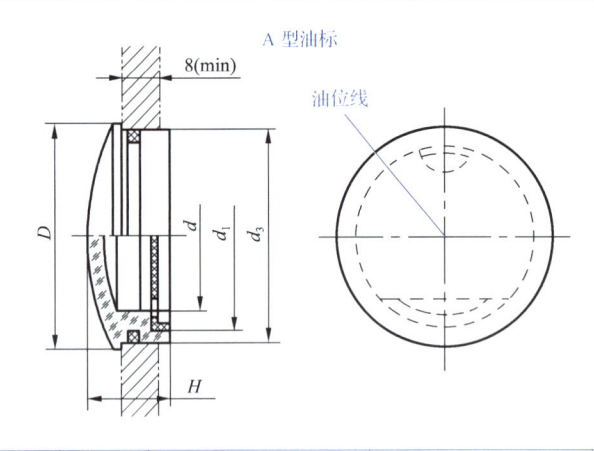

标记示例：

d=32 mm、A 型圆形油标标记为：

油标　A32　JB/T 7941.1—1995

d	*D*	d_1		d_3		*H*	O 形橡胶密封圈 (GB/T 3452.1—2005)
		公称尺寸	极限偏差	公称尺寸	极限偏差		
12	22	12	−0.050 −0.160	20	−0.065 −0.195	14	1.5×2.65
16	27	18		25			20×2.65
20	34	22	−0.065 −0.195	32	−0.080 −0.240	16	25×3.55
25	40	28		38			31.5×3.55
32	48	35	−0.080 −0.240	45		18	38.7×3.55
40	58	45		55	−0.100 −0.290		48.7×3.55
50	70	55	−0.100 −0.290	65		22	—
63	85	70		80			

表 5-17　　长形油标的结构尺寸(摘自 JB/T 7941.3—1995)　　mm

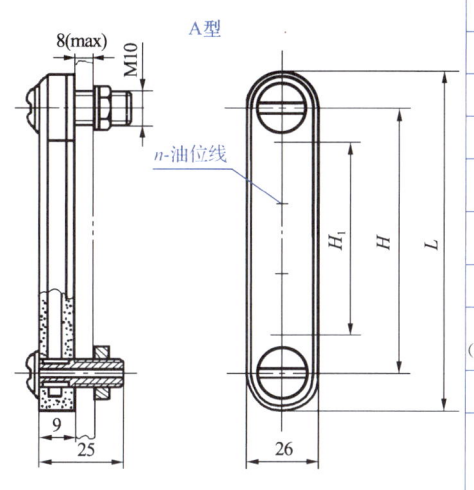

H 公称尺寸	H 极限偏差	H_1	L	n
80	±0.17	40	110	2
100		60	130	3
125	±0.20	80	155	4
160		120	190	6
密封与紧固件				
O 形橡胶密封圈 (GB/T 3452.1—2005)		六角薄螺母 (GB/T 6172.1—2016)		内齿锁紧垫圈 (GB 861.1—1987)
10×2.65		M10		10

标记示例：
H=80 mm 的 A 型长形油标标记为：
油标　A80　JB/T 7941.3—1995

表 5-18　　管状油标的结构尺寸(摘自 JB/T 7941.4—1995)　　mm

标记示例：
H=20 mm、A 型管状油标标记为：
油标　A200　JB/T 7941.4—1995

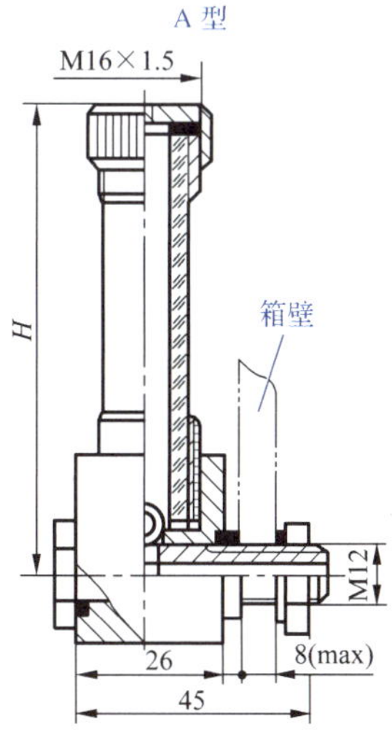

H	六角薄螺母 (GB/T 6172.1—2016)	内齿锁紧垫圈 (GB/T 861.1—1987)	O 形橡胶密封圈 (GB/T 3452.1—2005)
80	M12	12	11.8×2.65
100			
125			
160			
200			

注：B 型管状油标的尺寸见 JB/T 7941.4—1995。

五、油　塞

为了换油时便于排放污油和清洗剂，应在箱座底部、油池的最低位置处开设放油孔，平时用油塞将放油孔堵住，如图 5-12 所示。

孔端处应设凸台，以便于加工出油塞的支承平面，并应加垫圈以保证密封。外六角螺塞的结构尺寸见表 5-19。

60 机械设计基础实训指导

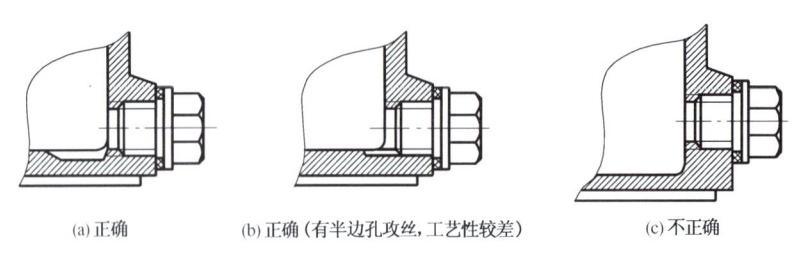

(a) 正确　　(b) 正确（有半边孔攻丝，工艺性较差）　　(c) 不正确

图 5-12　油塞及其位置

表 5-19　外六角螺塞的结构尺寸（摘自 JB/ZQ 4450—2006）　mm

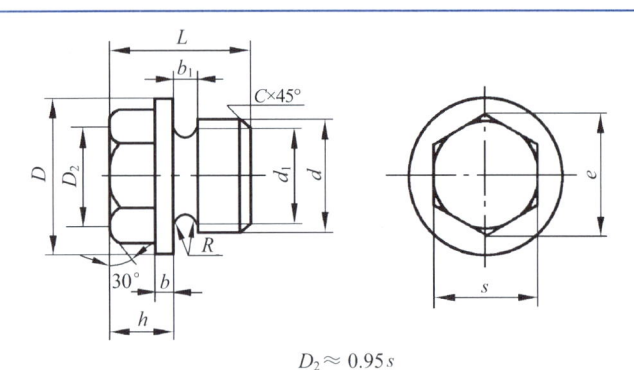

$D_2 \approx 0.95s$

标记示例：

d 为 M12×1.25 的外六角螺塞标记为：螺塞　M12×1.25　JB/ZQ 4450—2006

d	d_1	*D*	*e*	*s*		*L*	*h*	*b*	b_1	*R*	*C*	质量/kg
				公称尺寸	极限偏差							
M12×1.25	10.2	22	15	13	0 −0.24	24	12	3	3	1	1.0	0.032
M20×1.5	17.8	30	24.2	21	0 −0.28	30	15	4				0.090
M24×2	21	34	31.2	27		32	16		4		1.5	0.145
M30×2	27	42	39.3	34	0 −0.34	38	18					0.252

六、定位销

为保证每次拆装箱盖时仍保持轴承座孔制造加工时的精度，应在精加工轴承孔前，在箱盖与箱座的连接凸缘上配装圆锥定位销，如图 5-13 所示。

采用多销定位时，相对于箱体应为非对称布置，以免配错位。圆锥销的结构尺寸见表 11-73。

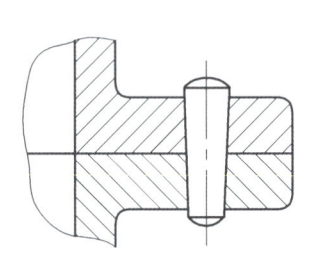

图 5-13　配装圆锥定位销

七、起盖螺钉

为加强密封效果,通常装配时在箱体剖分面上涂以水玻璃或密封胶,故在拆卸时往往因胶结紧密而难以开盖。为此常在箱盖连接凸缘的适当位置加工出 1~2 个螺孔,旋入起盖螺钉,将上箱盖顶起,如图 5-14 所示。

起盖螺钉的直径可取与表 5-2 中箱盖与箱座连接螺栓直径相同的值。

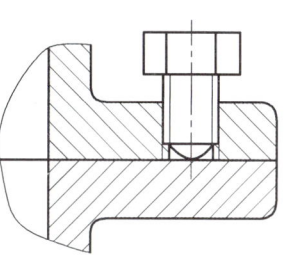

图 5-14 旋入起盖螺钉

八、起吊装置

为了便于装拆和搬运,在箱体及箱盖上应设置起吊装置。它常由箱盖上的吊孔(或吊耳)和箱座上的吊钩构成,见表 5-20。也可采用吊环螺钉拧入箱盖。吊环螺钉为标准件,可按起吊质量选取,见表5-21。搬运质量较大的减速器时,只能用箱座上的吊钩,不能用箱盖上的吊耳或吊环螺钉。

表 5-20　　　　　　　　　起重吊耳和吊钩的结构尺寸

类型	结构	尺寸
吊耳在箱盖上铸出	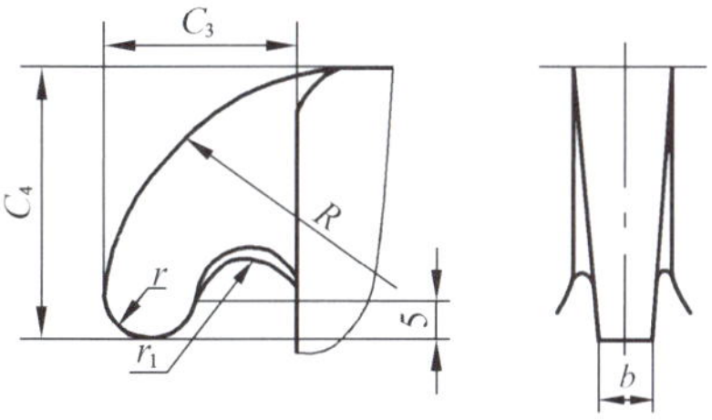	$C_3=(4\sim5)\delta_1$(δ_1 为箱盖壁厚,见表 5-2) $C_4=(1.3\sim1.5)C_3$ $b=(1.8\sim2.5)\delta_1$ $R=C_4$ $r_1\approx0.2C_3$ $r\approx0.25C_3$
吊耳环在箱盖上铸出	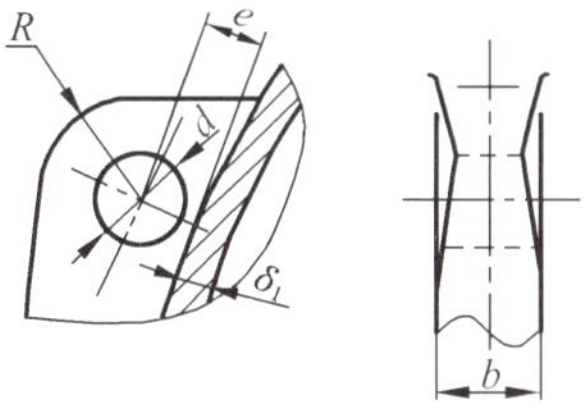	$d=b\approx(1.8\sim2.5)\delta_1$ $R\approx(1\sim1.2)d$ $e\approx(0.8\sim1)d$
吊钩在箱座上铸出	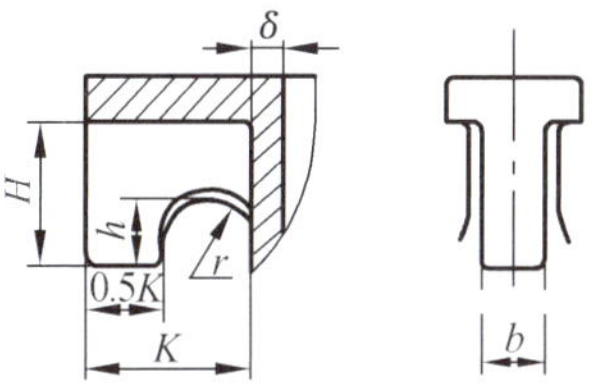	$K=C_1+C_2$(C_1、C_2 见表 5-2) $H\approx0.8K$ $h\approx0.5H$ $r\approx0.25K$ $b\approx(1.8\sim2.5)\delta$
吊钩在箱座上铸出	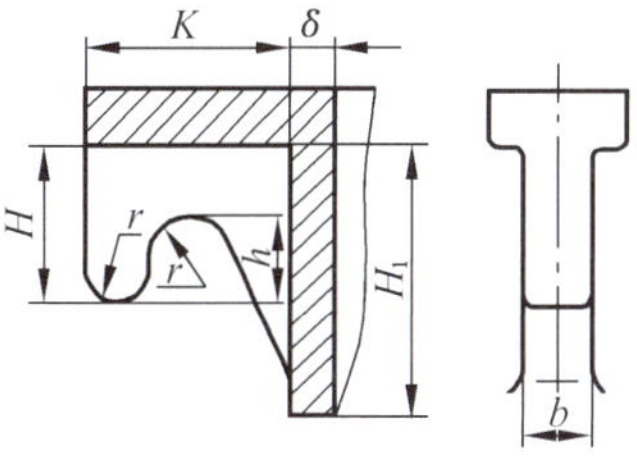	$K=C_1+C_2$(C_1、C_2 见表 5-2) $H\approx0.8K$ $h\approx0.5H$ $r\approx K/6$ $b\approx(1.8\sim2.5)\delta$ H_1 由结构决定

表 5-21　　　　　　　吊环螺钉的结构尺寸(摘自 GB/T 825—1988)　　　　　　　mm

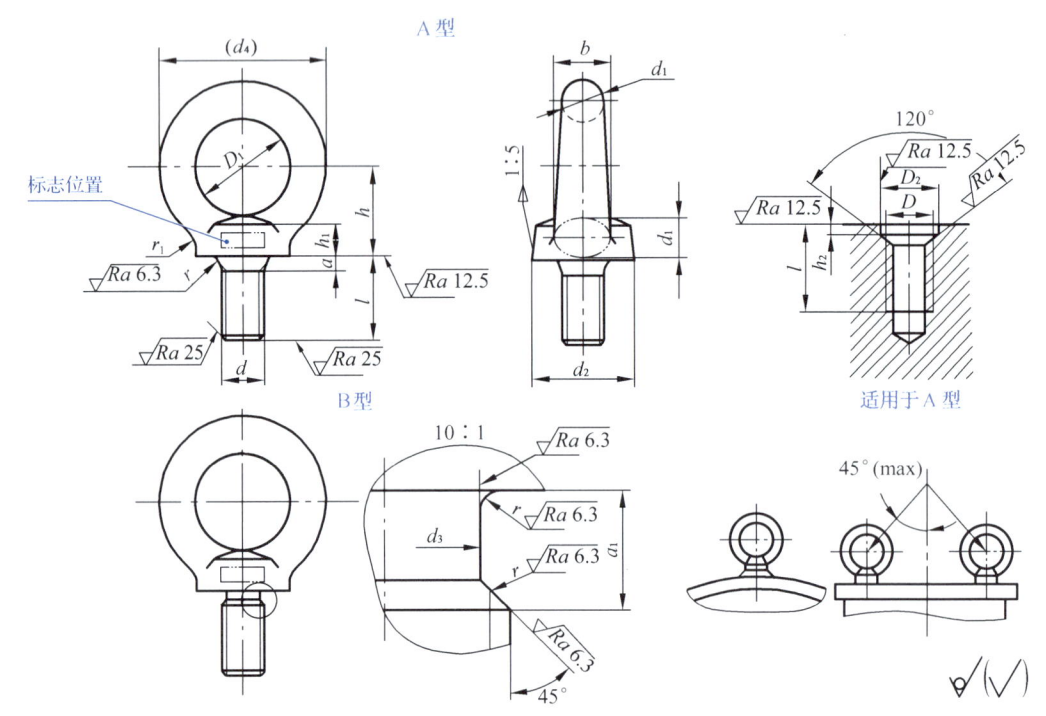

标记示例：
规格为 20 mm、材料为 20 钢、经正火处理、不经表面处理的 A 型吊环螺钉标记为：螺钉　GB/T 825　M20

螺纹规格(d)	M10	M12	M16	M20	M24	M30
d_1(max)	11.1	13.1	15.2	17.4	21.4	25.7
D_1(公称)	24	28	34	40	48	56
d_2(min)	23.6	27.6	33.6	39.6	47.6	55.5
h_1(min)	7.6	9.6	11.6	13.5	17.5	21.4
l(公称)	20	22	28	35	40	45
d_4(参考)	44	52	62	72	88	104
h	22	26	31	36	44	53
r_1	4	6	6	8	12	15
a_1(max)	4.5	5.25	6	7.5	9	10.5
d_3(公称)	7.7	9.4	13	16.4	19.6	25
a(max)	3	3.5	4	5	6	7
b	12	14	16	19	24	28
D_2(公称)	15	17	22	28	32	38

九、螺纹、螺纹连接件及紧固件

箱体与箱盖常用螺纹连接，箱内组件使用紧固件加以固定。螺纹及螺纹连接件的主要标准见本书 11.7 节。

5.4 减速器的润滑和密封

一、减速器的润滑

减速器的润滑分为齿轮的润滑和滚动轴承的润滑两大部分。减速器的润滑直接影响其寿命、效率及工作性能,不可忽视。

常用润滑油和润滑脂见表 11-19 和表 11-20,可根据回转零件的材料、转速和工作条件来选用。

1. 齿轮的润滑

齿轮传动时对其进行润滑,可以减少磨损和发热,还可以防锈、降低噪声,对防止和延缓轮齿失效以及改善齿轮传动的工作状况起着重要的作用。

(1) 润滑方式

对于闭式齿轮传动,一般根据齿轮的圆周速度确定润滑方式。

① 浸油润滑

当齿轮的圆周速度 $v \leq 12$ m/s 时,通常将大齿轮浸入油池中进行润滑,浸入深度约为一个齿高,但不小于 10 mm,浸入过深会增加齿轮的运动阻力并使油温升高。在多级齿轮传动中,可采用带油轮将油带到未浸入油池内的轮齿齿面上,同时可将油甩到齿轮箱壁面上散热,使油温下降,如图 5-15 所示。

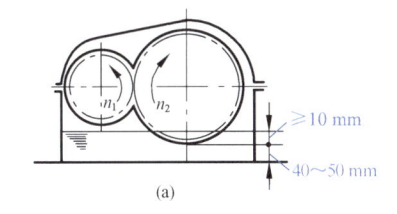

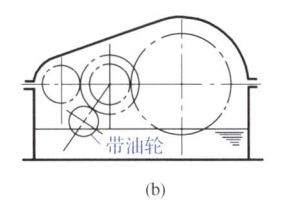

图 5-15 浸油润滑

另外,为避免油搅动时沉渣泛起,齿顶到油池底面的距离应保持为 40~50 mm。

为了保证润滑油的散热作用,箱座应能容纳一定量的润滑油。对于单级传动,每传递 1 kW 的功率,需油量为 0.35~0.7 L;对于多级传动,应按级数成比例增加。

② 喷油润滑

当齿轮的圆周速度 $v > 12$ m/s 时,由于圆周速度大,齿轮搅油剧烈,同时离心力较大,使得黏附在齿廓面上的油被甩掉,不利于采用浸油润滑,此时应采用喷油润滑,即用油泵将具有一定压力的油经喷油嘴喷到啮合的齿面上,如图 5-16 所示。

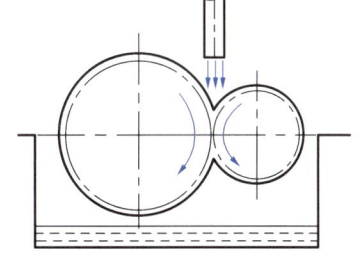

图 5-16 喷油润滑

对于开式齿轮传动,由于传动速度较低,故通常采用人工定期加油润滑的方式。

(2)润滑剂的选用

齿轮传动润滑油的选用原则：根据齿轮材料和圆周速度查表 5-22 确定运动黏度值，再根据选定的黏度值由表 11-19 确定润滑油的牌号。

表 5-22　　齿轮传动润滑油黏度推荐用值

齿轮材料	强度极限 σ_b/MPa	圆周速度 $v/(\text{m}\cdot\text{s}^{-1})$						
		<0.5	0.5~1	1~2.5	2.5~5	5~12.5	12.5~25	>25
		运动黏度 ν/cSt (40 ℃)						
塑料、青铜、铸铁	—	350	220	150	100	80	55	—
钢	450~1 000	500	350	220	150	100	80	55
	1 000~1 250	500	500	350	220	150	100	80
渗碳或表面淬火钢	1 250~1 580	900	500	500	350	220	150	100

注：1. 多级齿轮传动按各级所选润滑油黏度的平均值来确定。
　　2. 对于镍铬钢制齿轮（不渗碳），所选润滑油黏度取高一档的数值。

2. 滚动轴承的润滑

滚动轴承润滑的目的主要是减轻摩擦、磨损，同时也有冷却、吸振、防锈和降低噪声的作用。减速器中的滚动轴承常采用脂润滑或油润滑。

(1)润滑方式

①脂润滑

采用脂润滑不需要供油系统，滚动轴承密封装置简单，容易密封。并且润滑脂不易流失，便于密封和维护，一次充填润滑脂可运转较长时间。但润滑脂黏性很大，高速时摩擦阻力大、散热效果差，且在高温时易变稀而流失。

当减速器内浸油齿轮的圆周速度 $v<2$ m/s 或轴承内径 d(mm)和转速 n(r/min)之积 $dn \leqslant 2 \times 10^5$ mm·r/min 时，油池中的润滑油飞溅不起来，宜采用脂润滑。

②油润滑

油润滑的优点是比脂润滑摩擦阻力小，并能散热，但要解决轴承的供油方式问题。如果轴承附近已有润滑油源，也可采用油润滑。

当减速器内浸油齿轮的圆周速度 $v \geqslant 2$ m/s 或 $dn > 2 \times 10^5$ mm·r/min 时，可采用齿轮传动时飞溅起来的润滑油润滑轴承。

(2)润滑剂的选用

滚动轴承润滑剂的选用原则：根据滚动轴承的工作条件和润滑方式，由表 11-19 和表 11-20 确定润滑剂的牌号。

二、减速器的密封

减速器需要密封的地方有轴的伸出端、滚动轴承室内侧、箱体结合面、轴承端盖、窥视孔和放油孔等。密封的形式应根据其特点和使用要求来合理地选择和设计。

1. 轴伸出端的密封

轴伸出端的密封是为了防止轴承的润滑剂漏失及箱外杂质、水分、灰尘等侵入。常用的密封种类及特性、各种密封件的结构尺寸见本书 11.13 节。

2. 滚动轴承的密封

当滚动轴承采用脂润滑时,为防止箱体内的润滑油飞溅到滚动轴承处稀释润滑脂而使其变质,同时防止润滑脂泄入箱体内,在滚动轴承面向箱体内壁的一侧应加装挡油环,如图 5-17(a)所示。而当滚动轴承采用油润滑时,若滚动轴承旁的小齿轮直径小于滚动轴承外径,则为了防止过多的经啮合处挤压出来的可能带有金属屑等杂物的油涌入滚动轴承室,应加装挡油盘,如图 5-17(b)所示。

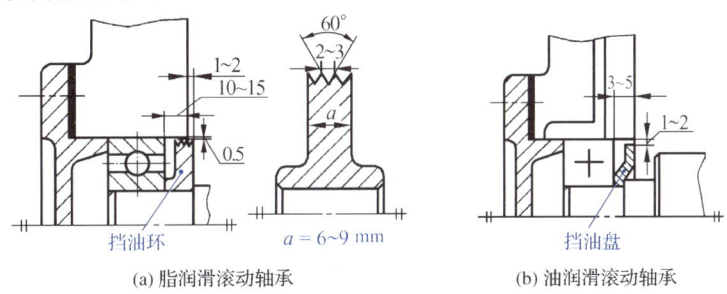

(a) 脂润滑滚动轴承　　(b) 油润滑滚动轴承

图 5-17　滚动轴承在箱体中的位置及润滑

3. 箱体结合面的密封

为了保证箱座和箱盖连接处的密封,连接凸缘应有足够的宽度,结合面要精加工。连接螺栓间距不应过大(小于 150~200 mm),以保证足够的压紧力。为了保证轴承孔的精度,剖分面间不得加垫片,只允许在剖分面间涂密封胶。为了提高密封性,在箱座凸缘上面常铣出回油沟,使渗入凸缘连接缝隙面上的油重新回到箱体内。回油沟的形状及尺寸如图 5-18 所示。

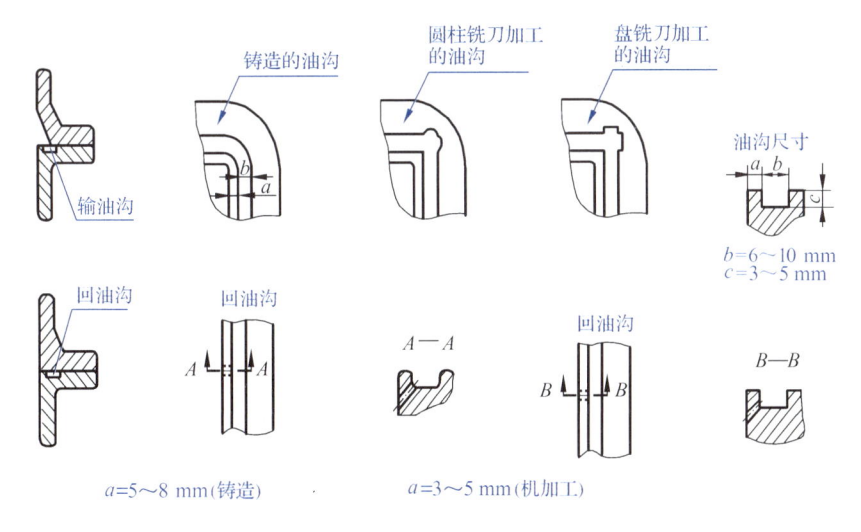

图 5-18　回油沟的形状及尺寸

4. 其他处的密封

轴承端盖、窥视孔和放油孔与箱盖、箱座接触面间均需加纸垫片、皮垫片等进行密封。

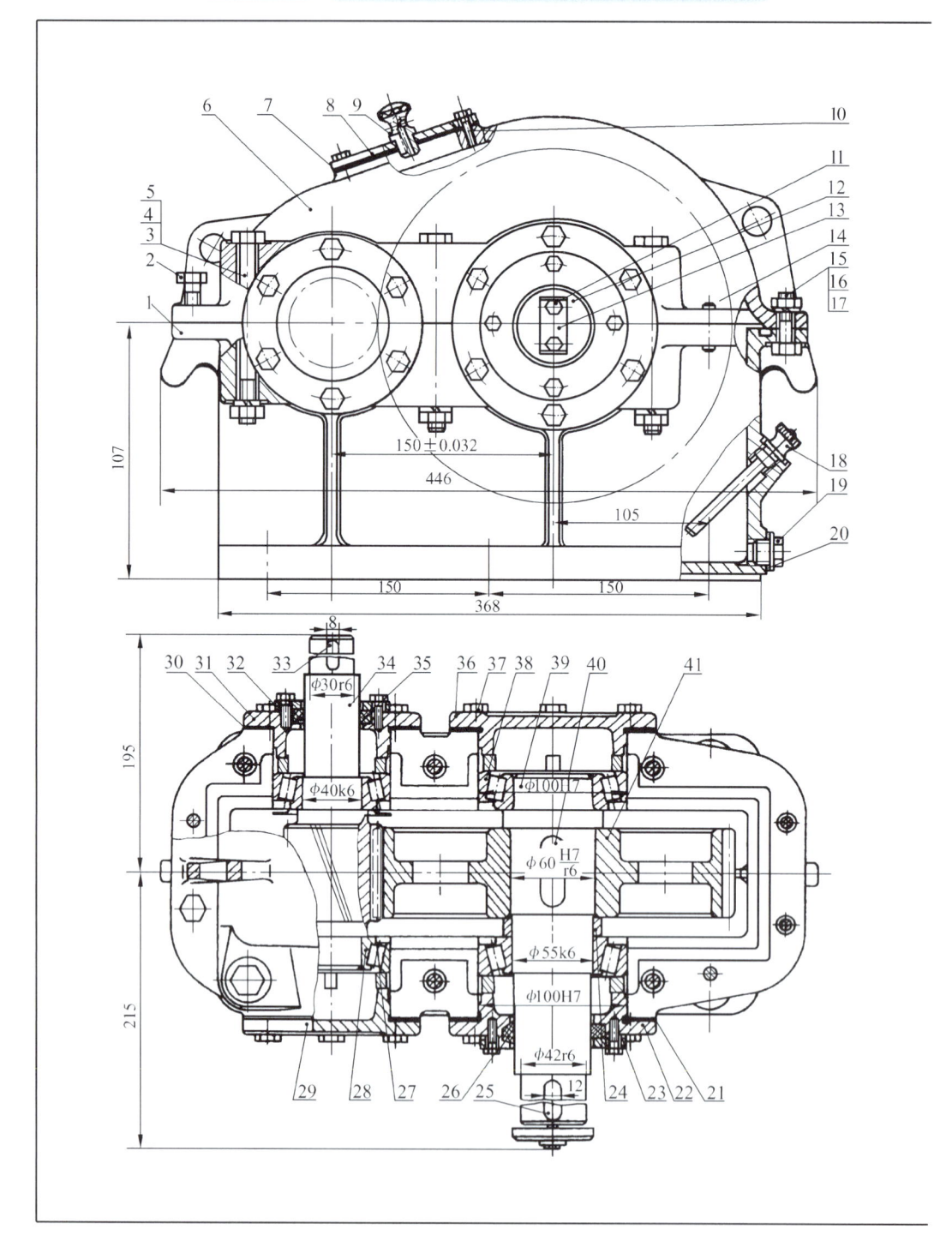

5.5 减速器装配图参考图例

图 5-19

第5章　减速器的结构　67

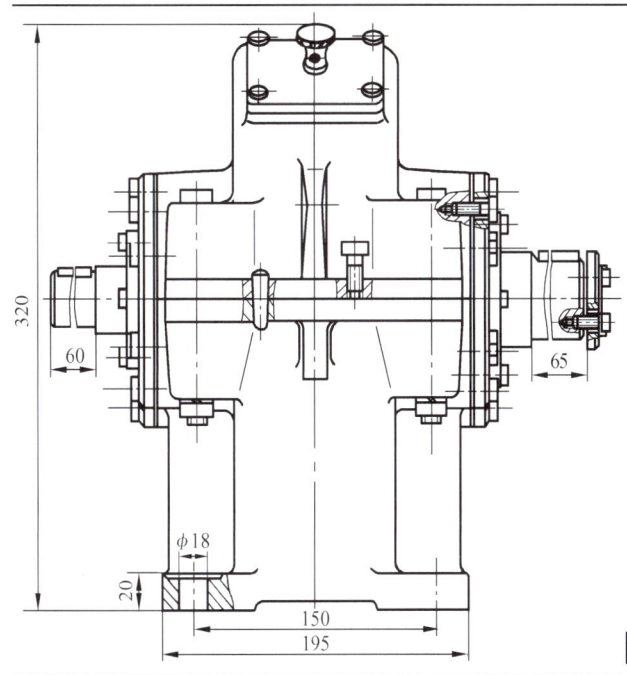

技术要求

1. 装配前用煤油清洗全部零件，箱体内不许有杂物存在。在内壁涂两次不被机油侵蚀的涂料。
2. 用铅丝检验啮合侧隙，应不小于 0.16 mm，铅丝直径不得大于最小侧隙的 4 倍。
3. 用涂色法检验斑点，齿高接触斑点不少于 40%，齿长接触斑点不少于 50%，必要时可通过研磨或刮后研磨改善接触情况。
4. 调整轴承轴向间隙，高速轴为 0.05～0.1 mm，低速轴为 0.08～0.15 mm。
5. 装配时，剖分面不允许使用任何填料，可涂密封胶或水玻璃。试转时应检查剖分面、各接触面及密封处，均不准漏油。
6. 箱座内装 L-AN32 全损耗系统用油至规定高度。
7. 表面涂灰色油漆。

减速器参数

功率	4.5 kW	高速轴转速	480 r/min	传动比	4.16

序号	名称	数量	材料	备注
41	大齿轮	1	45	
40	键 18×50	1	Q275A	GB/T 1096—2003
39	轴	1	45	
38	轴承 30311E	2		GB/T 297—2015
37	螺栓 M8×25	24	Q235A	GB/T 5782—2016
36	轴承端盖	1	HT200	
35	J 型油封 35×60×12	1	耐油橡胶	HG4-338-66
34	齿轮轴	1	45	
33	键 8×50	1	Q275A	GB/T 1096—2003
32	密封盖板	1	Q235A	
31	轴承端盖	1	HT200	
30	调整垫片	2 组	08F	
29	轴承端盖	1	HT200	
28	轴承 30308E	2		GB/T 297—2015
27	挡油环	2	Q215A	
26	J 型油封 50×72×12	1	耐油橡胶	HG4-338-66
25	键 12×56	1	Q275A	GB/T 1096—2003
24	套筒	1	Q235A	
23	密封盖板	1	Q235A	
22	轴承端盖	1	HT200	
21	调整垫片	2 组	08F	
20	垫圈	1	石棉橡胶板	

序号	名称	数量	材料	备注
19	六角螺塞 M18×1.5	1	Q235A	JB/ZQ 4450—2006
18	油标	1	Q235A	
17	垫圈 10	2	65Mn	GB/T 93—1987
16	螺母 M10	2	Q235A	GB/T 6170—2015
15	螺栓 M10×35	4	Q235A	GB/T 5782—2016
14	销 8×30	2	35	GB/T 117—2000
13	防松垫片	1	Q215A	
12	轴端挡圈	1	Q235A	
11	螺栓 M6×25	2	Q235A	GB/T 5782—2016
10	螺栓 M6×20	4	Q235A	GB/T 5782—2016
9	通气器	1	Q235A	
8	窥视孔盖	1	Q215A	
7	垫片	1	石棉橡胶纸	
6	箱盖	1	HT200	
5	垫圈 12	6	65Mn	GB/T 93—1987
4	螺母 M12	6	Q235A	GB/T 6170—2015
3	螺栓 M12×100	6	Q235A	GB/T 5782—2016
2	螺栓 M10×40	1	Q235A	GB/T 5782—2016
1	箱座	1	HT200	

（标题栏）

一级圆柱齿轮减速器

图 5-20

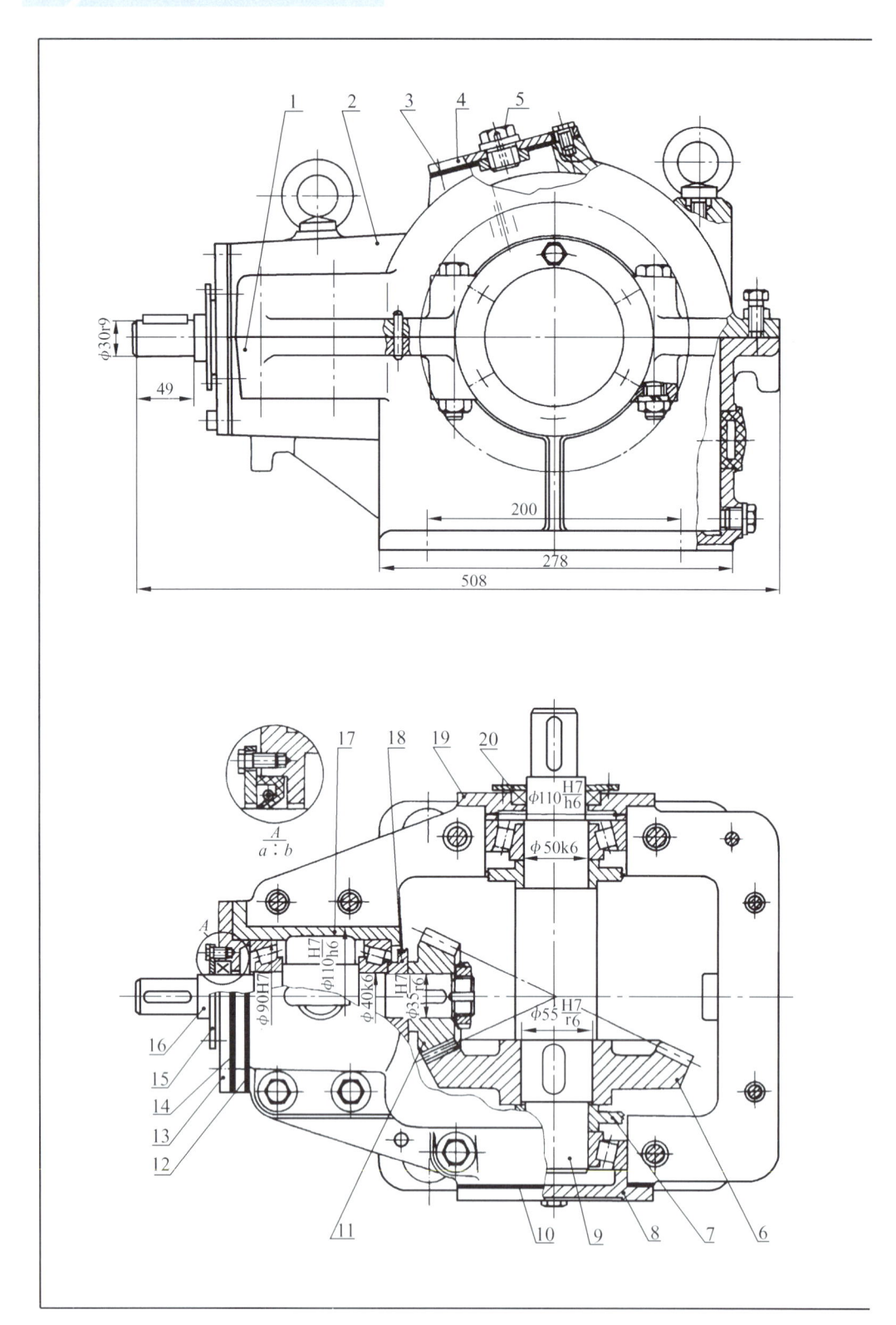

减速器参数

| 功率 | 4.5 kW | 高速轴转速 | 420 r/min | 传动比 | 2.1 |

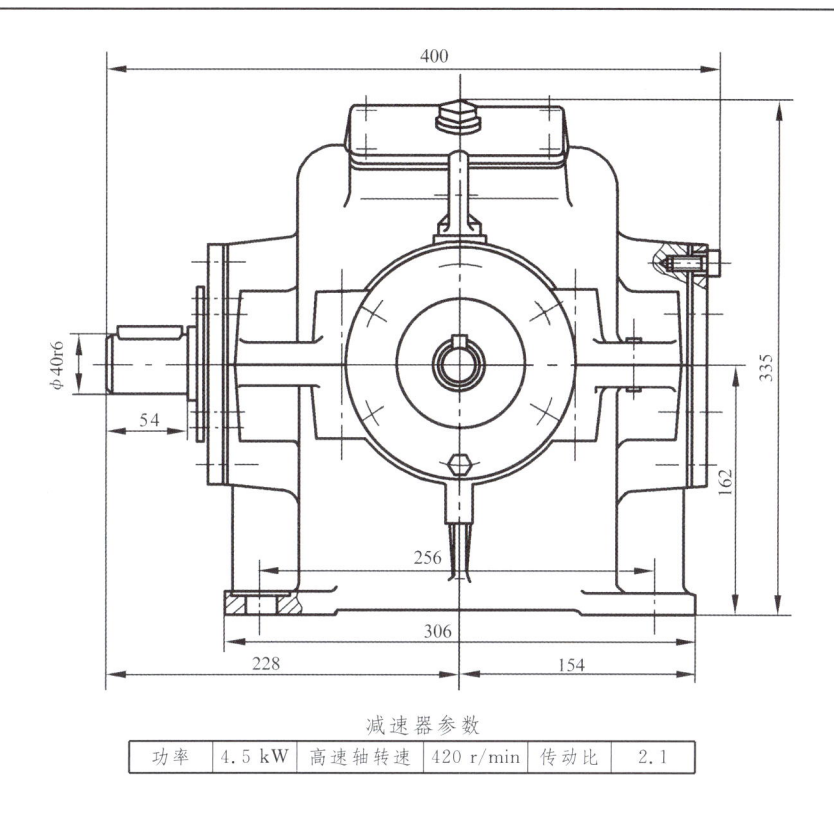

技术要求

1. 装配前对所有零件进行清洗,箱体内壁涂耐油油漆。
2. 啮合侧隙的大小用铅丝来检验,保证侧隙不小于 0.17 mm,铅丝直径不得大于最小侧隙的 2 倍。
3. 用涂色法检验齿面接触斑点,齿高和齿长接触斑点都不少于 50%。
4. 调整轴承轴向间隙,高速轴为 0.04~0.07 mm,低速轴为 0.05~0.1 mm。
5. 减速器剖分面、各接触面及密封处均不许漏油,剖分面允许涂密封胶或水玻璃。
6. 减速器内装 L-AN32 全损耗系统用油至规定高度。
7. 减速器表面涂灰色油漆。

20	密封盖	1	Q215A		8	轴承端盖	1	HT150	
19	轴承端盖	1	HT150		7	挡油环	2	Q235A	
18	挡油环	1	Q235A		6	大锥齿轮	1	40	$m=5$ mm,$z=42$
17	套杯	1	HT150		5	通气器	1	Q235A	
16	轴	1	45		4	窥视孔盖	1	Q235A	
15	密封盖板	1	Q215A		3	垫片	1	压纸板	
14	调整垫片	1组	08F		2	箱盖	1	HT150	
13	轴承端盖	1	HT150		1	箱座	1	HT150	
12	调整垫片	1组	08F		序号	名称	数量	材料	备注
11	小锥齿轮	1	45	$m=5$ mm,$z=20$					
10	调整垫片	2组	08F						
9	轴	1	45			(标题栏)			
序号	名称	数量	材料	备注					

一级锥齿轮减速器

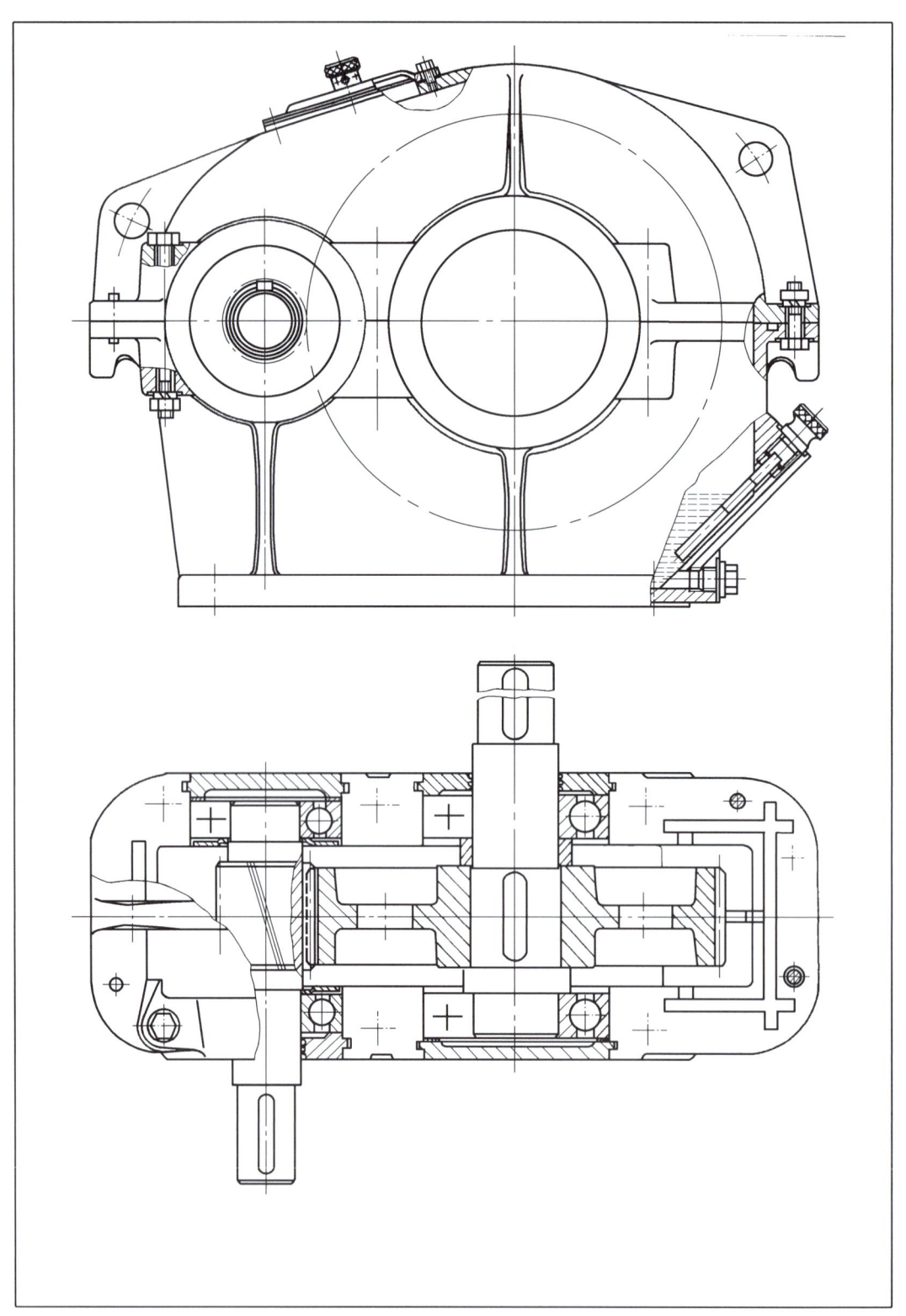

图 5-21　一级圆柱齿轮减速器结构图(嵌入式端盖)

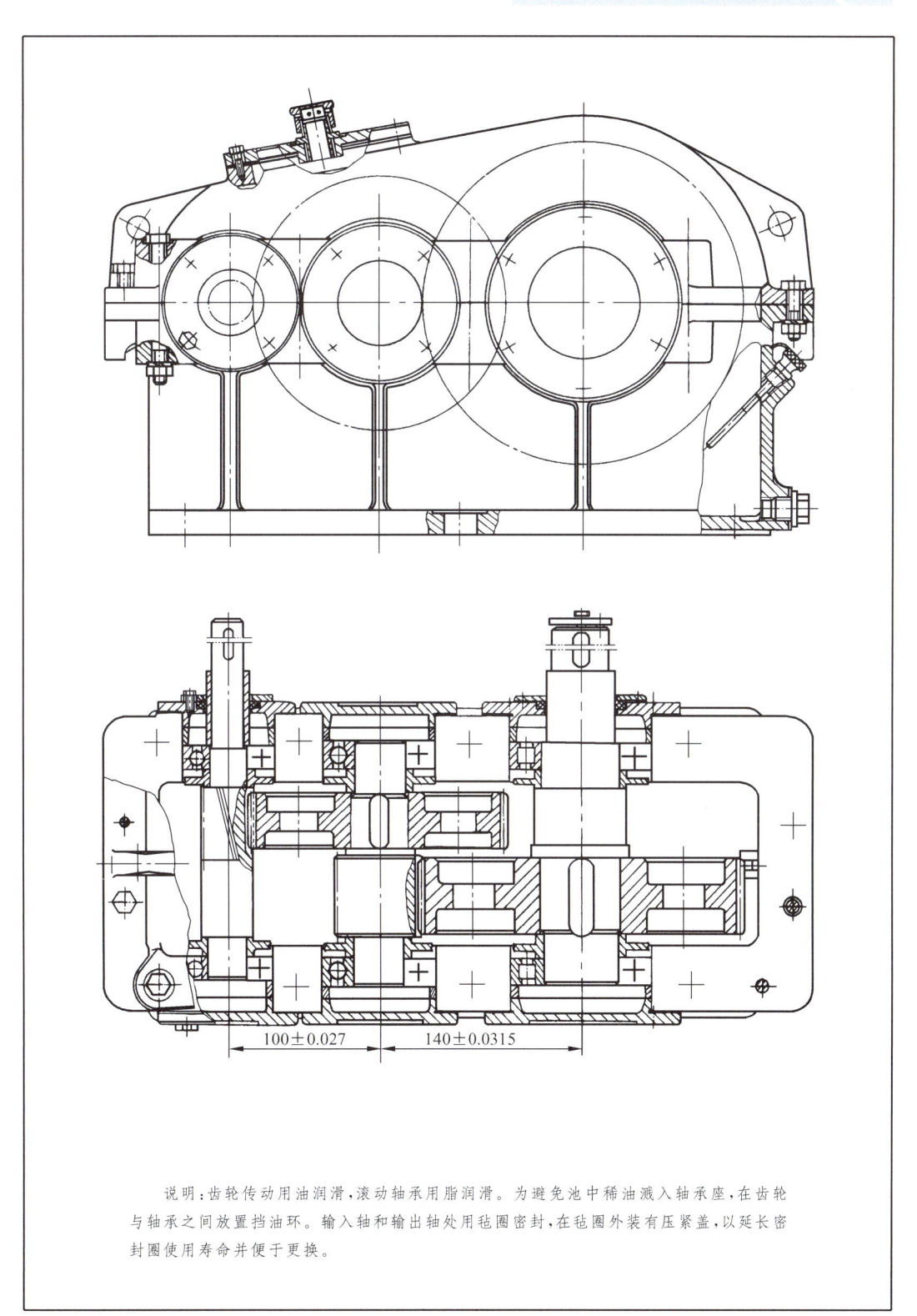

说明：齿轮传动用油润滑，滚动轴承用脂润滑。为避免池中稀油溅入轴承座，在齿轮与轴承之间放置挡油环。输入轴和输出轴处用毡圈密封，在毡圈外装有压紧盖，以延长密封圈使用寿命并便于更换。

图 5-22 二级圆柱齿轮减速器结构图（展开式）

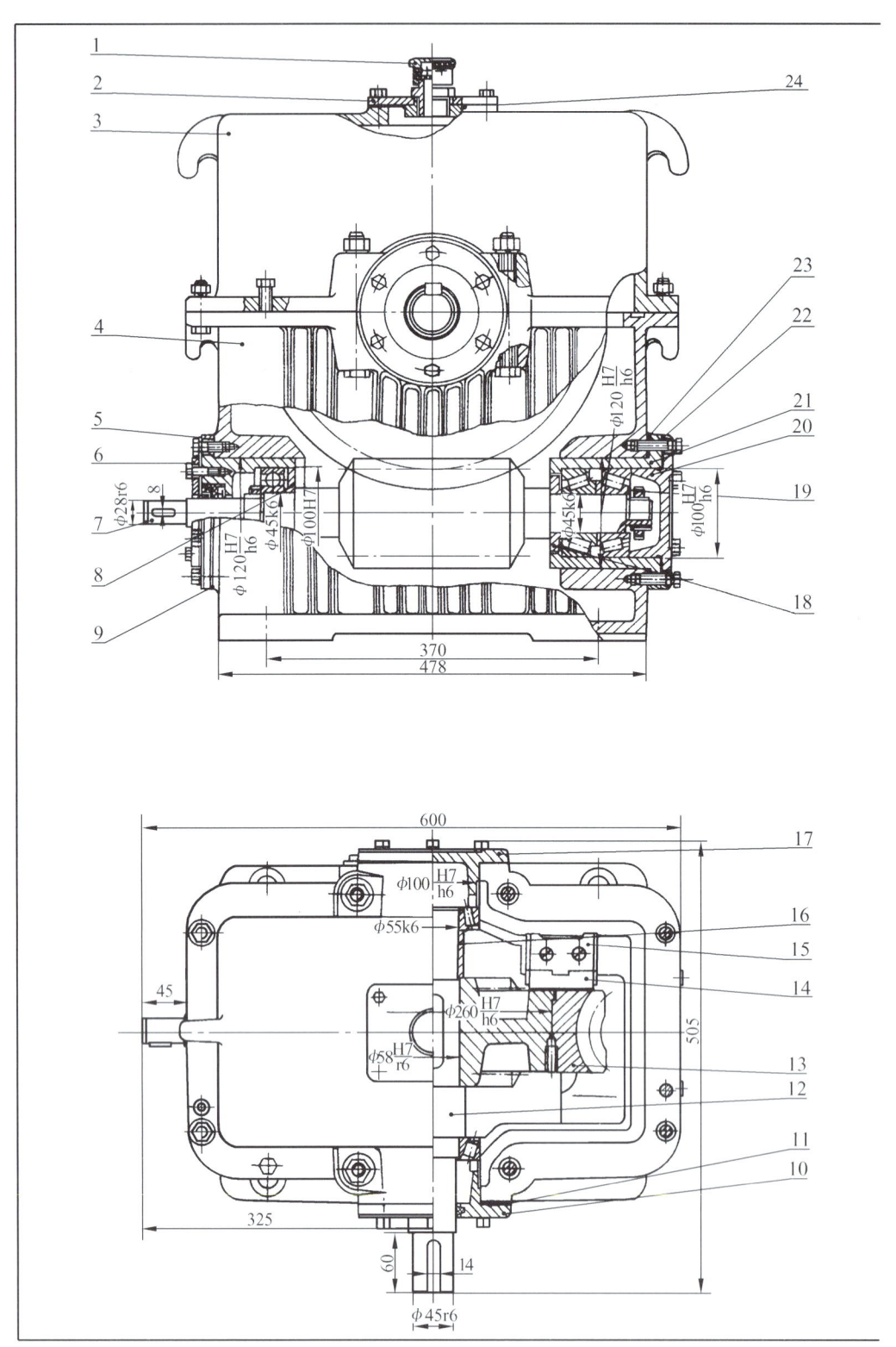

图 5-23 一级

第5章　减速器的结构

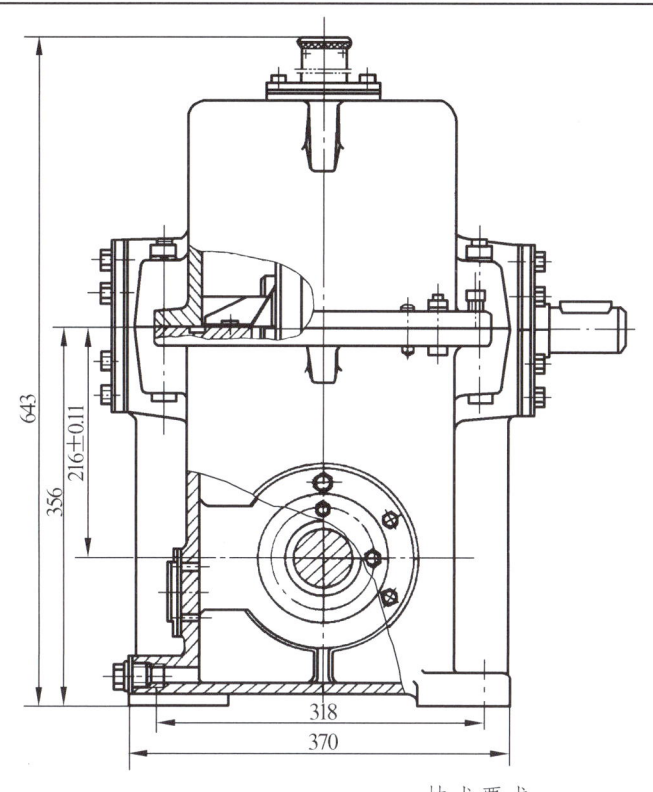

技术参数

输入功率	P_1	4 kW
主动轴转速	n_1	1 500 r/min
传动效率	η	82%
传动比	i	28

技术要求

1. 装配前用汽油清洗滚动轴承，其余零件均用煤油清洗。
2. 各配合处、密封处、螺钉连接处用润滑脂润滑。
3. 保证啮合侧隙不小于 0.19 mm。
4. 接触斑点按齿高不得少于 50%，按齿长不得少于 50%。
5. 蜗杆轴承的轴向间隙为 0.04～0.07 mm，蜗轮轴承的轴向间隙为 0.05～0.1 mm。
6. 箱内装 L-CKE320 蜗轮蜗杆油至规定高度。
7. 未加工外表面涂灰色油漆，内表面涂红色耐油油漆。

24	垫片	1	石棉橡胶纸		10	轴承端盖	1	HT150	
23	调整垫片	1组	08F		9	密封垫片	1	08F	
22	调整垫片	1组	08F		8	挡油环	1	Q235A	
21	套杯	1	HT150		7	蜗杆轴	1	45	
20	轴承端盖	1	HT150		6	压板	1	Q235A	
19	挡圈	1	Q235A		5	套杯端盖	1	HT150	
18	挡油环	1	Q235A		4	箱体	1	HT200	
17	轴承端盖	1	HT150		3	箱盖	1	HT200	
16	套筒	1	Q235A		2	窥视孔盖	1	Q235A	
15	油盘	1	Q235A		1	通气器	1		组合件
14	刮油板	1	Q235A		序号	名称	数量	材料	备注
13	蜗轮	1		组合件					
12	轴	1	45						
11	调整垫片	2组	08F			（标题栏）			
序号	名称	数量	材料	备注					

蜗杆减速器（下置式）

5.6 减速器零件图参考图例

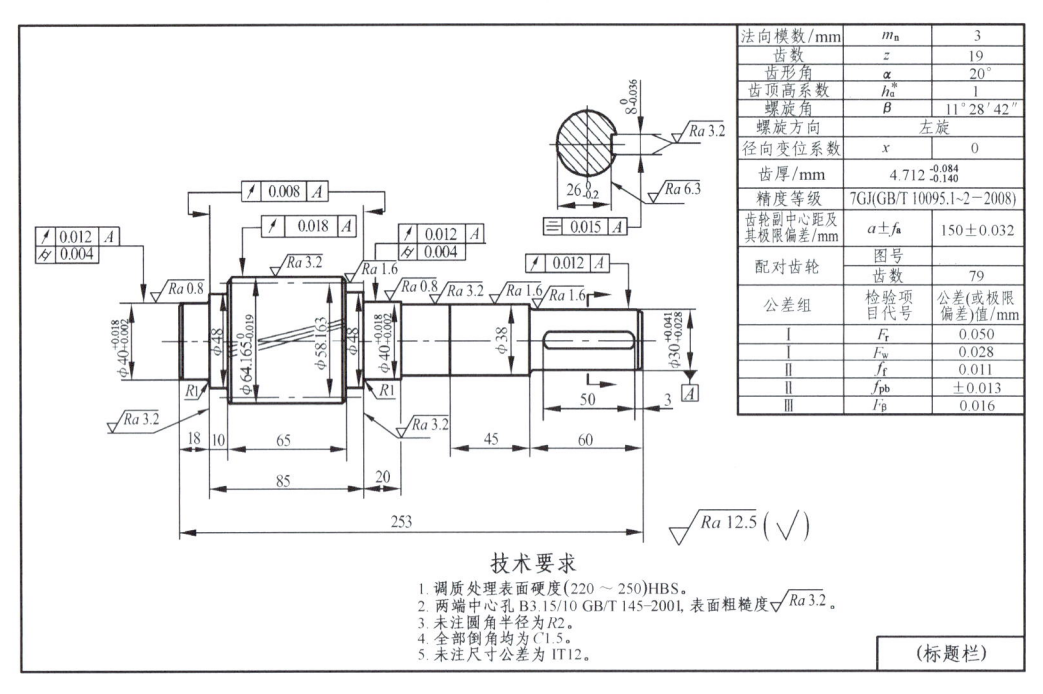

法向模数/mm	m_n	3
齿数	z	19
齿形角	α	20°
齿顶高系数	h_a^*	1
螺旋角	β	11°28′42″
螺旋方向	左旋	
径向变位系数	x	0
齿厚/mm	$4.712^{-0.084}_{-0.140}$	
精度等级	7GJ(GB/T 10095.1~2—2008)	
齿轮副中心距及其极限偏差/mm	$a \pm f_a$	150±0.032
配对齿轮	图号	
	齿数	79
公差组	检验项目代号	公差(或极限偏差)值/mm
Ⅰ	F_r	0.050
Ⅰ	F_w	0.028
Ⅱ	f_f	0.011
Ⅱ	f_{pb}	±0.013
Ⅲ	F_β	0.016

图 5-24 齿轮轴零件图

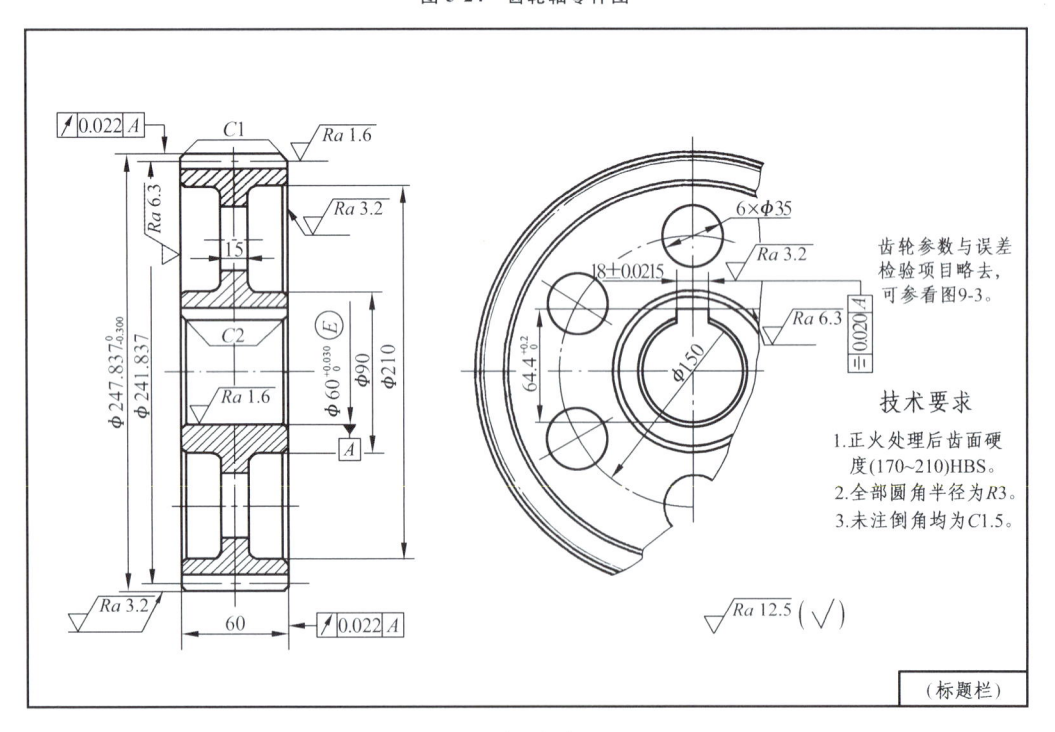

图 5-25 直齿圆柱齿轮零件图

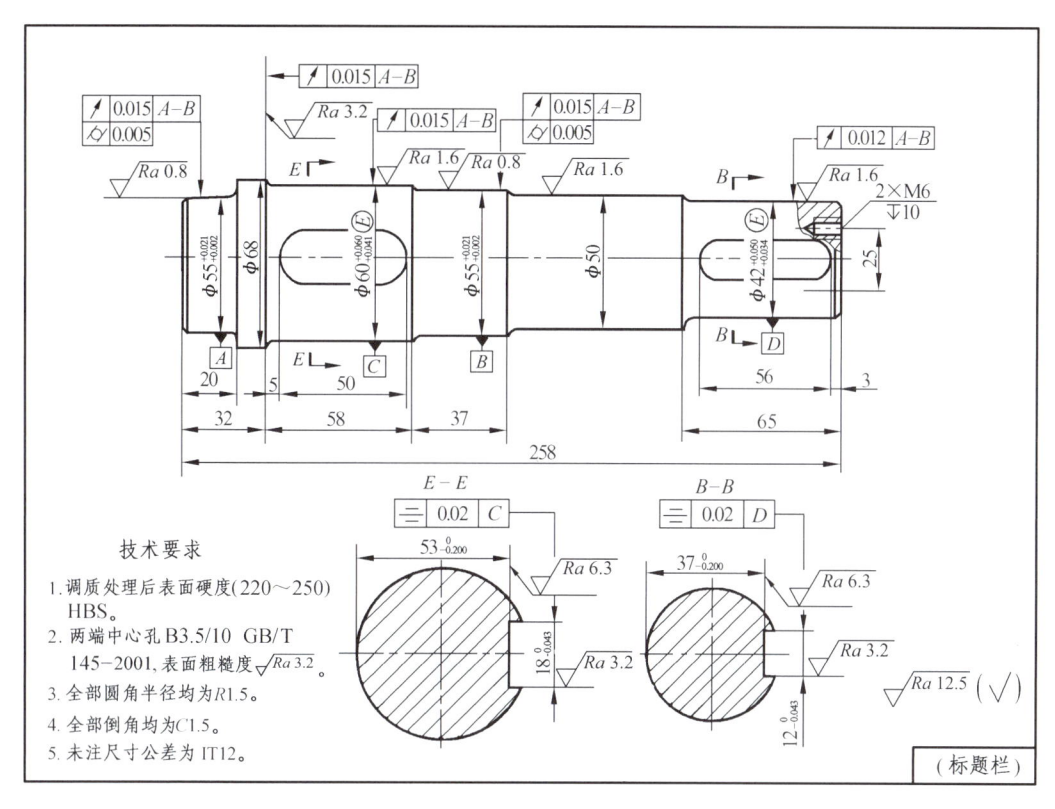

图 5-26 轴零件图

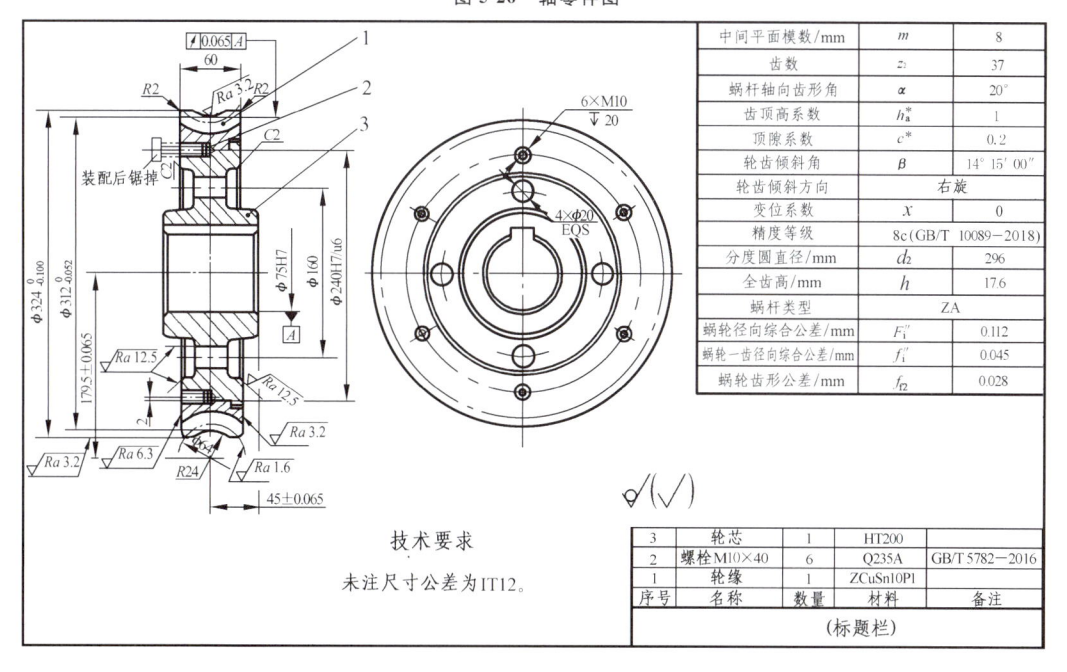

中间平面模数/mm	m	8
齿数	z_2	37
蜗杆轴向齿形角	α	20°
齿顶高系数	h_a^*	1
顶隙系数	c^*	0.2
轮齿倾斜角	β	14° 15′ 00″
轮齿倾斜方向	右旋	
变位系数	x	0
精度等级	8c(GB/T 10089—2018)	
分度圆直径/mm	d_2	296
全齿高/mm	h	17.6
蜗杆类型	ZA	
蜗轮径向综合公差/mm	F_i''	0.112
蜗轮一齿径向综合公差/mm	f_i''	0.045
蜗轮齿形公差/mm	f_{f2}	0.028

技术要求

未注尺寸公差为IT12。

序号	名称	数量	材料	备注
3	轮芯	1	HT200	
2	螺栓M10×40	6	Q235A	GB/T 5782—2016
1	轮缘	1	ZCuSn10P1	

(标题栏)

图 5-27 蜗轮部件装配图

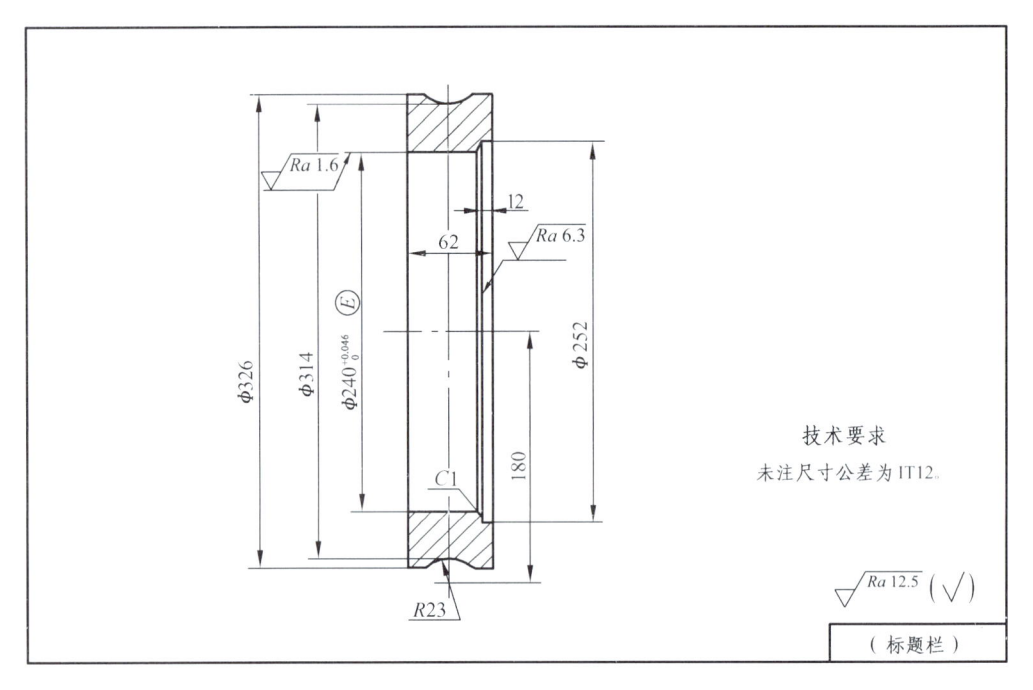

图(a)轮缘零件图

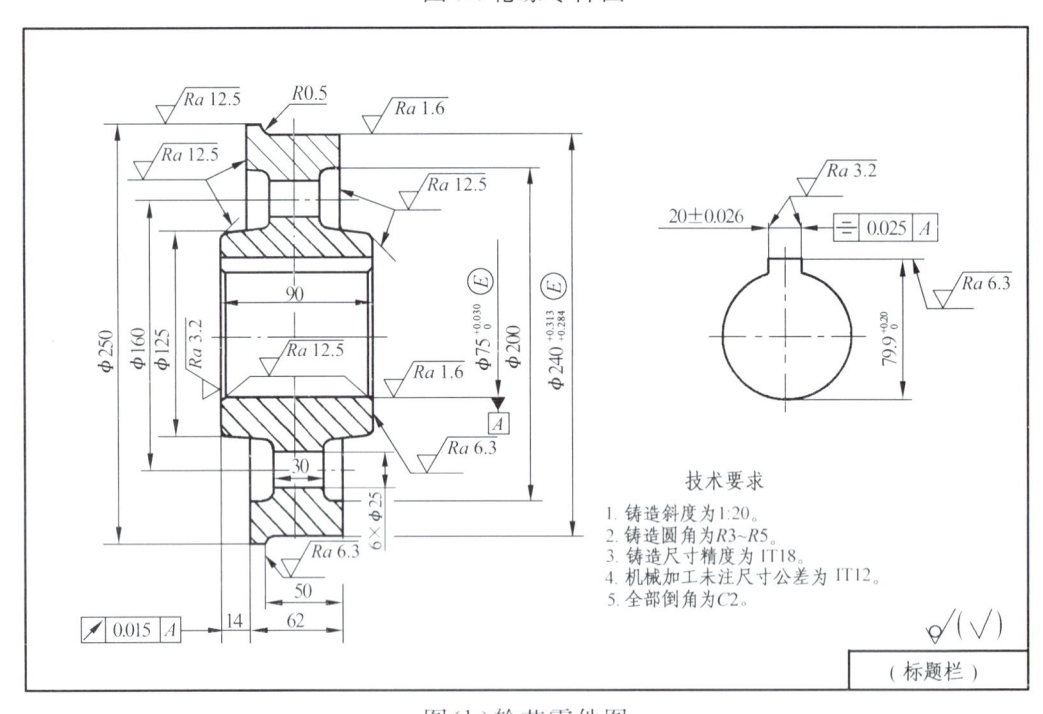

图(b)轮芯零件图

图5-28 蜗轮轮缘和轮芯零件图

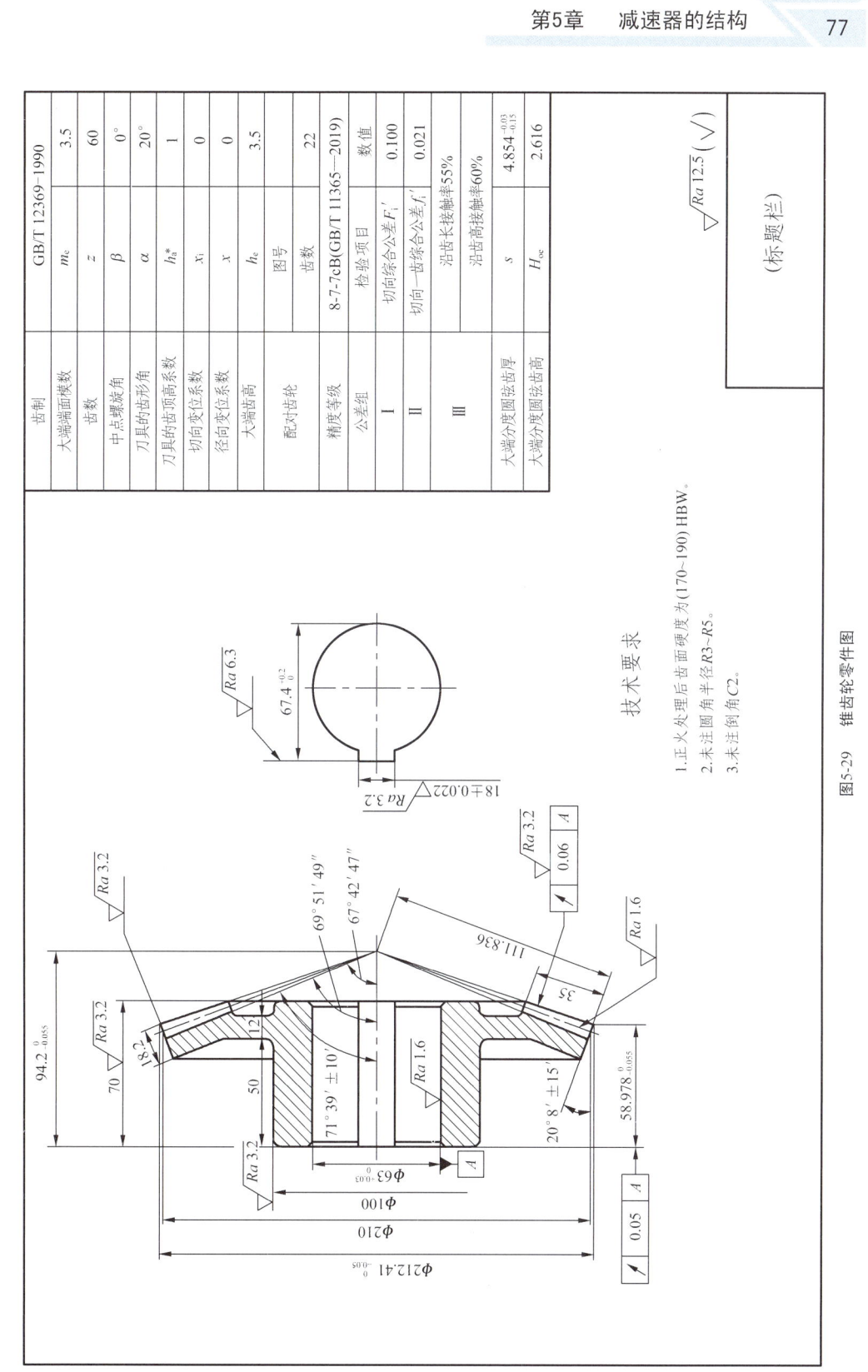

齿制	GB/T 12369-1990	
大端端面模数	m_e	3.5
齿数	z	60
中点螺旋角	β	0°
刀具的齿形角	α	20°
刀具的齿顶高系数	h_a^*	1
切向变位系数	x_t	0
径向变位系数	x	0
大端齿高	h_e	3.5
配对齿轮	图号	
	齿数	22
精度等级	8-7-7cB(GB/T 11365—2019)	
公差组	检验项目	数值
Ⅰ	切向综合公差F_i'	0.100
Ⅱ	切向一齿综合公差f_i'	0.021
Ⅲ	沿齿长接触率55%	
	沿齿高接触率60%	
大端分度圆弦齿厚	s	$4.854^{-0.03}_{-0.15}$
大端分度圆弦齿高	H_{oe}	2.616

技术要求

1.正火处理后齿面硬度为(170~190) HBW。
2.未注圆角半径$R3$~$R5$。
3.未注倒角$C2$。

Ra 12.5 (√)

(标题栏)

图5-29　锥齿轮零件图

第 6 章

减速器装配图的设计

减速器装配图是表达减速器的整体结构、轮廓形状及各零件的结构形状、相互尺寸关系的图纸，也是绘制零件图和机器组装、调试、维护等的技术依据。

设计减速器装配图所涉及的内容较多，设计过程也较复杂，要综合考虑各零件的材料、强度、刚度、加工、装拆、调整和润滑等多方面因素。在设计中，通常采用边画图、边计算、边修改的方法，这就不可避免地需要反复修改图纸。鉴于上述原因，为了保证装配图的设计质量，一般初次设计时，建议选用坐标纸（小方格纸）作为草图纸。先在草图纸上绘制装配图的底图，即装配草图，经过不断的修改完善，检查无误后，再在图纸上或用计算机绘制出装配图。

6.1 装配草图设计的准备

在绘制装配草图前应做好以下准备工作：

（1）参观、拆装减速器实物，阅读并分析同类减速器的装配图纸，熟悉减速器的结构，明确所做设计都涉及哪些零部件及它们之间的关系和位置如何，做到对设计内容心中有数。

（2）检查并汇总已经计算完成的各类传动零件，如齿轮传动的中心距、分度圆直径、齿顶圆直径和齿宽等尺寸。

（3）按照本书 4.3 节所述初选轴的直径。

（4）查出选定电动机的安装尺寸，如中心高、外伸轴直径、伸出长度及键槽尺寸等。

（5）选定联轴器的类型和型号、两端轴孔的直径和宽度尺寸及有关装配尺寸等。

（6）按工作条件初选滚动轴承的类型，如深沟球轴承或角接触球轴承等，以及轴的支承形式，如两端固定或一端固定、一端游动等。

（7）确定箱体的结构方案，采用整体式或剖分式等。

（8）选定图纸的幅面及绘图比例尺，优先采用 1∶1 或 1∶2 的比例尺。

6.2 装配草图的设计

本节主要介绍减速器装配草图设计的方法及具体步骤。绘制装配草图时不允许随意勾画，必须用绘图工具，按照一定的比例尺及正确的步骤认真进行绘制。

减速器装配工作图的设计尺寸可按表 6-1、图 6-1～图 6-3 确定。

表 6-1 减速器装配图的设计尺寸

符号	名称	尺寸确定及说明
b_1、b_2	小、大齿轮宽	由齿轮设计计算确定
Δ_1	大齿轮顶圆与箱体内壁的距离	$\Delta_1 \geqslant 1.2\delta$（$\delta$ 为箱座壁厚，见表 5-2）
Δ_2	小齿轮端面与箱体内壁的距离	应考虑铸造和安装精度，取 $\Delta_2 = 10 \sim 15$ mm
Δ_3	箱体内壁至轴承端面的距离	轴承用脂润滑时，此处设挡油环，$\Delta_3 = 10 \sim 15$ mm；用油润滑时，$\Delta_3 = 3 \sim 5$ mm（见图 5-17）
Δ_4	具有相对运动的相邻两个回转零件端面之间的距离	$\Delta_4 = 10$ mm
Δ_5	小齿轮顶圆与箱体内壁的距离	由箱体结构确定
B	轴承宽度	按初选的轴承型号确定，查表 11-62～表 11-65
L	轴承座宽度	对于剖分式箱体，应考虑壁厚和连接螺栓扳手空间位置，$L \geqslant \delta + C_1 + C_2 + (5 \sim 10)$（$\delta$ 见表 5-2，C_1、C_2 见表 5-7）
m	轴承端盖定位圆柱面长度	根据结构，$m = L - \Delta_3 - B$
l_1	外伸轴段上旋转零件的内端面与轴承端盖外端面的距离	l_1 要保证轴承端盖螺钉的拆装空间及联轴器柱销的装拆空间，一般 $l_1 \geqslant 15$ mm；对于嵌入式端盖，$l_1 = 5 \sim 10$ mm
l_2	外伸轴装旋转零件轴段的长度	由轴上旋转零件的相关尺寸确定
e	轴承端盖凸缘厚度	见表 5-9
l_3	大齿轮顶圆与相邻轴外圆的距离	$l_3 \geqslant 15 \sim 20$ mm
Δ_6	大齿轮顶圆至箱底内壁的距离	$\Delta_6 > 30 \sim 50$ mm（见图 6-3）
Δ_7	箱底至箱底内壁的距离	$\Delta_7 \approx 20$ mm
H	减速器中心高	$H \geqslant r_a + \Delta_6 + \Delta_7$（$r_a$ 为大齿轮顶圆半径）

注：A_1、B_1、C_1、A_2、B_2、C_2、A_3、B_3、C_3 由各轴的结构设计确定。

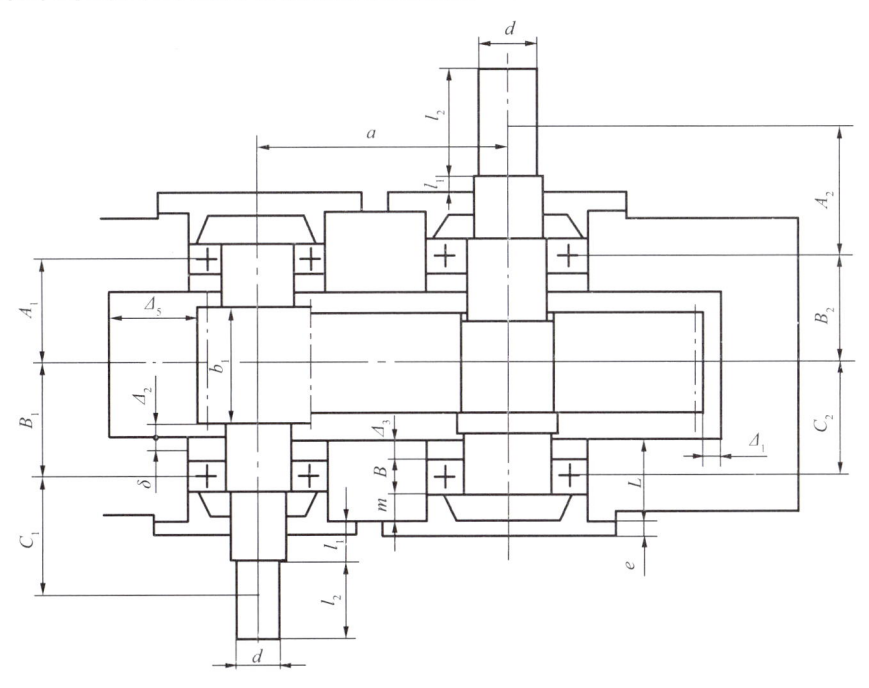

图 6-1 一级圆柱齿轮减速器装配草图

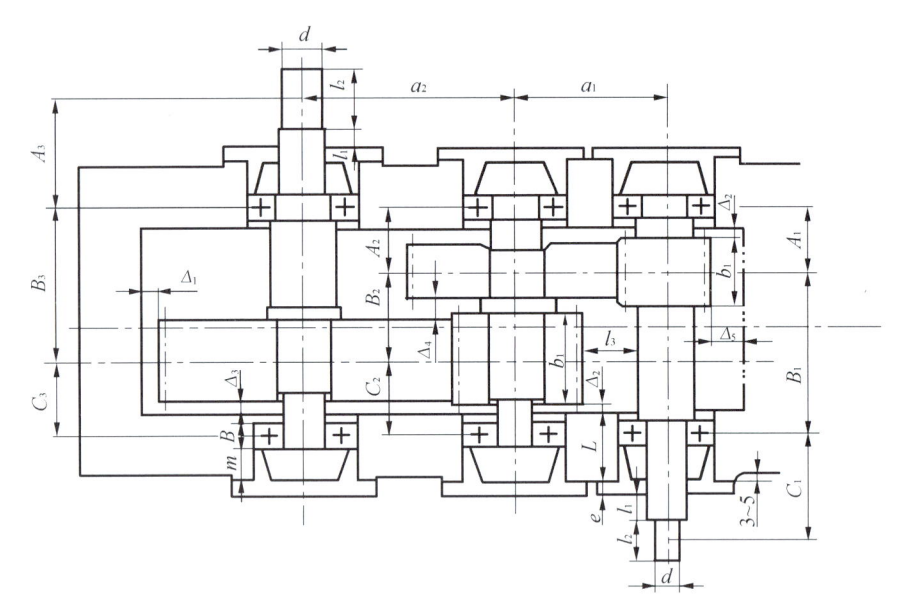

图 6-2 二级圆柱齿轮减速器装配草图

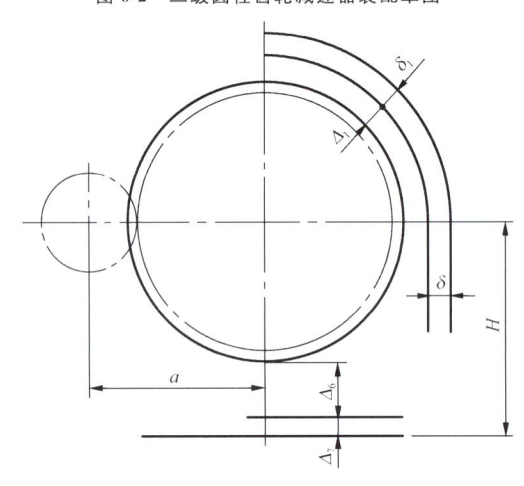

图 6-3 减速器主视图装配草图

一、装配草图设计的第一阶段

对于一般的圆柱齿轮减速器，其俯视图是最能明显地表达减速器结构特点的视图，所以装配草图设计第一阶段的主要内容是绘出减速器的俯视图，如本节要重点介绍的图 6-8。轴、轴承和齿轮等传动零件是减速器的主要零部件，其他零件的结构和尺寸是根据主要零部件的位置和结构而定的。

绘图时只画零件的轮廓线，要由箱内主要零件画起，然后画其他零件，即以轴为中心，各轴协调，逐步向外画，内外兼顾。画图时要以俯视图为主，兼顾其他视图。

下面以一级圆柱齿轮减速器为例，说明装配草图设计第一阶段的方法和步骤。

第6章 减速器装配图的设计

1. 画出传动零件的位置、轮廓并确定箱体内壁线

（1）按照选定的比例尺，先画出各轴的中心线，按照齿轮的分度圆直径、齿顶圆直径和齿宽画出齿轮的轮廓。为保证全齿宽啮合并降低安装精度要求，通常取小齿轮比大齿轮宽 5～10 mm，齿轮的其他细部结构暂且不画，如图 6-4 所示。

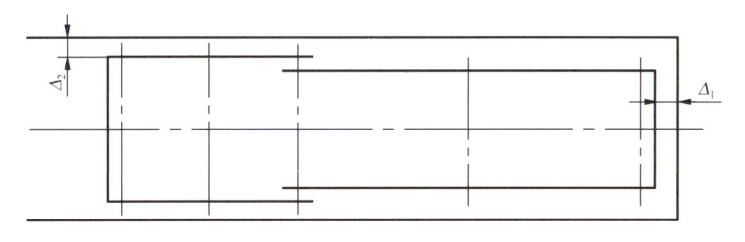

图 6-4 一级圆柱齿轮减速器装配草图（一）

（2）按小齿轮端面与箱体内壁的距离 Δ_2（见表 6-1）画出沿箱体长度方向的两条内壁线，再按大齿轮顶圆与箱体内壁的距离 $\Delta_1 \geqslant 1.2\delta$（见表 6-1）画出沿箱体宽度方向低速级大齿轮一侧的内壁线，如图 6-4 所示。而小齿轮顶圆与箱体内壁的距离 Δ_5 暂不确定，留待草图设计第一阶段完成后，在主视图上用作图法定出。

2. 轴的结构设计

设计轴的结构时，既要满足强度要求，又要保证轴上零件的定位、固定和装配方便，并有良好的加工工艺性。按照这些要求，通常将轴设计成阶梯形。阶梯轴的设计主要是确定各轴段的直径和长度。

（1）确定各轴段的直径

在设计阶梯轴时，往往是以初选的轴径 d 为基础进行的。阶梯轴各轴段的直径尺寸，需根据轴上零件的受力、定位、固定等要求确定。参考图 6-5(a)，在图 6-6 中以低速轴为例，阶梯轴各轴段的直径确定方法如下（**注意：图 6-6 中的细实线为参考线，暂时不画**）：

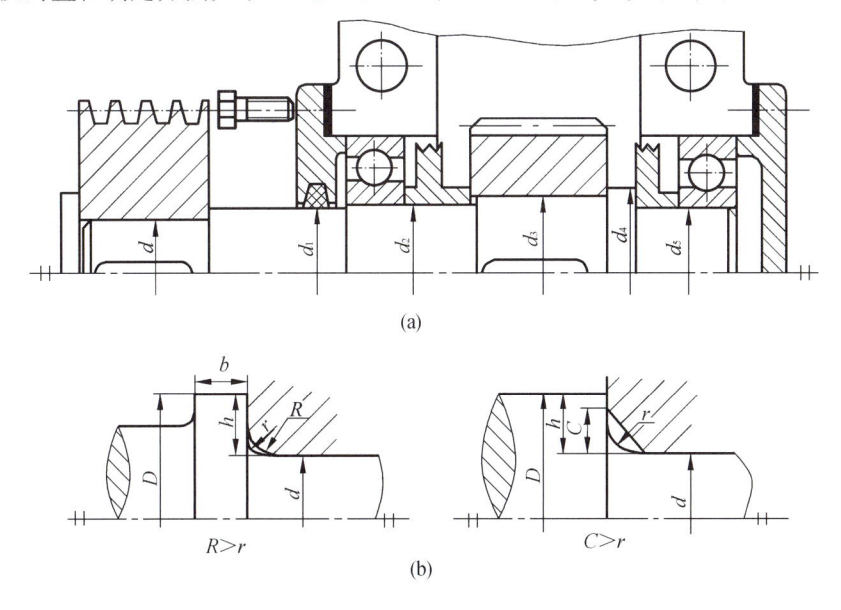

图 6-5 轴的结构

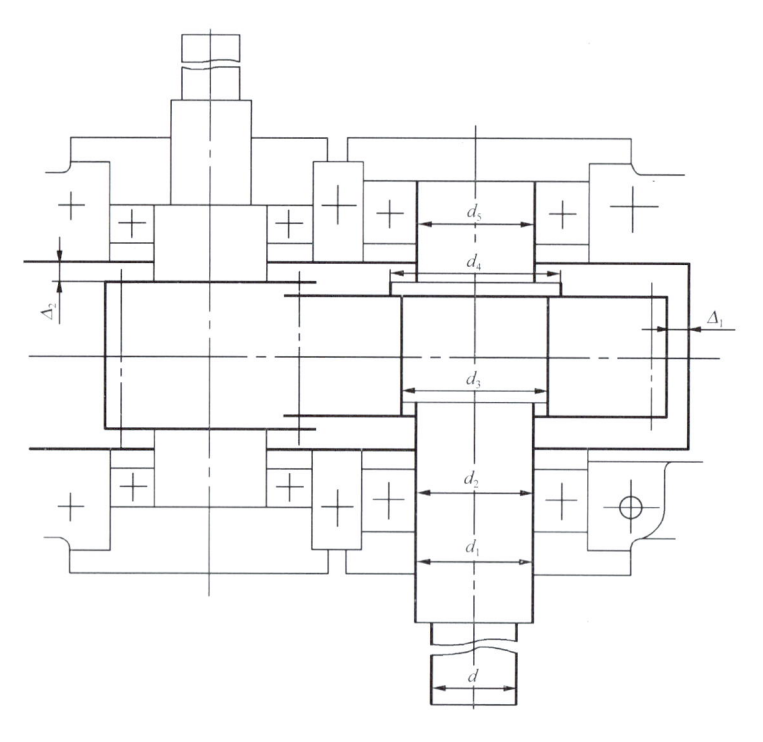

图 6-6 一级圆柱齿轮减速器装配草图(二)

①d_1

若轴径 d 处与半联轴器(或带轮)的内孔配合,d_1-d 处的轴肩为半联轴器(或带轮)的定位轴肩,其高度 h 可按表 11-10 确定,则有 $d_1=d+2h$。若该轴段还与密封圈内孔相配,则 d_1 处的轴直径还应与密封圈孔径的标准尺寸一致。密封件见本书 11.13 节相关标准。

②d_2 及 d_5

轴径为 d_2 及 d_5 处的轴段安装滚动轴承,其直径应符合滚动轴承内孔直径的要求,故 d_2、d_5 可根据轴承标准确定。通常一根轴上的两个轴承都是成对使用的,即两处轴承相同,可取 $d_2=d_5$,这从工艺性及经济性上来讲都是合适的。为了便于装拆轴承,还应保证 $d_1 \leqslant d_2$。如果取 $d_1=d_2$,即公称尺寸一样,则两处应取不同的公差值,使 d_1 的实际尺寸略小于 d_2。

③d_3

轴径为 d_3 处的轴段安装齿轮,由于该轴段受力较大(由轴的强度校核可知),故可取 $d_3 \geqslant d_2$。且 d_3 应符合标准直径尺寸系列,可查表 11-2 确定。若取 $d_3 > d_2$,则 d_3-d_2 处的轴肩为非定位轴肩,一般该轴肩的高度 $h=1\sim5$ mm。

④d_4

轴径为 d_4 处的轴段是轴环,d_4-d_3 处的轴肩为齿轮的定位轴肩,该轴肩的高度 h 可按表 11-10 确定。据此可确定 $d_4=d_3+2h$。

另外,如果滚动轴承的内圈靠轴肩轴向定位,则轴肩的高度应按照滚动轴承的安装尺寸要求取值(见本书 11.11 节),以方便轴承的拆卸。

轴及轴上零件的倒角 C 和圆角半径 R 如图 6-5(b)所示,可查表 11-8 及表 11-9 确定。安装滚动轴承处的圆角半径可由轴承标准查取。

至此,低速轴各轴段的直径都已确定,在图 6-6 中就可以画出平行于轴线的、表示各轴段外圆母线的多条直线(粗实线)。但这些直线的长度及在轴线方向的位置暂时不能确定,需要将各轴段的长度分别定好之后才能逐步确定并画出来。

(2) 确定各轴段的长度

影响阶梯轴长度的因素很多,如轴上传动件(齿轮、带轮、半联轴器等)轮毂的长度、滚动轴承的宽度、滚动轴承的润滑方式、箱体上轴承座孔的长度等,所以阶梯轴各轴段长度的确定方法是不同的。有些轴段的长度可以直接确定,而有些轴段的长度不能直接确定,需要先确定支承轴的零部件的相关尺寸,然后再推算出这些轴段的长度尺寸。

① 根据轴上安装零件的轮毂宽度确定的轴段长度

对于安装齿轮、带轮、半联轴器等传动件的轴段,应使轴段的长度略小于相配零部件轮毂的宽度。轮毂宽度 l 与轮毂孔径 d 有关,可查有关零件的结构尺寸。一般情况下,轮毂宽度 $l=(1.2\sim 1.6)d$,最大宽度 $l_{max} \leqslant (1.8 \sim 2)d$。如图 6-7(a)所示,一般取轮毂宽度与轴段长度之差 $\Delta = 2 \sim 3$ mm,以保证套筒或轴端挡圈能与轮毂零件及轴承内圈端面可靠接触。图 6-7(b)所示的结构不能保证零部件的轴向固定及可靠定位。据此可确定图 6-8 中直径为 d 的轴段的长度尺寸 $l_2 = l - \Delta$。同理可确定直径为 d_3 的轴段的长度尺寸。

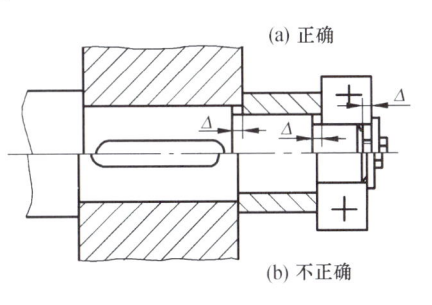

图 6-7 轴段长度与零部件的定位要求

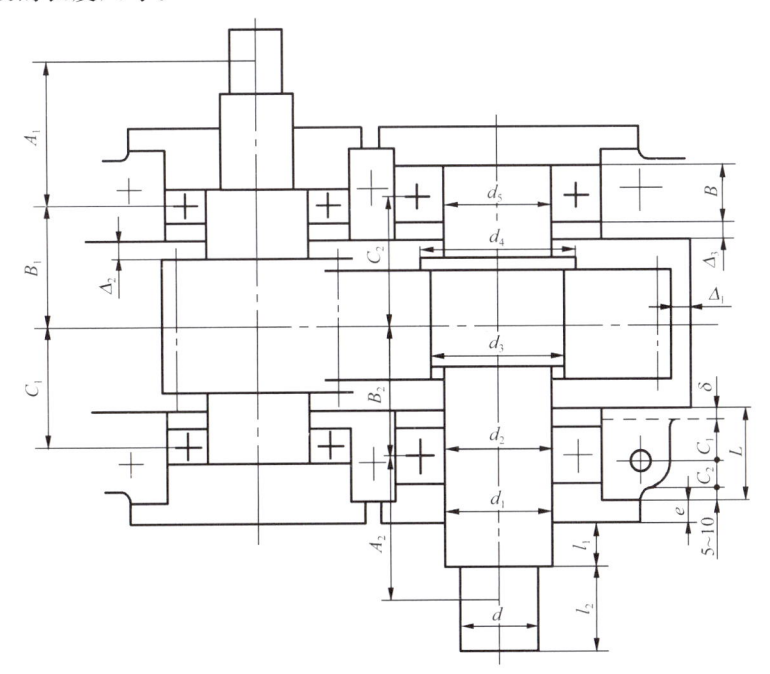

图 6-8 一级圆柱齿轮减速器装配草图(三)

②轴环宽度 b

在图 6-5(a)及图 6-8 中,直径为 d_4 的轴段为轴环,该轴段的长度也称为轴环宽度,一般用符号 b 表示,由表 11-10 可确定轴环的宽度尺寸 $b≈1.4h$。

③轴承宽度 B

设计时通常按照工作要求选择轴承的类型,尺寸系列代号一般可先按中等宽度选取。例如初选轴承型号时,对于一般的减速器,当选用深沟球轴承时,轴颈直径 $d=30$ mm,若载荷不大,则可初定轴承型号为 6206;若载荷较大,则可选 6306 或 6406 等。轴承型号初步定下来之后,就可查表 11-62 确定轴承的宽度尺寸 B。轴承型号需要在轴承寿命校核之后才能最终确定。

④轴承内侧端面至箱体内壁的距离 Δ_3

轴承在箱体轴承座孔中的轴向位置与轴承的润滑方式有关。为保证轴承正常润滑,轴承内侧端面至箱体内壁应留有一定的间距 Δ_3,其值可由表 6-1 查得。轴承润滑方式的选择可参阅本书 5.4 节中的相关内容。至此,就可在图 6-8 中确定轴承在轴线方向的具体位置了。

⑤轴承座的宽度 L

如图 6-8 及图 6-9 所示,轴承座的宽度尺寸应为

$$L \geqslant \delta + C_1 + C_2 + (5 \sim 10)$$

式中 δ——箱座壁厚,见表 5-2;

C_1、C_2——轴承旁连接螺栓的扳手空间尺寸,轴承旁连接螺栓的直径见表 5-2,C_1、C_2 值根据轴承旁连接螺栓的直径,查表 5-7 确定;

(5~10)——箱体侧边区分加工面和非加工面的尺寸。

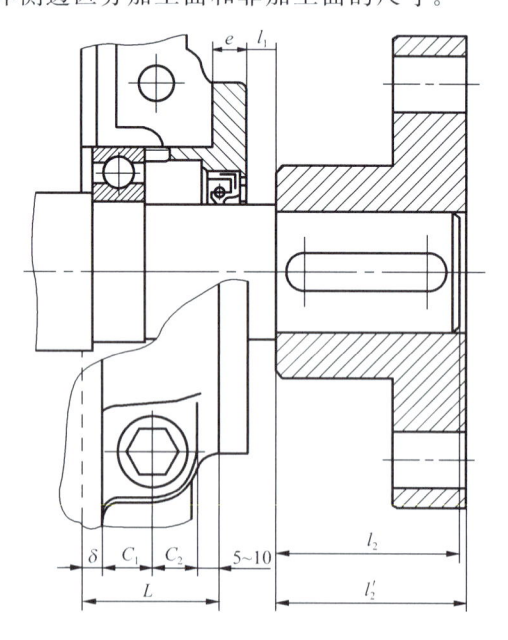

图 6-9 轴承座端面位置的确定

求出 L 值后，就可在图 6-8 中画出箱座轴承座的外端面线，而图 6-8 中的虚线为箱座的外壁线。

⑥轴承端盖的凸缘厚度 e

如图 6-8 及图 6-9 所示，当采用凸缘式轴承端盖时，可根据表 5-9 计算出凸缘式轴承端盖的凸缘厚度 e 等尺寸，并在图 6-8 中画出轴承端盖的轮廓线。

⑦轴上外装旋转零件与轴承端盖的距离 l_1

如图 6-9 及图 6-10 所示，在箱体外面，轴的定位轴肩与轴承端盖间的距离 l_1 一般不小于 15～20 mm。若在轴上不拆卸联轴器或传动零件(图 6-10(a)中为带轮)，只需拆卸轴承端盖连接螺钉，则 l_1 的值必须保证连接螺钉能从轴承端盖体内退出。对于嵌入式轴承端盖，因无此要求，故 l_1 可取较小值。在图 6-10(b)中，当外伸轴装有弹性套柱销联轴器时，应留有装拆弹性套柱销的必要距离 A，A 值可由表 11-49 查出。由此，即可确定图 6-8 中的 l_1 尺寸。

图 6-10　轴上外装旋转零件与轴承端盖的距离

⑧轴上键槽的位置和尺寸

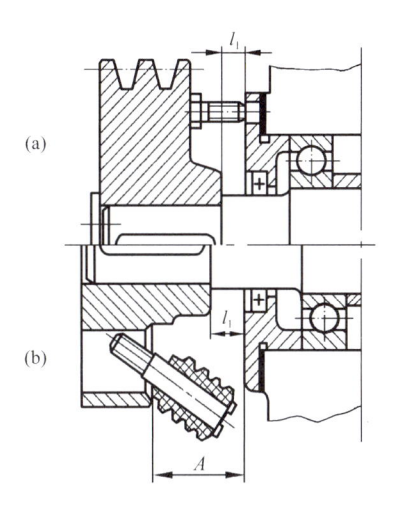

普通平键连接的结构尺寸可依据相应轴段的直径确定。普通平键的长度应比键所在轴段的长度略短，一般短 5～10 mm。如图 6-11(a)所示，轴上键槽的位置应靠近传动件的装入一侧，一般取距离 $\Delta=2\sim5$ mm，以便于装配时轮毂上的键槽容易与轴上的平键对准。而图 6-11(b)所示的结构不正确，Δ 值过大导致装配时键槽与键难以对准，同时键槽开在过渡圆角处会加重应力集中现象。

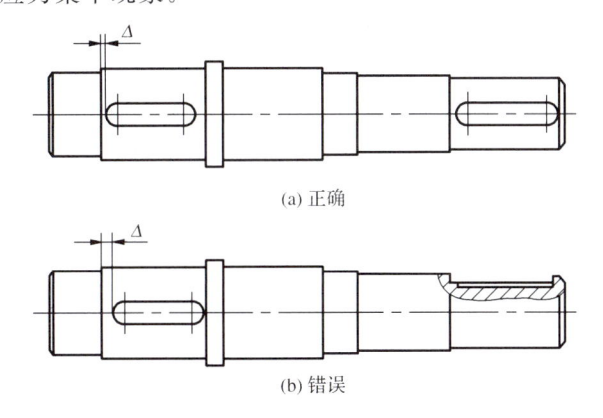

(a) 正确

(b) 错误

图 6-11　轴上键槽的位置

当轴上沿键长方向有多个键槽时，若轴径尺寸相差不大，则各键槽可按直径较小的轴段选取同样的断面尺寸，以减少键槽加工时的换刀次数。为便于一次装夹加工，各键槽应布置在同一母线上。普通平键连接的具体结构尺寸设计可查阅《机械设计基础》教材或有关机械设计手册。

按照前面的叙述绘出图 6-8 之后,减速器装配草图设计第一阶段的任务就完成了。需要说明的是,前面介绍的先定好各轴段直径再确定各轴段长度的顺序,只是为了便于把轴的结构设计问题讲清楚而已。实际上,确定各轴段的直径和长度尺寸并没有固定的先后顺序,设计时可以根据实际情况,采用灵活的顺序确定各轴段的结构尺寸。

二、轴、轴承及键连接的校核计算

按上述步骤绘制完成图 6-8 之后,轴系的结构就初步确定下来了,此时就可着手对轴、键连接强度及轴承寿命进行校核计算了。计算步骤如下:

1. 确定轴上零件受力点的位置和距离

根据绘制完成的图 6-8,可以确定轴上传动零件受力点的位置和各受力点之间的距离 A_1、B_1、C_1 及 A_2、B_2、C_2。轴上传动零件力的作用线位置可取在轮缘宽度的中部,向心轴承的支点可取轴承宽度中点的位置。如图 6-12 所示,角接触轴承的支点位置应取中心线上距离轴承外圈宽边端面为 a 的点处,尺寸 a 可查本书 11.11 节相应的轴承标准。

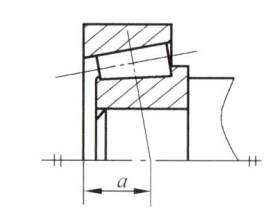

图 6-12 角接触轴承的支点位置

2. 受力分析

首先画出轴的受力简图,求出支反力(轴的受力一般属于空间力系,可采用平面解法),画出弯矩图、合成弯矩图、转矩图,再计算并绘制出当量弯矩图。

3. 轴的校核计算

根据轴的结构尺寸、当量弯矩图及应力集中等情况判定危险截面(一个或几个),可按《机械设计基础》教材中轴的校核方法对轴进行强度校核计算。

若校核后强度不够,则应对轴的设计进行修改,如加大轴径、修改轴的结构或改变轴的材料等;若校核后强度足够且与许用值相差不大,则以轴结构设计时确定的尺寸为准,不再修改。若强度富余量过大,则不必马上修改轴的尺寸,应待进行轴承寿命及键连接强度的校核后,综合考虑刚度、结构要求等各方面情况再决定是否修改及如何修改,防止顾此失彼。实际上,许多机械零件的尺寸是由结构关系确定的,并不完全决定于强度,强度往往会有较大的富余量。

4. 滚动轴承寿命计算

滚动轴承的寿命最好与减速器的使用期限或大修期大致相符。当按后者确定时,需要在减速器的使用说明书中注明定期更换轴承,一般减速器的大修期推荐为 12 000~18 000 h。如计算结果不能满足要求,寿命太长或太短,则在轴的结构允许的情况下,可以改用其他尺寸系列的轴承,必要时可改变轴承类型或轴承内径。

5. 校核键连接的强度

键连接的强度校核主要是校核其挤压强度。许用挤压应力应按键、轴、轮毂三者中材料最弱的选取,一般轮毂材料最弱。经校核计算若发现强度不足,则可通过加长轮毂并适当增加键长来解决,或采用双键、花键、增大轴径等方法来满足强度要求。

上述校核过程可能需要反复多次,直至达到要求为止。

三、装配草图设计的第二阶段

这一阶段的主要任务是对减速器的轴系部件进行结构细化设计,即设计传动件,固定、密封及调整零件的具体结构,并完成减速器箱体及其附件的设计等。

1. 箱内传动零件的结构设计

箱内传动零件主要包括齿轮等。传动零件的结构与所选材料、毛坯尺寸及制造方法等有关。设计齿轮类零件的结构时,可按《机械设计基础》教材或机械设计手册中介绍的方法进行,并在装配草图上按尺寸要求画出结构。画图时要注意轮齿啮合区的正确画法。

2. 轴承端盖的结构设计

轴承端盖的结构形式有凸缘式和嵌入式两种。

凸缘式轴承端盖如图 6-13 所示。这种端盖大多采用铸铁制造,故应使其具有良好的铸造工艺性。当轴承端盖的宽度 L 较大时,为减少精加工量,可在端部加工出一段较小的直径 D',且端盖与箱体的配合段必须留有足够的长度 l,以保证拧紧螺钉时轴承端盖的对中性,避免端盖歪斜、轴承受力不均。一般取 $l=(0.1\sim0.15)D$,如图 6-13(b)所示。

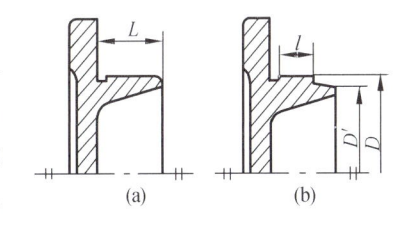

图 6-13 凸缘式轴承端盖

当轴承用箱体内的油润滑时,为了将传动件飞溅的油经箱体剖分面上的输油沟引入轴承,应在轴承端盖上开槽(十字形缺口),并将轴承端盖的端部直径做小些,以保证油路畅通,如图 6-14 所示。

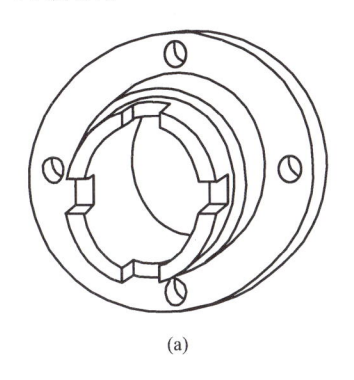

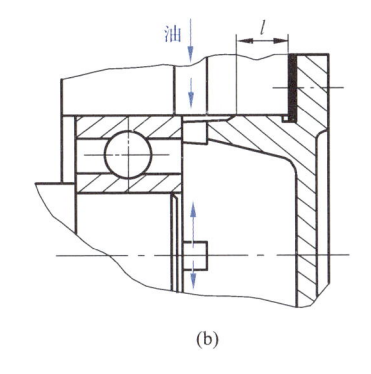

图 6-14 油润滑轴承的轴承端盖结构

嵌入式轴承端盖不用螺钉固定,其结构简单,与其相配的轴段长度比与凸缘式轴承端盖相配的轴段长度略短,但密封性差。在轴承端盖中设置 O 形密封圈能提高其密封性能,适用于油润滑,如图 6-15 所示。由于调整轴承间隙时需打开箱盖放置调整垫片,比较麻烦,故嵌入式轴承端盖多用于不调间隙的轴承处,如深沟球轴承和大批量生产时。若用于角接触轴承,则可采用图 6-15(c)所示的结构,用调整螺钉调整轴承间隙。

设计轴承端盖时,可参照表 5-9 和表 5-10 确定轴承端盖的各部分尺寸并绘出其结构。

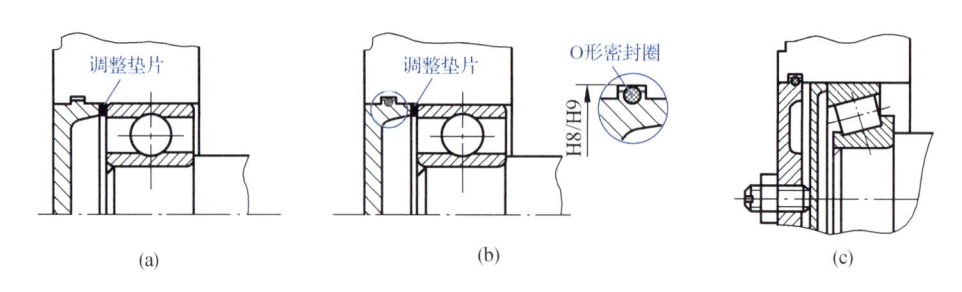

图 6-15　嵌入式轴承端盖及其密封结构

3. 套筒、挡油环及轴端挡圈等结构的设计

套筒结构简单,可根据实际结构自行设计。通常把减速器中的套筒与挡油环设计成一体的,此时可参考图 5-17 的结构尺寸进行设计。轴端挡圈是标准件,其结构形式及尺寸可由表 11-42 查取。

按照上述设计内容、方法和步骤,就可初步完成减速器各轴系零件的结构设计和轴承组合结构设计。

4. 减速器箱体的结构设计

箱体起着支承轴系、保证传动件和轴系正常运转的重要作用。在已确定箱体结构形式(如剖分式)和箱体毛坯制造方法(如铸造箱体)以及前面已完成的装配草图设计的基础上,可继续进行箱体的结构设计,设计时可参考表 5-2 及图 5-2。设计工作可按以下步骤进行:

(1)箱座高度及油面的确定

箱座高度 H 主要根据油池容积和箱座壁厚确定,如图 6-16 所示。

先以大齿轮顶圆为基准,在距离 $H_1=30\sim 50$ mm 处画出油池底面线。这里所要求的距离 H_1 是为了避免齿轮位置过低,齿轮转动时搅起沉积在油池底部的污物。然后就可以确定箱座高度 $H\geqslant d_{a2}/2+(30\sim 50)+\Delta_7$ (d_{a2} 为大齿轮顶圆直径,Δ_7 为箱底至箱底内壁的距离(见表 6-1)),并将 H 圆整为整数。

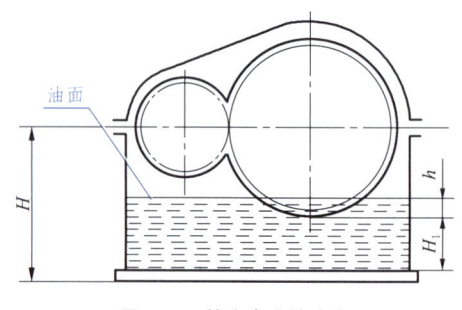

图 6-16　箱座高度的确定

为保证润滑及散热的需要,减速器内应有足够的油量。设计时应保证齿轮有足够的浸油深度 h,圆柱齿轮应浸入 $1\sim 2$ 个齿高,但不应小于 10 mm。这个油面位置为最低油面,对于中小减速器,最高油面比最低油面高出 $10\sim 15$ mm 即可。此外还应保证传动件的浸油深度不超过齿轮半径的 $1/4\sim 1/3$,以免搅油损失过大。

按照上述原则定出箱座高度后,根据油面线位置和油池底面积就可算出油池的装油量 V。一级减速器每传递 1 kW 的功率,需油量为 $0.35\sim 0.7$ L(低黏度油取小值,高黏度油取大值);多级减速器的需油量按级数成比例增加。按传递功率可以确定减速器的需油量 $[V]$。设计时应使 $V\geqslant[V]$。若计算时发现 $V<[V]$,则应将箱体底面线下移,增加箱座高度。

(2) 轴承座旁连接螺栓凸台的设计

为了尽量增大剖分式箱体轴承座的刚度，在轴承座旁连接螺栓处应做出凸台，如图 6-17(a) 所示。轴承座两侧的连接螺栓应尽量靠近轴承，但应避免与箱体上固定轴承端盖的螺纹孔发生干涉，还应避免与箱体剖分面上的回油沟发生干涉，通常使两连接螺栓的中心距 $S \approx D_2$（D_2 为轴承端盖外径）。

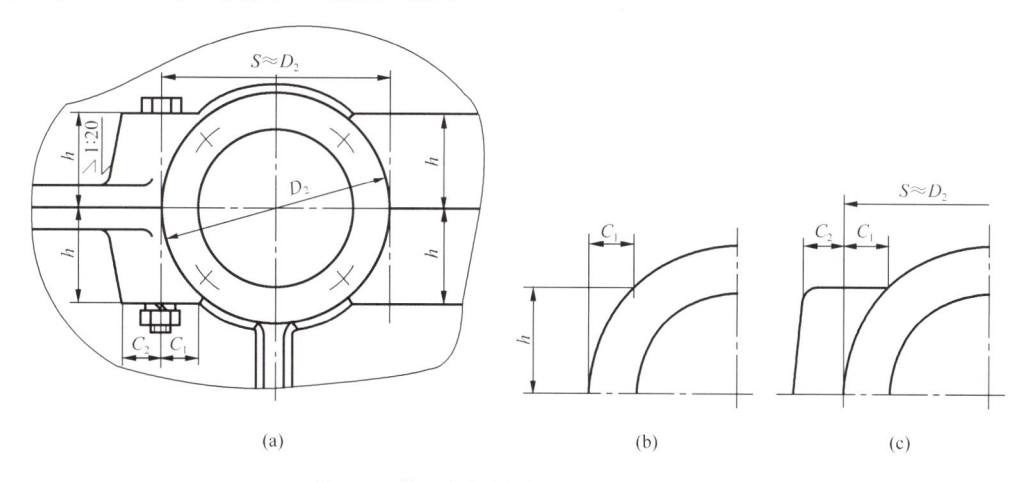

图 6-17 轴承座旁连接螺栓凸台高度的设计

凸台的尺寸由作图法确定，如图 6-17(b) 及图 6-17(c) 所示。设计时需首先根据轴承座旁连接螺栓的直径，由表 5-7 查出并确定扳手空间尺寸 C_1 和 C_2。在主视图上以最大轴承端盖外径 D_2 为直径画出轴承端盖的外圆，然后在最大轴承端盖一侧画出轴承座旁连接螺栓的轴线，并使螺栓间距 $S \approx D_2$。在满足 C_1 的条件下，作图就可确定凸台的高度 h。由于减速器上各轴承端盖的外径不等，故为便于制造，各凸台的高度应设计成一致的，并应以最大轴承端盖外径 D_2 确定的高度为准。凸台侧面的铸造拔模斜度一般取为 1:20。

在画凸台结构时，应按投影关系在三个视图上交叉进行。图 6-18 所示为凸台位于箱壁内侧的结构，图 6-19 所示为凸台位置突出箱壁外侧时的两种结构。

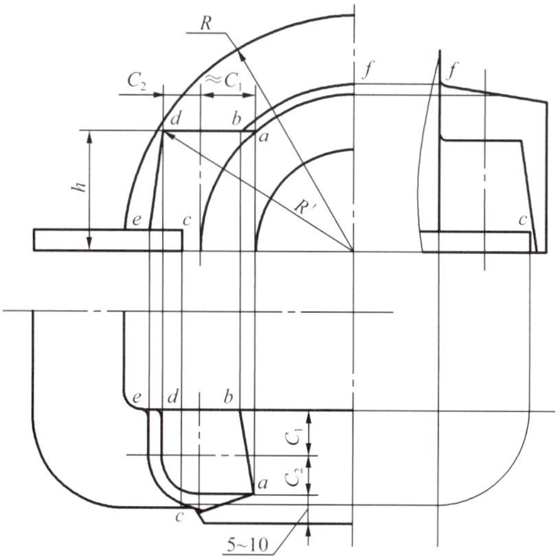

图 6-18 轴承座旁凸台的三视图

(3) 箱盖顶部外轮廓的设计

通常箱盖顶部在主视图上的外廓由圆弧和直线组成（图 5-1 及图 5-2）。大齿轮一侧箱盖的外表面是以该大齿轮轴为圆心，以 R 为半径的圆弧轮廓。R 的计算公式为 $R \geq d_{a2}/2 + \Delta_1 + \delta_1$（其中 d_{a2} 为大齿轮顶圆直径，Δ_1 为大齿轮顶圆与箱体内壁的距离，δ_1 为箱盖壁厚）。一般情况下，大齿轮一侧轴承座旁螺栓的凸台均在箱盖圆弧的内侧。

小齿轮一侧箱盖外表面的圆弧半径一般不用公式计算，通常根据结构作图确定。

(a)   (b)

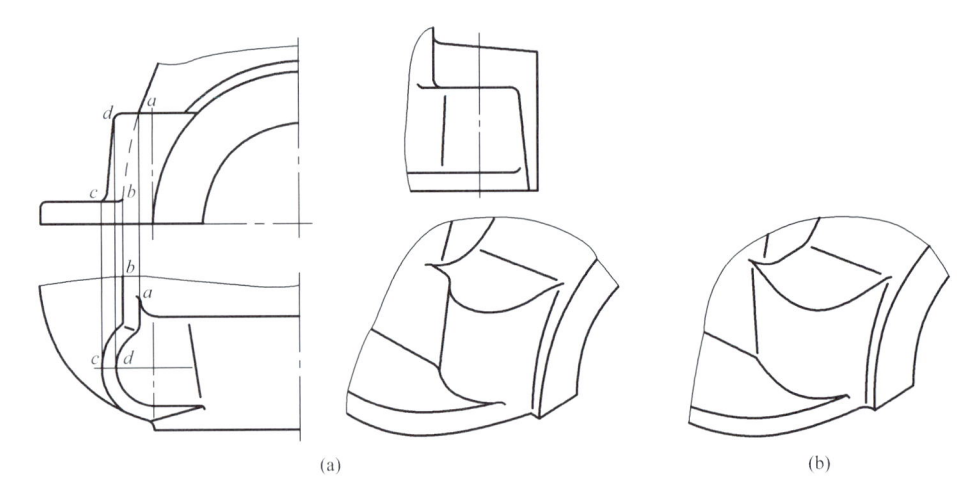

图 6-19　轴承座旁凸台超出箱盖外轮廓时的三视图

图 6-18 所示为凸台位于箱盖圆弧轮廓之内的情况，作图时先根据输入轴上轴承座凸台的结构尺寸确定 R'，再取箱盖圆弧半径 $R>R'$，画出小齿轮一侧的箱盖圆弧。图 6-19 所示为凸台位于箱盖圆弧轮廓之外的情况，此时 $R<R'$。

画出小齿轮和大齿轮两侧的圆弧后，可作两圆弧的切线。这样，箱盖顶部外轮廓就完全确定了。然后再将有关部分投影到俯视图上，就可画出两侧箱体内壁、外壁及凸缘等结构。

(4) 设置加强肋板

为了提高轴承座附近箱体的刚度，在平壁式箱体上可适当设置加强肋板，肋板厚度参见表 5-2。

(5) 箱体凸缘尺寸及连接螺栓的布置

如图 5-6 所示，为了保证箱盖与箱座的连接刚度，箱盖与箱座的连接凸缘应有较大的厚度 b 和 b_1。箱座底面凸缘的宽度 B 应超过箱座的内壁，以利于支承。

箱座凸缘的连接螺栓应合理布置，螺栓间距不宜过大。对于中小型减速器，通常其间距取 100~150 mm；对于大型减速器，其间距取 150~200 mm。螺栓尽量对称均匀布置，并注意不要与吊耳、吊钩和定位销等发生干涉。

(6) 回油沟的形状和尺寸

当利用箱内传动件溅起来的油润滑轴承时，通常在箱座的凸缘面上开设回油沟，使飞溅到箱盖内壁上的油经回油沟进入轴承。回油沟的形状和尺寸如图 5-18 所示。回油沟可以铸造，也可铣制而成。铣制回油沟由于阻力小、易制造，故应用较多。

设计时应注意，回油沟的位置要有利于使箱盖内壁斜面处的油进入，并经轴承端盖上的十字形缺口流入轴承。此外，回油沟不应与连接螺栓的孔相通。

5. 减速器的附件设计

减速器的附件包括窥视孔及盖、通气器、吊耳及吊钩(吊环螺钉)、起盖螺钉、定位销、密封件、油尺(油标)及放油螺塞等，其功能见本书第 5 章。设计时应选择并确定这些附件的结构，并将其布置在合适的位置。相关设计内容见本书 5.3 节、11.13 节及 11.14 节等，或参考机械设计手册的相关内容。

减速器的附件设计完成之后，装配草图的设计工作也就基本完成了，如图 6-20 所示。

第6章 减速器装配图的设计

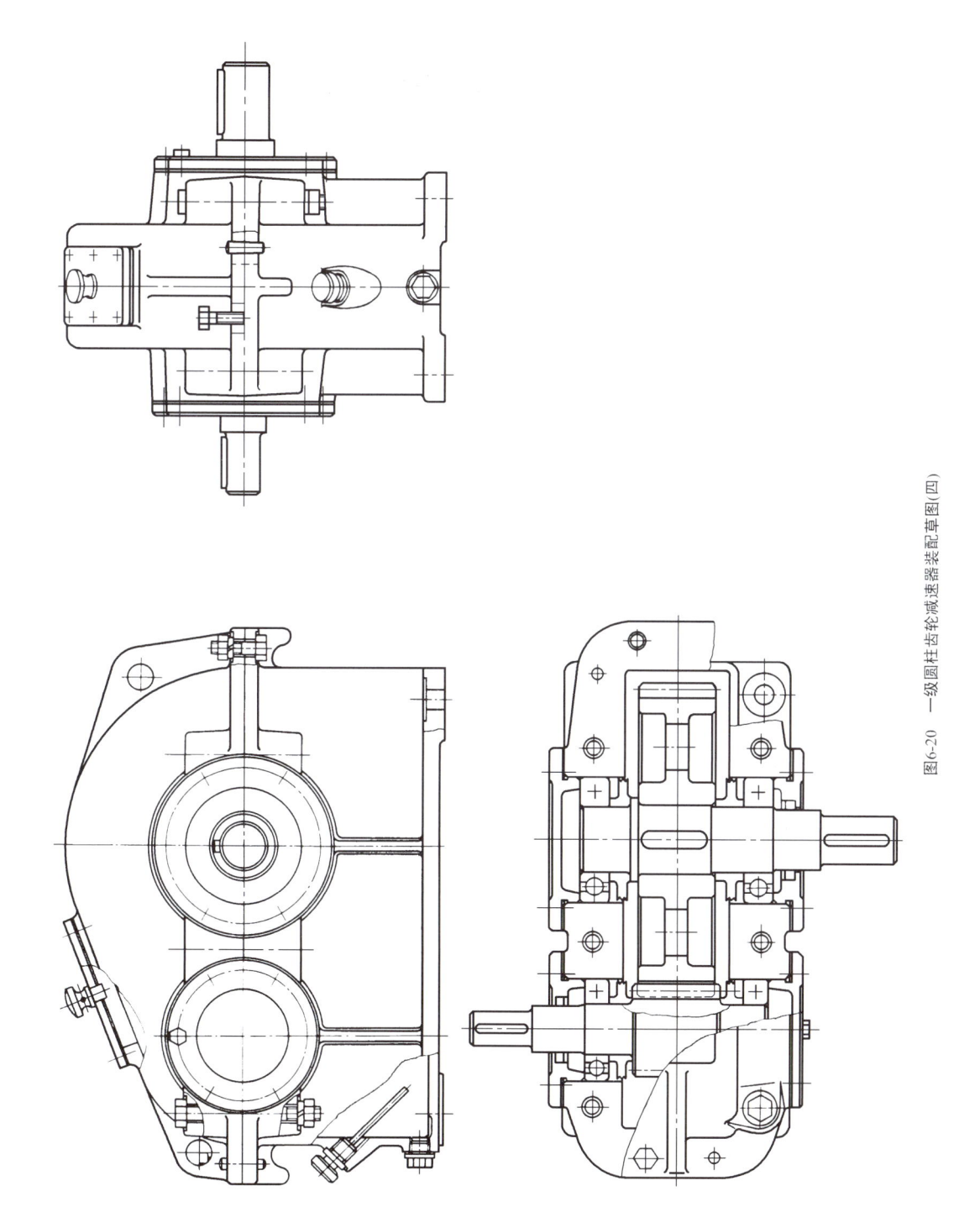

图6-20 一级圆柱齿轮减速器装配草图(四)

6.3 减速器装配图的完成

本节是在装配草图设计的基础上进行的，其最终结果是提供可供生产装配用的、正式的、完整的装配图。完整的装配图应包括表达减速器结构的各个视图、主要尺寸和配合、技术特性和技术要求、零件编号、零件明细栏和标题栏等。装配图上避免用细虚线表示零件结构，必须表达的内部结构或某些附件的结构可采用局部视图或局部剖视图表示。

根据课程设计的要求，装配图上的螺栓连接、键连接、滚动轴承等可采用规定的简化画法。

本阶段还应完成的各项工作内容分述如下：

1. 标注必要的尺寸

装配图上应标注以下四种尺寸：

(1)外形尺寸：减速器的总长、总宽和总高。

(2)特性尺寸：传动零件的中心距及偏差。

(3)安装尺寸：减速器的中心高，轴外伸端配合轴段的长度和直径，地脚螺栓孔中心的定位尺寸及其中心距和地脚螺栓孔的直径与个数，箱座底面尺寸(包括底座的长、宽、厚)。

(4)主要零件的配合尺寸：反映减速器内零件之间装配关系的尺寸。对于影响运转性能和传动精度的零件，其配合处都应标出尺寸、配合性质和精度等级，如轴与传动零件、轴与联轴器的配合尺寸以及轴承与轴承座孔的配合尺寸等。表 6-2 列出了减速器主要零件间的推荐用配合，供设计时参考。

表 6-2　　减速器主要零件间的推荐用配合

配合零件	推荐用配合	装拆方法
大中型减速器的低速级齿轮(蜗轮)与轴的配合，轮缘与轮芯的配合	$\frac{H7}{r6}$，$\frac{H7}{s6}$	用压力机或温差法(中等压力的配合，小过盈配合)
一般齿轮、蜗轮、带轮、联轴器与轴的配合	$\frac{H7}{r6}$	用压力机(中等压力的配合)
要求对中性良好及很少装拆的齿轮、蜗轮、联轴器与轴的配合	$\frac{H7}{n6}$	用压力机(较紧的过渡配合)
小锥齿轮及较常装拆的齿轮、联轴器与轴的配合	$\frac{H7}{m6}$，$\frac{H7}{k6}$	手锤打入(过渡配合)
滚动轴承内孔与轴的配合(内圈旋转)	j6(轻负荷)，k6、m6(中等负荷)	用压力机(实际为过盈配合)
滚动轴承外圈与箱体孔的配合(外圈不转)	H7，H6(精度要求高时)	木锤或徒手装拆
轴承套杯与箱体孔的配合	$\frac{H7}{js6}$，$\frac{H7}{h6}$	木锤或徒手装拆

2. 编写零部件序号

零部件序号的编写应符合机械制图国家标准的有关规定。编号时，凡是形状、尺寸及材料完全相同的零部件应编为同一个序号，避免重复和遗漏。编号应按顺序排列整齐，间隔均匀，顺时针方向或逆时针方向排列均可，尽量做到各个序号之间横平竖直排列。

序号应安排在视图外边。序号的指引线应用细实线自所指部分的可见轮廓内引出，并在末端画一圆点引到视图的外面。指引线之间不能相交，通过剖面时也不应与剖面线平行，但允许指引线折弯一次。

对于某些独立的部件（如滚动轴承、通气器等），可只编一个序号；对于装配关系明显的零件组（如螺栓、垫圈及螺母等），可以共用一条指引线，但应分别进行编号。

序号要求书写工整，字高要比尺寸数字高度大一号或两号，一般规定为 2.5、3.5、5、7、10、14、20(mm) 七种。零部件序号的标注如图 6-21 所示。

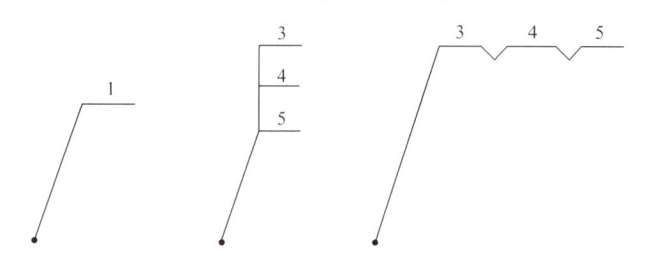

图 6-21 零部件序号的标注

3. 注明减速器的技术特性

应在装配图的适当位置列表说明减速器的技术特性，所列项目及格式见表 6-3。

表 6-3　　　　　　　　　　减速器的技术特性

输入功率 P/kW	输入转速 $n/(\mathrm{r} \cdot \mathrm{min}^{-1})$	效率 η	总传动比 i	传动特性							
				第一级				第二级			
				m_n	z_2/z_1	β	精度等级	m_n	z_2/z_1	β	精度等级

4. 编写技术要求

装配图的技术要求是用文字说明在视图上无法表达的有关装配、调整、检验、润滑和维护等方面的内容。一般减速器的技术要求通常包括以下几方面内容：

(1) 装配前对所有零件均应清除铁屑，并用煤油或汽油清洗。箱体内不应有任何杂物，内壁应涂防腐涂料。

(2) 注明传动件及轴承所用润滑剂的牌号、用量、补充和更换的时间。

(3) 箱体剖分面及轴外伸段的密封处均不允许漏油，箱体剖分面上不允许使用任何垫片，但允许涂刷密封胶或水玻璃。

(4) 写明对传动侧隙和接触斑点的要求，作为装配时检查的依据。对于多级传动，当各级传动的侧隙和接触斑点要求不同时，应分别在技术要求中注明。

(5) 对安装调整的要求。对于可调间隙的轴承（如圆锥滚子轴承），应在技术条件中标出轴承间隙值。若采用不可调间隙的轴承(如深沟球轴承),则要注明轴承端盖与轴承外圈端面之间应保留的轴向间隙(一般为 0.25~0.4 mm)。

(6)其他要求。必要时可对减速器试验、外观、包装、运输等提出要求。

减速器装配图上应写出的技术要求条目和内容可参考本书 5.5 节。

5. 编制明细栏和标题栏

装配图的明细栏和标题栏应采用国家标准规定的格式,参见本书 11.1 节。

减速器装配图中的所有零部件均应列入明细栏,并应注明每个零部件的序号、名称、数量、质量及材料等内容,对于标准件,还应注明相应的标准代号及规格等。明细栏应紧接在标题栏之上,由下往上按序号依次填写。

标题栏是表明装配图的名称、绘图比例、质量和图号的表格,也是写明设计者和单位以及各责任人签字的地方。标题栏应布置在图纸的右下角,紧贴图框线。

6.4 检查重点

在减速器装配图的设计过程中,每完成一个阶段的工作任务之后,都应对所绘图样及计算进行仔细检查,发现问题,及时、认真修改。检查的主要内容如下:

1. 装配草图设计第一阶段的检查重点

(1)输入轴、输出轴、齿轮在减速器内的布置是否与设计任务书中的传动简图一致。

(2)箱体厚度、轴承座旁连接螺栓的标准直径以及扳手空间是否过小或过大。

(3)润滑方式:挡油环与轴承的位置及尺寸是否合适。

(4)外伸轴上联轴器或传动件的位置是否能打开轴承端盖,是否考虑了联轴器的安装空间。

2. 轴、轴承及键连接校核计算的检查重点

(1)轴的强度计算

①轴的受力简图是否与草图一致。

②齿轮的受力分析(特别是轴向力的方向、齿轮旋转方向是否满足工作及运动方向,力作用点的位置);支反力的计算及弯、转矩图的绘制。

(2)滚动轴承的寿命计算

①轴承轴向力的计算。

②轴承寿命的计算及更换时间的确定。

(3)键连接的强度计算

对键连接进行挤压强度的校核计算。

3. 装配草图设计第二阶段的检查重点

(1)视图的选择:图纸大小和尺寸比例的选择,视图在图纸上的布置。

(2)俯视图上输入轴和输出轴的位置是否与传动简图一致。

(3)轴系结构设计

①齿轮结构是否合理。

②轴与轴上零件的轴向定位与固定是否合理,轴上零件能否装拆。

③箱座上油沟的位置及轴承端盖缺口的设置是否正确。

④密封件尺寸及相配合轴的直径。

(4)箱体结构及箱体上附件的设计

①轴承端盖螺钉的位置是否在箱体结合面处。

②轴承两旁凸台的高度。

③高速级小齿轮径向与箱体内壁位置的确定,高速轴轴承两旁凸台与箱体的相贯线在俯视图上的投影。

④窥视孔及盖的大小和位置。

⑤箱体内底面的位置。

⑥油尺(油标)的位置是否过低或过高,放油螺塞的位置是否过高;油尺和吊钩的干涉。

⑦箱体底座凸缘的尺寸是否合适,螺母扳手空间是否足够;箱体底座面的形状与轴承刚度。

4. 减速器装配图完成后的检查重点

(1)视图是否能够清楚地表达减速器的结构和各个零部件间的装配关系。

(2)投影关系是否正确。

(3)四类尺寸的标注是否正确,配合与精度的选择是否合理,是否有过多或遗漏之处。

(4)零部件序号的标注是否有错误、重复或遗漏。

(5)技术要求和技术特性表的内容是否完备、合理。

(6)标题栏和明细栏是否符合国家标准,内容填写是否正确、完整,零部件序号是否与图中标注一致。

(7)制图线型(粗实线、细实线、剖面线等)是否符合机械制图国家标准,文字和数字是否按照标准规定的格式和字体书写。

第7章

减速器零件图的设计

7.1 零件图的设计要点

一、零件图的设计要求

零件图是制造、检验零件和制订工艺规程的基本技术文件，它既要反映设计的意图，又要考虑制造的可行性和合理性。一张设计正确的零件图可以起到减少废品、降低生产成本、提高生产率和机械使用性能的作用。合理设计和正确绘制零件图是设计过程中的一个重要环节。

在课程设计中，绘制零件图主要是培养学生掌握零件图的设计内容、要求和绘制方法，提高工艺设计能力和技能。根据教学要求，由教师指定绘制1~3个典型零件的工作图。

二、零件图的设计要点

1. 选择和布置视图

视图和剖视图必须清楚而正确地表达出零件各个部分的结构形状和尺寸，视图数量应尽量少。

2. 标注尺寸

根据零件的设计和工艺要求，应正确地选择设计尺寸基准，恰当地标注尺寸，不遗漏、不重复。零件的结构尺寸应从装配图中得到，并与装配图保持一致，一般不得任意更改，以防止发生矛盾。但是对于装配图中零件的结构，如果从制造和装配的可行性以及合理性等方面来考虑而认为有毛病，也可在保证零件工作性能的前提下修改零件的结构，同时也应对装配图做相应的改动。

对装配图中未曾表达出来的一些细小结构，如退刀槽、圆角、倒角等，在零件图中都应完整、正确地绘制出来。

另外，有些尺寸不应从装配图上推定，而应以设计计算的结果为准，例如齿顶圆直径等。零件图上未注公差的尺寸应加以圆整。

3. 标注公差及表面粗糙度

对配合尺寸或精度要求较高的尺寸，应标注尺寸的极限偏差，并根据不同要求标注零件的形状和位置公差。几何公差可用类比法或计算法确定，一般可凭经验类比。

零件的所有表面都应注明表面粗糙度。遇有较多的表面采用相同的表面粗糙度时，为简便起见，可将表面粗糙度集中标注在图纸的右下角。

4. 编写技术要求

对于零件在制造过程中或检验时所必须保证的设计要求和条件，如果不便使用规定的符号或图形表示,则应在零件图的技术要求中列出,其内容根据该零件的加工方法和使用要求进行编写。编写技术要求时,应该用文字逐项说明,文字要简练、准确,避免引起误解。

5. 画出标题栏

标题栏是图样的一个重要组成部分。应按照国家标准规定的格式将标题栏设置在图纸的右下角,主要内容有零件的名称、图号、材料、比例等。标题栏的格式如图 11-1 所示,其中外框线为粗实线,分格线为细实线。

7.2 轴类零件图的设计

一、选择视图

一般轴类零件只需要一个主视图即可基本表达清楚,在有键槽和孔的地方,可增加必要的断面图或剖视图。对于螺纹退刀槽、砂轮越程槽等细小结构,必要时应绘制局部放大图,以便准确地表达形状并标注尺寸。

二、标注尺寸及尺寸公差

轴类零件的尺寸主要是各轴段的直径和长度。标注直径尺寸时,应特别注意有配合关系的部位。各段直径有几处相同时,应逐一标注,不得省略。即使是圆角、倒角也应标注,或者在技术要求中说明。

1. 长度尺寸的标注应满足要求

应根据设计及工艺要求确定基准面,合理标注,不允许出现封闭尺寸链。长度尺寸中精度要求较高的轴段应直接标注,取加工误差不影响装配要求的轴段作为开口环,其长度不标注。如图 7-1 所示,其主要基准面选择轴肩 I-I 处,它是轴上大齿轮的轴向定位面,同时也影响其他零件在轴上的装配位置。只要正确地定出轴肩 I-I 的位置,各零件在轴上的位置就能确定下来。

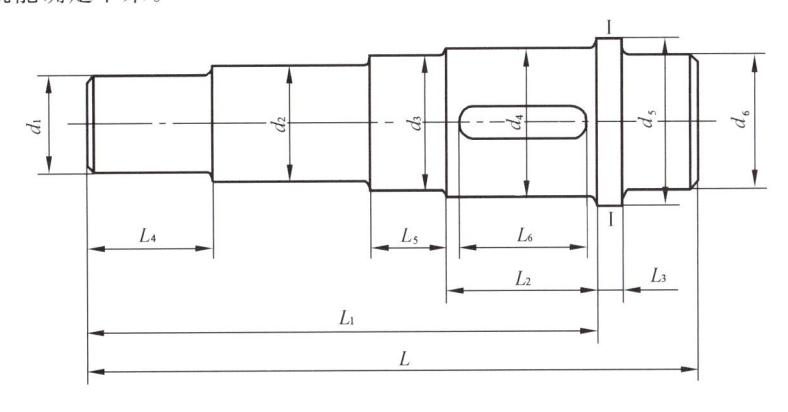

图 7-1 轴的尺寸标注

2. 轴类零件图中需标注尺寸及其偏差值的几个位置

(1)对于直径尺寸，凡有配合要求之处均应标注尺寸及其偏差值。偏差值按装配图中选定的配合性质从公差配合表中查出。

(2)对于键槽尺寸，键槽宽度和深度的极限偏差按 GB/T 1095—2003 的规定标注。为了检验方便，键槽深度一般应注 $d-t$ 的极限偏差(此时极限偏差取负值)。

(3)在普通减速器的设计中，轴的长度尺寸按未注公差处理，且一般不做尺寸链的计算。

三、标注几何公差

普通减速器轴类零件的几何公差可按表 7-1 选择。

表 7-1　　轴类零件的几何公差

加工表面	形状或位置公差	公差等级
与普通精度等级滚动轴承配合的两个支承圆柱表面轴心线之间的位置精度	同轴度	6 级或 7 级
与普通精度等级滚动轴承配合的圆柱表面	圆柱度	6 级
定位端面(轴肩)	垂直度	6 级或 7 级
与齿(蜗)轮等传动零件毂孔的配合表面	径向跳动	6 级或 7 级
平键键槽宽度对轴心线的位置精度	对称度	7～9 级

四、标注表面粗糙度

轴类零件的表面粗糙度 *Ra* 值可按表 7-2 选择。

表 7-2　　轴类零件的表面粗糙度 *Ra* 值

<table>
<tr><th>加工表面</th><th colspan="4">表面粗糙度 Ra 值</th></tr>
<tr><td>与传动件及联轴器等轮毂相配合的表面</td><td colspan="4">1.6～3.2 μm</td></tr>
<tr><td>与普通级滚动轴承相配合的表面</td><td colspan="4">0.8 μm(d≤80 mm)　1.6 μm(d>80 mm)</td></tr>
<tr><td>与传动件及联轴器相配合的轴肩端面</td><td colspan="4">3.2～6.3 μm</td></tr>
<tr><td>与滚动轴承相配合的轴肩端面</td><td colspan="4">3.2 μm(d≤80 mm)　6.3 μm(d>80 mm)</td></tr>
<tr><td>平键键槽</td><td colspan="4">3.2～6.3 μm(工作表面)　12.5 μm(非工作表面)</td></tr>
<tr><td rowspan="4">密封处的表面</td><td>毡圈式</td><td colspan="2">橡胶密封式</td><td>回油沟及迷宫式</td></tr>
<tr><td colspan="3">与轴接触处的圆周速度/(m·s⁻¹)</td><td rowspan="3">1.6～3.2 μm</td></tr>
<tr><td>≤3</td><td>>3～5</td><td>>5～10</td></tr>
<tr><td>1.6～3.2 μm</td><td>0.8～1.6 μm</td><td>0.4～0.8 μm</td></tr>
</table>

五、编写技术要求

轴类零件的技术要求主要包括：

(1) 对材料的机械性能和化学成分的要求及允许代用的材料等。

(2) 热处理方法和要求，如热处理后的硬度范围、渗碳要求及淬火硬化层深度等。

(3) 对图中未注明的圆角、倒角的说明及个别的修饰加工要求等。

(4) 对其他加工的要求，如是否要保留中心孔（留中心孔时应在图中画出或按国家标准加以说明）等。若与其他零件一起配合加工（如配铰和配钻等），则也应说明。

减速器轴类零件图设计可参考图 5-26、图 9-2 等。

7.3 齿轮类零件图的设计

齿轮类零件包括齿轮、蜗杆、蜗轮等。这类零件的工作图中除了有零件图形和技术要求外，还应有啮合特性表。

一、选择视图

齿轮类零件可用一个视图（附轴孔和键槽的局部视图）或两个视图表达，可视具体情况根据机械制图的规定画法对视图做某些变化，有轮辐的齿轮应另外画出轮辐结构的横断面图。

对于组装的蜗轮，应分别画出组装前的零件图（齿圈和轮芯）和组装后的蜗轮图。切齿工作是在组装后进行的，因此组装前零件的相关尺寸应留出必要的加工余量，待组装后再加工到最后需要的尺寸。

齿轮轴和蜗杆轴的视图与轴类零件图相似。为了表达齿形的有关特征及参数，必要时应绘制局部断面图。

二、标注尺寸和公差

齿轮为回转体，应以其轴线为基准来标注径向尺寸，以端面为基准来标注轴向尺寸。分度圆直径虽不能直接测量，但它是设计的基本尺寸，必须标注。轴孔是加工、测量和装配时的基准，应标出尺寸、尺寸公差和几何公差（如圆柱度）。齿轮两端面应标注位置公差（端面圆跳动）。齿顶圆的偏差值大小与其是否作为基准有关，如果以齿顶圆作为工艺基准，则应标注齿顶圆的尺寸、尺寸公差和位置公差（齿顶圆径向跳动）。键槽应标注尺寸和尺寸公差，两侧面还应标明对称度。另外轮毂直径、轮辐（或腹板）、圆角、倒角、锥度等尺寸也必须标明。

三、编写啮合特性表

齿轮(蜗轮)的啮合特性表一般应布置在图幅的右上角。啮合特性表的内容包括齿轮(蜗轮)的主要参数、精度等级和相应的误差检测项目等。具体请参阅相关齿轮精度的国家标准及有关图例。

四、编写技术要求

(1)对铸件、锻件或其他类型毛坯的要求。
(2)对材料的化学成分和机械性能的要求及允许代用的材料。
(3)对零件表面机械性能的要求,如热处理方法、热处理后的硬度、渗碳深度及淬火硬化层深度等。
(4)对未注明倒角、圆角半径的说明等。

7.4 箱体类零件图的设计

一、选择视图

箱体类零件(箱盖和箱座)的结构比较复杂,一般需要三个视图来表达。为了把它的内部和外部结构表达清楚,还需增加一些局部视图、局部剖视图和局部放大图等。

二、标注尺寸

(1)箱体的形状尺寸即箱体各部位形状的尺寸,如壁厚,箱体的长、宽、高,孔径及孔深,圆角半径,槽的深度,螺纹尺寸,加强肋的厚度和高度等。这类尺寸应直接按照机械制图中规定的标注方法标注完整。

(2)箱体上各部位之间的相对位置尺寸,如相邻两地脚螺栓之间的距离、上下箱体连接螺栓之间的距离等,都需要进行标注。

(3)箱体的定位尺寸是确定箱体各部位相对于基准的位置尺寸,如各部位曲线的中心、孔的中心线位置及其他有关部位的平面与基准的距离等。这类尺寸最易遗漏,应特别注意。标注这类尺寸时,基准选择要合理,最好采用加工基准面作为定位尺寸的基准面。

(4)各配合段的配合尺寸均应标注出偏差。
(5)所有圆角、倒角、拔模斜度等都必须标注或在技术要求中说明。
(6)在标注尺寸时注意不能出现封闭尺寸链。

三、标注公差和表面粗糙度

1. 标注尺寸公差

箱体类零件图中尺寸公差的标注方法如下：

(1) 轴承座孔的尺寸偏差按装配图中选定的配合标注。

(2) 圆柱齿轮传动和蜗杆传动的中心距极限偏差按相应的传动精度等级规定的数值标注。

(3) 锥齿轮传动轴心线夹角的极限偏差按锥齿轮传动公差规范的要求标注。

2. 标注几何公差

箱体类零件图中应注明的几何公差项目如下：

(1) 当采用普通精度等级的滚动轴承时，轴承座孔表面的圆柱度公差选用 7 级或 8 级。

(2) 当采用凸缘式轴承端盖时，为了保证轴承定位正确，轴承座孔端面对孔轴心线的垂直度公差选择 7 级或 8 级。

(3) 在圆柱齿轮传动的箱体类零件图中，要注明轴承座孔轴线间水平方向和垂直方向的平行度公差，以满足传动精度的要求。在蜗杆传动的箱体类零件图中，要注明轴承座孔轴线之间的垂直度公差（见有关传动精度等级规范的规定）。

3. 标注表面粗糙度

箱体加工表面的粗糙度 Ra 值见表 7-3。

表 7-3　　减速箱、轴承端盖及套杯的表面粗糙度 Ra 值

加工表面	表面粗糙度 Ra 值
箱体的分箱面	1.6 μm（刮研，在 1 cm² 表面上要求不少于 1 个斑点）
与普通精度等级滚动轴承配合的轴承座孔	0.8 μm（轴承外径 $D \leqslant 80$ mm） 1.6 μm（轴承外径 $D > 80$ mm）
轴承座孔凸缘端面	3.2 μm
箱体底平面	25 μm
窥视孔结合面	6.3 μm 或 12.5 μm
回油沟表面	25 μm
圆锥销孔	0.8 μm
螺栓孔、沉头座表面或凸台表面，箱体上泄油孔和油标孔的外端面	6.3 μm 或 12.5 μm
轴承端盖或套杯的加工面	1.6 μm 或 3.2 μm（配合表面） 6.3 μm（端面，非配合表面）

四、编写技术要求

箱体类零件的工作图上的技术要求一般包括以下内容：

(1) 对铸件清砂、修饰、表面防护(如涂漆)的要求说明及铸件的时效处理。

(2) 对铸件质量的要求(如不允许有缩孔、砂眼和渗漏等现象)。

(3) 未注明的倒角、圆角和铸造斜度的说明。

(4) 组装后分箱面处不允许有渗漏现象,必要时可涂密封胶等说明。

(5) 其他必要的说明,如轴承座孔轴线的平行度或垂直度在图中未注明,可在技术要求中说明。

7.5 检查重点

(1) 零件的结构和尺寸是否与装配图中的一致。

(2) 零件细化结构设计(倒角、圆角、键槽等)是否正确。

(3) 标注尺寸是否有遗漏、重复之处,是否便于加工,基准是否合理;极限偏差的标注是否正确。

(4) 表面粗糙度、几何公差的标注是否正确,是否有遗漏之处。

(5) 轴的中心孔类型及标记是否正确。

(6) 齿轮类零件的误差检验项目及各项数值是否正确。

第 8 章
编写设计计算说明书和答辩

8.1 编写设计计算说明书

一、设计计算说明书的主要内容

编写设计计算说明书是设计工作的一个重要环节,它既是图纸设计的理论依据,又是设计计算的总结,也是审核设计是否合理的技术文件之一。设计计算说明书的主要内容如下:

(1)目录(标题及页次)。
(2)设计任务书(附传动方案简图)。
(3)传动方案的分析及拟订。
(4)电动机的选择及传动装置运动和动力参数计算(计算电动机所需的功率,选择电动机,分配各级传动比,计算各轴的转速、功率和转矩)。
(5)传动零件的设计计算(齿轮传动、带传动、链传动)。
(6)轴的设计和校核。
(7)键连接的选择和校核。
(8)滚动轴承的选择和计算。
(9)联轴器的选择。
(10)箱体的设计(结构尺寸及结构工艺性)。
(11)润滑方式、润滑油牌号及密封装置的选择。
(12)参考资料(资料编号、书号、编者、出版单位、出版年)。

设计计算说明书还应包括一些其他技术说明,如装配、拆卸、安装时的注意事项以及采取的重要措施等。

二、编写设计计算说明书的要求

设计计算说明书要求内容完整、论述清楚、简明扼要、书写工整。编写时的具体要求如下:

(1)设计计算说明书的格式可参考后文的示例,也可按《机械设计基础》教材中例7-4、例11-1等例题的格式进行书写。
(2)计算部分的书写:首先列出用文字符号表达的计算公式,再把公式中各文字符号的数值代入,不做简化,不写中间运算过程,最后写出计算结果并标明单位。
(3)对引用的计算公式和数据都要注明来源,即写清参考资料的编号和页码。
(4)说明书应有必要的插图,如传动方案的简图、轴的结构简图、计算简图、受力图、弯矩图、转矩图等。轴的计算简图、受力图、弯矩图、转矩图必须要画在同一页纸上,而且位置要对正。
(5)只写出最后的计算结果,不写中间的修改过程。
(6)说明书的内容应以强度计算为主,以结构设计为辅。
(7)设计计算说明书一般用16开纸书写,要有封面、编写目录和页码,最后装订成册。

三、书写格式示例(表 8-1)

表 8-1　　　　　　　　　　　书写格式示例

计算及说明	结果
六、轴的设计和校核 …… 2.中间轴的计算 轴的跨度、齿轮在轴上的位置及轴的受力如图 $x(a)$ 所示 (a)轴系结构简图 (b)受力图 (c) xAy 平面 M (d) xAz 平面 M (e)合成弯矩 M (f) 转矩 T 图 x …… (3)轴的弯矩 xAy 平面: C 断面 $M_{Cz}=F_{Ay}\times 50=1\,490\times 50=74.5\times 10^3$ N·mm D 断面 $M_{Dz}=F_{By}\times 65=1\,740\times 65=113.1\times 10^3$ N·mm xAz 平面: C 断面 $M_{Cy}=F_{Az}\times 50=76\times 50=3.8\times 10^3$ N·mm D 断面 $M_{Dy}=F_{Bz}\times 65=460\times 65=29.9\times 10^3$ N·mm 合成弯矩: C 断面 $M_C=\sqrt{M_{Cz}^2+M_{Cy}^2}=\sqrt{(74.5\times 10^3)^2+(3.8\times 10^3)^2}=74.6\times 10^3$ N·mm D 断面 $M_D=\sqrt{M_{Dz}^2+M_{Dy}^2}=\sqrt{(113.1\times 10^3)^2+(29.9\times 10^3)^2}=117.0\times 10^3$ N·mm	轴的计算公式和有关数据皆引自参考资料[×]××～××页 $M_C=74.6\times 10^3$ N·mm $M_D=117.0\times 10^3$ N·mm

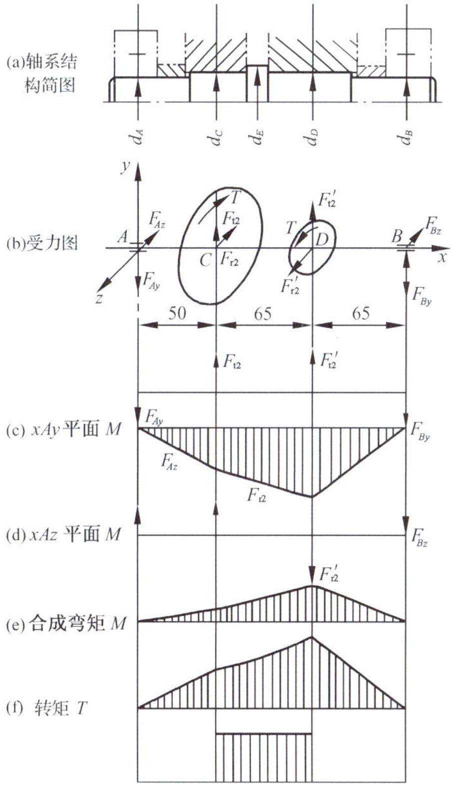

8.2 答辩

答辩是课程设计的最后一个环节，也是评定学生设计成绩的一个重要环节。

一、整理设计资料和答辩

答辩前应认真整理和检查所完成的设计内容，将设计计算说明书装订成册，图纸叠好，装入文件袋内。对设计过程进行认真、系统地总结，弄清设计中每个数据、公式及图纸上的结构设计等问题。总结设计中的优、缺点，明确今后设计中应注意的问题。最后写出答辩提纲，准备答辩。答辩时，学生先做简要的自述，然后回答教师指出的问题。

图纸的折叠方法如图 8-1 所示。文件袋封面及底部标签的书写格式如图 8-2、图 8-3 所示。

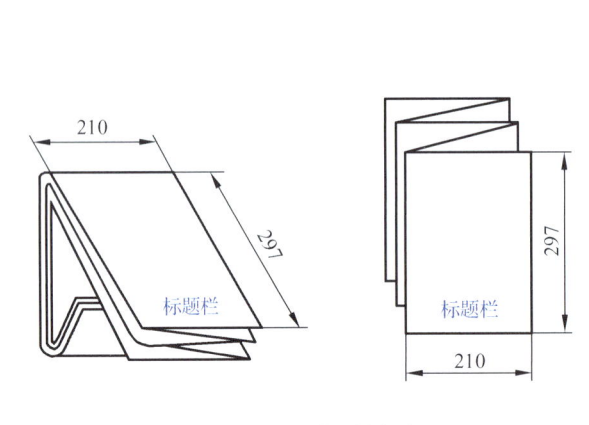

图 8-1 图纸的折叠方法

图 8-2 文件袋封面的书写格式

班级____ 学号____ 学生姓名____ 成绩____

图 8-3 文件袋底部标签的书写格式

二、答辩参考题

1. 电动机的额定功率与输出功率有何不同？传动件按哪种功率设计？为什么？

2. 同一轴上的功率 P、转矩 T、转速 n 之间有何关系？你所设计的减速器中，各轴上的功率 P、转矩 T、转速 n 是如何确定的？

3. 在装配图的技术要求中，为什么要对齿轮传动件提出接触斑点的要求？如何检验？

4. 装配图上应标注哪几类尺寸？举例说明。
5. 你所设计的减速器的总传动比是如何确定和分配的？
6. 减速器箱盖与箱座连接处的定位销的作用是什么？销孔的位置如何确定？销孔在何时加工？
7. 伸出轴与端盖间的密封件有哪几种？你在设计中选择了哪种密封件？选择的依据是什么？
8. 为了保证轴承的润滑与密封，你在减速器结构设计中采取了哪些措施？
9. 传动件的浸油深度如何确定？如何测量？
10. 轴承采用脂润滑时为什么要用挡油环？挡油环为什么要伸出箱体内壁？
11. 布置减速器箱盖与箱座的连接螺栓、定位销、油标及吊耳（吊钩）的位置时应考虑哪些问题？
12. 通气器的作用是什么？应安装在哪个部位？你选用的通气器有何特点？
13. 窥视孔有何作用？窥视孔的大小及位置应如何确定？
14. 说明油标的用途、种类以及安装位置的确定。
15. 在箱体上为什么要做出沉头座坑？沉头座坑如何加工？
16. 放油螺塞的作用是什么？放油孔应开在哪个部位？
17. 轴承端盖起什么作用？有哪些形式？各部分尺寸如何确定？
18. 如何确定箱体的中心高？如何确定剖分面凸缘和底座凸缘的宽度和厚度？
19. 轴承端盖与箱体之间所加垫圈的作用是什么？
20. 试述螺栓连接的防松方法。在你的设计中采用了哪种方法？
21. 箱盖与箱座安装时，为什么剖分面上不能加垫片？如发现漏油或渗油，应采取什么措施？
22. 箱体的轴承孔为什么要设计成一样大小？
23. 为什么箱体底面不能设计成平面？
24. 结合你的设计，说明如何考虑向心推力轴承的轴向力 F_a 的方向？
25. 试分析轴承正、反装形式的特点及适用范围。
26. 你所设计的减速器中的各轴分别属于哪类轴（按承载情况分）？轴断面上的弯曲应力和扭转切应力各属于哪种应力？
27. 试述低速轴上零件的装拆顺序。
28. 说明你所选择的轴承类型、型号及选择依据。
29. 以减速器的输出轴为例，说明轴上零件的定位与固定方法。
30. 轴承在轴上如何安装和拆卸？在设计轴的结构时如何考虑轴承的装拆？
31. 轴上键槽的位置与长度如何确定？你所设计的键槽是如何加工的？
32. 角接触轴承为什么要成对使用？
33. 试述获得软齿面齿轮的热处理方法及软齿面闭式齿轮传动的设计准则。
34. 试分析齿轮啮合时的受力方向。
35. 试述你所设计的齿轮传动的主要失效形式及设计准则。
36. 你所设计的齿轮减速器的模数 m 和齿数 z 是如何确定的？为什么低速级齿轮的

模数大于高速级?

37. 为什么通常大、小齿轮的宽度不同且 $b_1 > b_2$?

38. 什么情况下采用直齿轮? 什么情况下采用斜齿轮?

39. 大、小齿轮的硬度为何有差别? 哪个齿轮的硬度高?

40. 套杯和端盖间的垫片起什么作用? 端盖和箱体间的垫片起什么作用?

41. 在二级圆柱齿轮减速器中,如果其中一级采用斜齿轮,那么它应该放在高速级还是低速级? 为什么? 如果两级均采用斜齿轮,那么中间轴上两齿轮的轮齿旋向应如何确定? 为什么?

42. 如何保证小锥齿轮轴的支承刚度?

43. 你所设计的蜗杆、蜗轮,其材料是如何选择的?

44. 在蜗杆传动中为什么要引入蜗杆直径系数?

45. 蜗轮轴上滚动轴承的润滑方式有哪几种? 你所设计的减速器上采用哪种润滑方式? 蜗杆轴的滚动轴承是如何润滑的? 蜗杆轴上为什么要装挡油板?

46. 在蜗杆传动中,蜗轮的转向如何确定? 啮合时的受力方向如何确定?

47. 在蜗杆传动中,如何调整蜗轮与蜗杆中心平面的重合?

48. 为什么蜗杆传动比齿轮传动效率低? 蜗杆传动的效率包括哪几部分?

49. 蜗杆传动的散热面积不够时,可采用哪些措施解决散热问题?

50. 根据你的设计,谈谈为什么要采用蜗杆上置(或下置)的结构形式?

8.3 检查重点

(1) 设计计算说明书的格式(计算格式、计算简图、计算结果、数据出处等)。

(2) 计算内容是否齐全,计算步骤是否清晰。

(3) 书写、图示是否正确、清晰。

第 9 章
课程设计示例

本章各节中的示例均选自带式输送机的传动装置设计,主要介绍其中的单级圆柱齿轮减速器设计,供参考使用。为切实起到抛砖引玉的作用,避免抄袭,本章各节中所选的示例不是取自任务书的同一题号。同时为节省篇幅,有些内容不是完整的,只是纲要性的,这需要在设计中加以完善,最终达到设计训练的目的。

9.1 课程设计计算说明书

机械设计基础课程设计
计算说明书

设计题目:＿＿＿＿＿＿＿＿＿＿＿＿＿＿＿＿＿＿

专业班级:＿＿＿＿＿＿＿＿＿＿＿＿＿＿＿＿
学生姓名:＿＿＿＿＿＿＿＿＿＿ 学号:＿＿＿＿＿＿＿＿
指导教师:＿＿＿＿＿＿＿＿＿＿＿＿＿＿＿＿
完成日期:＿＿＿＿＿＿＿年＿＿＿＿＿＿月＿＿＿＿＿＿日

(学校名称)
＿＿＿＿＿＿＿＿＿＿＿＿＿＿＿＿

×××××× 学院
机械设计基础课程设计任务书

专业班级：_____ 姓名：_____ 设计题号：_____

一、设计题目

带式输送机的传动装置（主要设计一级圆柱齿轮减速器）

二、传动简图

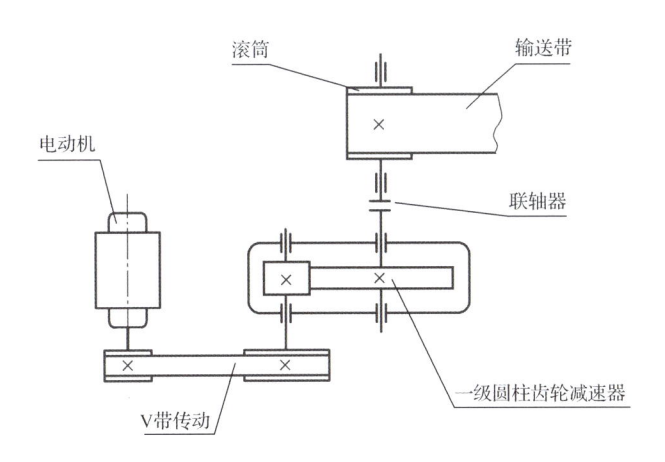

三、原始数据

题号	1	2	3	4	5	6	7	8
F/N	3 000	2 900	2 600	2 500	2 000	3 000	2 500	1 300
$v/(m \cdot s^{-1})$	1.5	1.4	1.6	1.5	1.6	1.5	1.6	1.5
D/mm	400	400	450	450	300	320	300	250

注：F 为输送带的工作拉力，v 为输送带的速度，D 为滚筒直径。

四、工作条件

两班制连续单向运转,载荷轻微变化,空载启动,使用期限10年;小批量生产;输送带的速度允许误差为±5%。

五、设计工作量

1. 编写设计计算说明书1份。
2. 绘制减速器装配图1张。
3. 绘制减速器低速轴及齿轮零件图各1张。

开始日期:_____年____月____日

完成日期:_____年____月____日

指导教师:_____

教研室主任:_____

目　录

一、传动方案分析 …………………………………………………… [页码]

二、电动机的选择 …………………………………………………… [　　]

三、总传动比的计算及各级传动比的分配 …………………………… [　　]

四、运动和动力参数的计算 …………………………………………… [　　]

五、传动零件的设计计算 ……………………………………………… [　　]

六、轴的设计计算 …………………………………………………… [　　]

七、滚动轴承的寿命计算 ……………………………………………… [　　]

八、键连接的选择及校核 ……………………………………………… [　　]

九、联轴器的选择 …………………………………………………… [　　]

十、减速器箱座与箱盖的设计（简述）………………………………… [　　]

十一、减速器附件的设计（简述）……………………………………… [　　]

十二、润滑与密封的选择 ……………………………………………… [　　]

十三、参考资料 ……………………………………………………… [　　]

一、传动方案分析

根据任务书的要求,设计题目为带式输送机的传动装置,主要设计一级圆柱齿轮减速器。

本设计方案中原动机为电动机,工作机为带式输送机。传动方案采用了两级降速传动,第一级为带传动,第二级为一级圆柱齿轮减速器。

带传动的承载能力较低,在传递相同转矩时,其结构尺寸比其他传动装置大,但它有过载保护的优点,还可缓和冲击和振动。第一级采用带传动可以降低传递的转矩,减小带传动的结构尺寸,故带传动布置在传动的高速级是合理的。低速级使用的齿轮减速器具有传动效率高、寿命长、结构简单、成本低、使用维护方便等优点。

二、电动机的选择

电动机类型的选择:YE4 系列三相异步电动机。

注:以下所用的效率、电动机功率计算公式和有关数据皆引自参考资料[×]××~××页。

1. 计算传动装置的总效率

$$\eta_{总} = \eta_{带} \times \eta_{轴承}^3 \times \eta_{齿轮} \times \eta_{联轴器} \times \eta_{滚筒}$$

查参考资料[×]表×-×可知各部分效率为:$\eta_{带}=0.96$,$\eta_{轴承}=0.99$,$\eta_{齿轮}=0.97$,$\eta_{联轴器}=0.99$,$\eta_{滚筒}=0.96$。

则有:

$$\begin{aligned}\eta_{总} &= \eta_{带} \times \eta_{轴承}^3 \times \eta_{齿轮} \times \eta_{联轴器} \times \eta_{滚筒} \\ &= 0.96 \times 0.99^3 \times 0.97 \times 0.99 \times 0.96 \\ &= 0.859\end{aligned}$$

2. 计算所需电动机的输出功率

$$P_d = \frac{Fv}{1\,000\,\eta_{总}} = \frac{1\,300 \times 1.5}{1\,000 \times 0.859} = 2.270 \text{ kW}$$

3. 确定电动机转速

滚筒工作转速为

$$n_{滚筒} = \frac{60 \times 1\,000 \times v}{\pi D}$$

…………

根据传动比的合理范围,取一级圆柱齿轮减速器的传动比 $i_{齿轮}=3\sim5$,取 V 带传动比 $i_{带}=2\sim4$,则总传动比 $i=6\sim20$。

根据功率和转速,由参考资料[×]表×-×可查出三种适用的电动机型号,综合考虑电动机和传动装置的尺寸、质量、价格以及带传动、减速器的传动比,选择同步转速 $n=1\,000$ r/min 的电动机。

4. 确定电动机型号

根据以上选用的电动机类型、所需的额定功率及同步转速,选定电动机型号为 YE4-132S-6。其主要性能为:额定功率 3 kW,满载转速 970 r/min。

三、总传动比的计算及各级传动比的分配

1. 计算总传动比

$$i_\text{总} = n_\text{电动机} / n_\text{滚筒} = \cdots$$

2. 分配各级传动比

根据 $i_\text{带} < i_\text{减速器}$,取 $i_\text{减速器} = \cdots$(对于一级减速器,$i_\text{减速器} = 3\sim 5$ 较合理),由 $i_\text{总} = i_\text{带} \times i_\text{减速器}$,得

$$i_\text{带} = i_\text{总} / i_\text{减速器} = \cdots$$

四、运动和动力参数的计算

1. 计算各轴的转速

电动机轴(V 带高速轴):$n_\text{电动机} = 970$ r/min

Ⅰ轴(减速器高速轴、V 带低速轴):$n_\text{Ⅰ} = n_\text{电动机}/i_\text{带} = \cdots$ r/min

Ⅱ轴(减速器低速轴):$n_\text{Ⅱ} = n_\text{Ⅰ}/i_\text{减速器} = \cdots$ r/min

W 轴(滚筒轴):$n_\text{W} = n_\text{Ⅱ} = \cdots$ r/min

2. 计算各轴的输入功率

Ⅰ轴:$P_\text{Ⅰ} = \cdots$ kW

Ⅱ轴:$P_\text{Ⅱ} = \cdots$ kW

W 轴:$P_\text{W} = \cdots$ kW

3. 计算各轴的转矩

Ⅰ轴:$T_\text{Ⅰ} = \cdots$ N·m

Ⅱ轴:$T_\text{Ⅱ} = \cdots$ N·m

W 轴:$T_\text{W} = \cdots$ N·m

列出如下各轴的运动和动力参数表供以后选用。

各轴的运动和动力参数

轴名	功率 P/kW	转矩 T/(N·m)	转速 n/(r·min^{-1})	传动比 i
电动机轴				
Ⅰ轴				
Ⅱ轴				
滚筒轴				

五、传动零件的设计计算

(注:以下略去数据选择、公式、计算及结果,仅列出标题)

1. 普通 V 带传动的设计计算

(1)确定计算功率

(2)选择普通 V 带型号

(3)确定小带轮基准直径

(4)确定大带轮基准直径

(5)验算 V 带速度

(6)确定中心距

(7)确定 V 带的基准长度

(8)验算小带轮包角

(9)确定 V 带根数 z

(10)计算作用在带轮轴上的压力 F_0

(11)计算两带轮的宽度 B

2. 齿轮传动的设计计算

(注:根据传递的功率 P、传动比 i、转速 n 及任务书给定的条件进行计算)

(1)选择齿轮的材料、精度等级、热处理方法、齿面硬度及表面粗糙度

(2)按齿面接触疲劳强度设计

①确定转矩 T_1

②确定载荷系数 K 及弹性系数 Z_E

③确定齿数 z_1、z_2

④确定齿宽系数 ψ_d

⑤确定许用接触应力

⑥初步计算小齿轮的分度圆直径

⑦确定模数 m

⑧计算几何尺寸 d_1、d_2、b_1、b_2、a

(3)校核齿根弯曲疲劳强度

①确定齿形系数

②确定应力修正系数

③确定弯曲疲劳强度极限

④确定弯曲疲劳安全系数

⑤确定弯曲疲劳寿命系数

⑥计算弯曲疲劳许用应力

⑦计算齿根弯曲疲劳强度

⑧验算齿轮的圆周速度

(4)齿轮的几何尺寸计算

①分度圆直径

②齿顶圆直径

③齿根圆直径

④基圆直径

⑤齿顶高、齿根高、齿全高

⑥齿厚、齿槽宽、齿距

⑦中心距

⑧齿顶圆的压力角

⑨公法线长度

⑩跨齿数

3. 输送带速度允许误差的计算

六、轴的设计计算

1. 计算各轴的转速、功率、转矩

2. 选择轴的材料和热处理方法

3. 按扭转强度估算轴的直径

4. 轴的结构初步设计（简述）

(1)低速轴的结构设计

①装齿轮处的直径和长度

②装两轴承和两轴承端盖处的直径和长度（初定轴承的型号，试选轴承端盖）

③装V带轮处的长度、外伸段的直径与长度

④齿轮与箱体的距离

⑤轴承座孔的长度

⑥轴的总长度

(2)高速轴的结构设计（步骤与低速轴类似）

5. 低速轴的强度校核计算

(1)求出齿轮的受力 F_t、F_r、F_a

(2)作出低速轴的空间受力简图

(3)作出水平面的受力图，求解水平面的支反力

(4)求出水平面的弯矩，绘制水平面的弯矩图

(5)作出竖直面的受力图，求解竖直面的支反力

(6)求出竖直面的弯矩,绘制竖直面的弯矩图

(7)作出合成弯矩图

(8)作出转矩图

(9)作出当量弯矩图

(10)核算危险截面强度(选定两个危险截面,按弯扭合成的受力状态对轴进行强度校核)

七、滚动轴承的寿命计算

1. 轴承型号

2. 查表确定轴承的基本额定动载荷 C

3. 求出轴承所受的径向力及轴向力

4. 计算当量动载荷 P

5. 核算轴承的寿命 L_h

八、键连接的选择及校核

1. 选择键的类型

2. 确定键的尺寸 $b \times h \times L$

3. 校核键连接的强度

九、联轴器的选择

1. 选择联轴器的类型

2. 计算转矩

3. 查表选择联轴器

十、减速器箱座与箱盖的设计(简述)

1. 选择箱座及箱盖材料

2. 确定箱座及箱盖壁厚

3. 确定箱座及箱盖凸缘厚度

4. 确定箱座及箱盖加强肋厚度

5. 确定地脚螺栓直径

6. 确定轴承旁连接螺栓直径

7. 确定箱座及箱盖连接螺栓直径

8. 确定轴承盖螺钉直径

9. 确定视孔盖螺钉直径

十一、减速器附件的设计(简述)

为了保证减速器正常工作,除了对齿轮、轴、轴承组合和箱盖、箱体的结构设计给予足够的重视外,还应考虑到减速器润滑油池的注油、排油以及检查油面高度、加工和拆装检修时箱盖与箱座的精确定位、吊装等所需辅助零部件的合理选择和设计。

名称	规格或参数
窥视孔及视孔盖	
通气器	
轴承端盖	
定位销	
油面指示器	
油塞	
起盖螺钉	
起吊装置	

十二、润滑与密封的选择

1. 润滑

(1)选择齿轮的润滑方式

(2)选择滚动轴承的润滑方式

(3)选择润滑油及计算油量

2. 密封

十三、参考资料

略。

9.2 减速器装配图

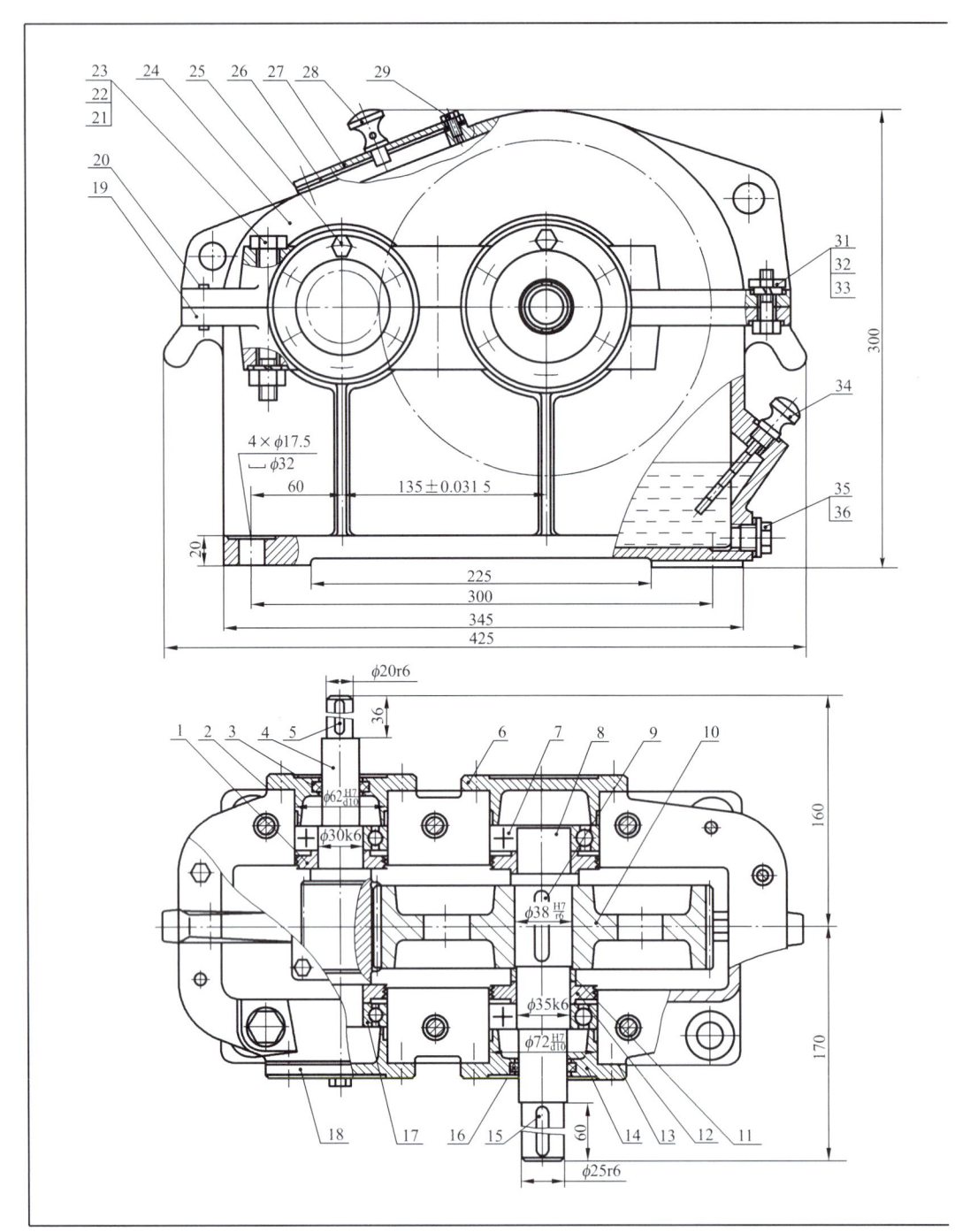

图 9-1

第9章 课程设计示例

拆去视孔盖组件

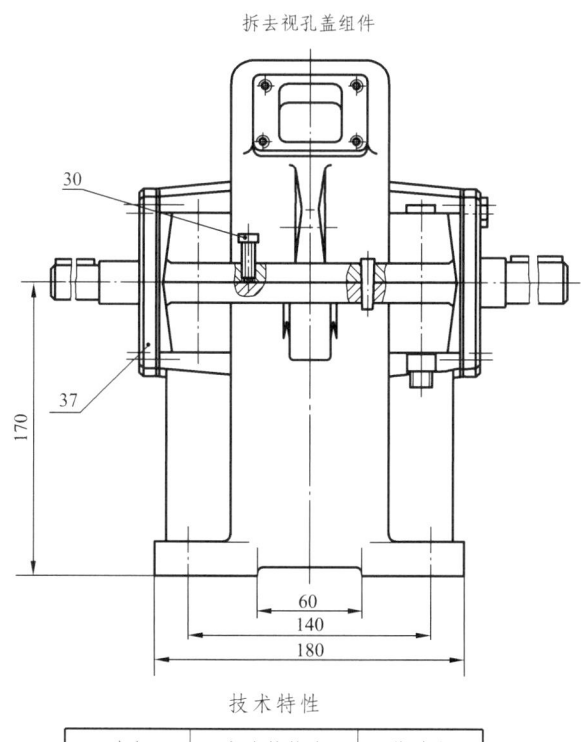

技术特性

功率	高速轴转速	传动比
3.9 kW	572 r/min	4.63

技术要求

1. 装配前,应将所有零件清洗干净,机体内壁涂防锈油漆。
2. 装配后,应检查齿轮齿侧间隙 $j_{bnmin}=0.25$ mm。
3. 检验齿面接触斑点,按齿高方向,较宽的接触区 h_{c1} 不少于50%,较窄的接触区 h_{c2} 不少于30%;按齿长方向,较宽、较窄的接触区 b_{c1}、b_{c2} 均不少于50%。必要时可通过研磨或刮后研磨改善接触情况。
4. 固定调整轴承时,应留轴向间隙 0.2~0.3 mm。
5. 减速器的机体、密封处及剖分面不得漏油。剖分面可以涂密封漆或水玻璃,但不得使用垫片。
6. 机座内装 L-AN68 润滑油至规定高度,轴承用 ZN-3 钠基脂润滑。
7. 机体表面涂灰色油漆。

37	轴承端盖	1	HT200	
36	螺塞 M18×1.5	1	Q235	JB/ZQ 4450—2006
35	垫圈	1	石棉橡胶板	
34	油标尺 M12	1	Q235	
33	垫圈 10	2	65Mn	GB/T 93—1987
32	螺母 M10	2		GB/T 6170—2015(8级)
31	螺栓 M10×35	2		GB/T 5782—2016(8.8级)
30	螺栓 M10×35	2		GB/T 5782—2016(8.8级)
29	螺栓 M5×16	4		GB/T 5782—2016(8.8级)
28	通气器	1	Q235	
27	视孔盖	1	Q235	
26	垫片	1	石棉橡胶纸	
25	螺栓 M8×25	24		GB/T 5782—2016(8.8级)
24	机盖	1	HT200	
23	螺栓 M12×100	6		GB/T 5782—2016(8.8级)
22	螺母 M12	6		GB/T 6170—2015(8级)
21	垫圈 12	6	65Mn	GB/T 93—1987
20	销 6×30	2	35	GB/T 117—2000
19	机座	1	HT200	
18	轴承端盖	1	HT200	
17	轴承 6206	2		GB/T 276—2013
16	油封毡圈 30	1	半粗羊毛毡	FZ/T 92010—1991
15	键 8×56	1	45	GB/T 1096—2003
14	轴承端盖	1	HT200	
13	调整垫片	2	08F	成组
12	挡油环	2	Q235	
11	套筒	1	Q235	
10	大齿轮	1	45	$m=2$ mm,$z=111$
9	键 10×45	1	45	GB/T 1096—2003
8	轴	1	45	
7	轴承 6207	2		GB/T 276—2013
6	轴承端盖	1	HT200	
5	键 6×28	1	45	GB/T 1096—2003
4	齿轮轴	1	45	$m=2$ mm,$z=24$
3	油封毡圈 25	1	半粗羊毛毡	FZ/T 92010—1991
2	调整垫片	2	08F	成组
1	挡油环	2	Q235	
序号	名称	数量	材料	备注

(标题栏)

减速器装配图

9.3 减速器零件图

法向模数/mm	m_n	2	精度等级	8(GB/T 10095.1~2—2008)	
齿数	z	111	齿距累积总公差/mm	F_p	0.069
齿形角	α	20°	径向跳动公差/mm	F_r	0.055
齿顶高系数	h_a^*	1	齿廓总公差/mm	F_α	0.020
螺旋角	β	0°	齿向公差/mm	F_β	0.029
变位系数	x	0	公法线平均长度及其上、下极限偏差/mm	$76.912_{-0.177}^{-0.071}$	
配对齿轮 图号					
配对齿轮 齿数	24		跨齿数	k	13

技术要求

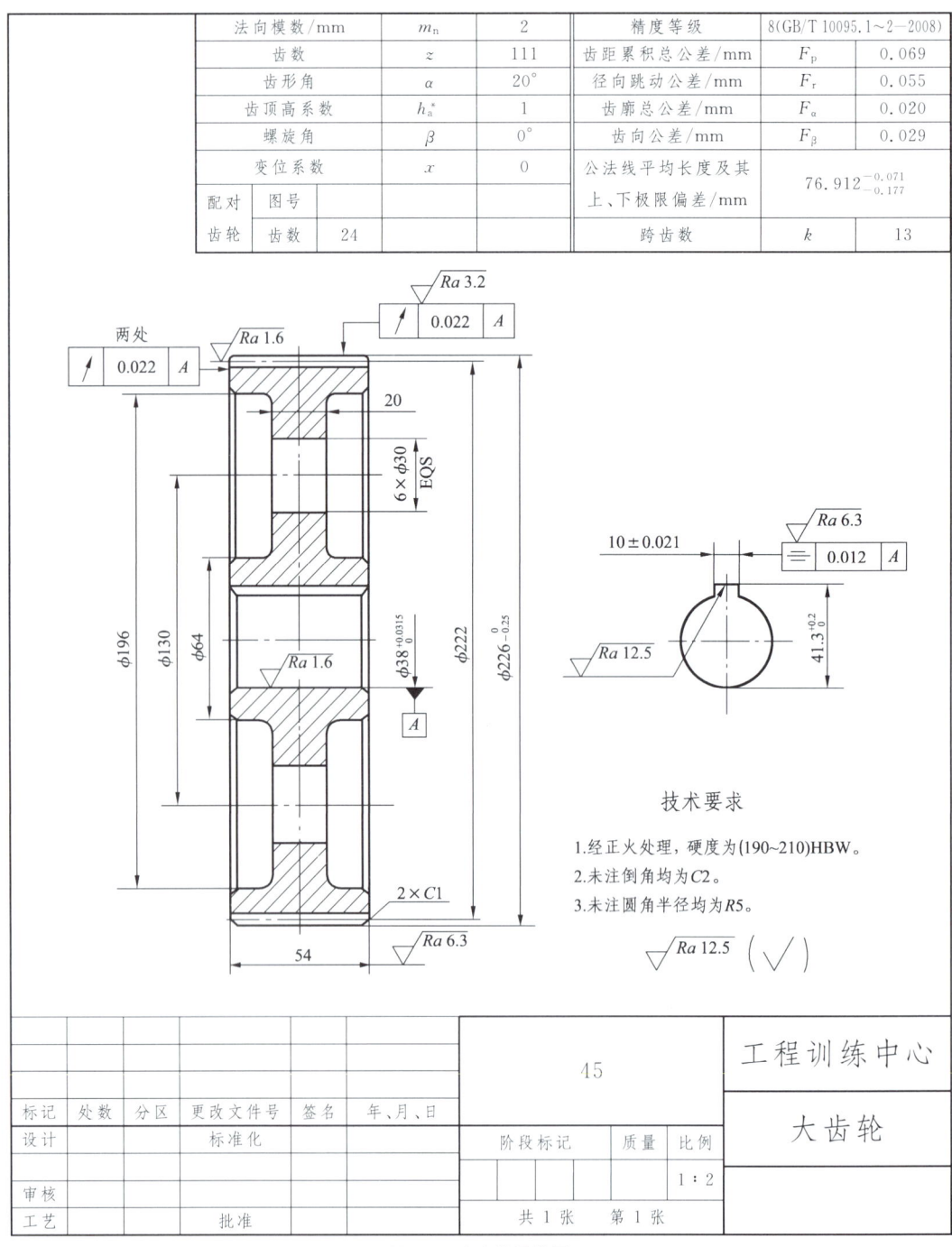

1.经正火处理，硬度为(190~210)HBW。
2.未注倒角均为$C2$。
3.未注圆角半径均为$R5$。

Ra 12.5 (√)

标记	处数	分区	更改文件号	签名	年、月、日	45	工程训练中心
设计		标准化				阶段标记 / 质量 / 比例	大齿轮
						1 : 2	
审核							
工艺		批准				共 1 张 第 1 张	

图 9-2 大齿轮零件图

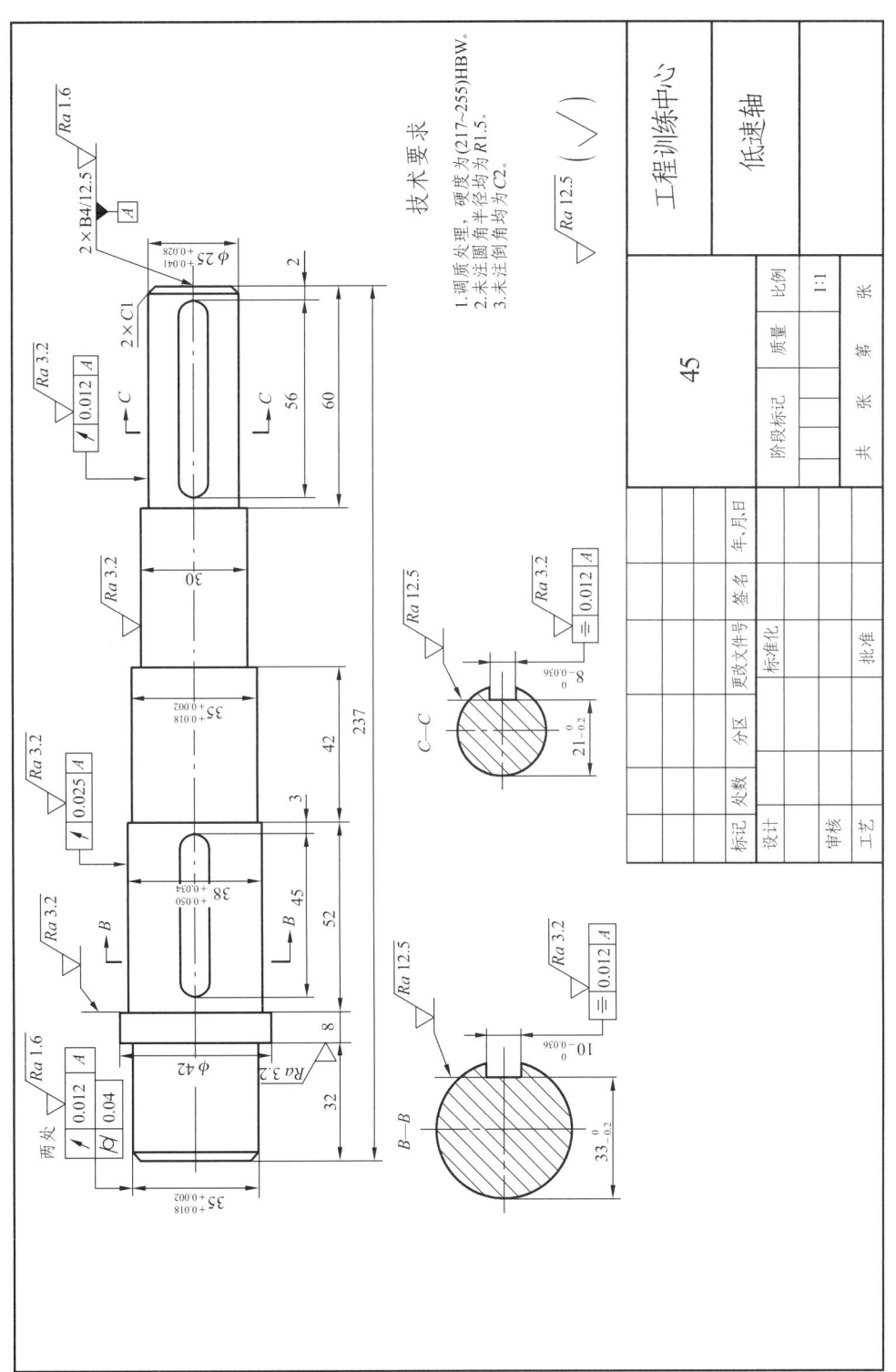

图9-3 低速轴零件图

第10章

课程设计任务书与成绩评定

10.1 课程设计任务书

课程设计的题目应满足机械设计基础课程的教学目的与要求,使学生得到较为全面的综合训练。同时,课程设计的题目应具有实用的背景,其难度和工作量应与学生的知识和能力状况相适应,使学生在规定的时间内既工作量饱和,又要经过努力才能完成设计任务。常用的设计题目见如下设计任务书。

1. 设计带式输送机传动装置(1)

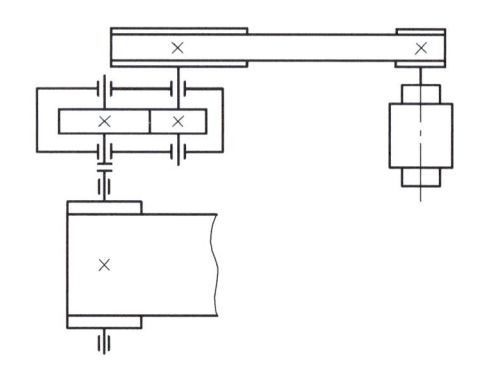

原始数据见表 10-1。

表 10-1　　　　　　　　　　　　　原始数据(1)

题号	1	2	3	4	5	6	7	8	9	10
F/kN	2.3	2.0	2.2	2.4	2.5	2.4	2.6	2.5	2.3	2.2
$v/(\text{m}\cdot\text{s}^{-1})$	1.4	1.6	1.5	1.3	1.2	1.85	1.7	1.75	1.95	2.0
D/mm	350	400	350	300	300	450	400	400	450	450
题号	11	12	13	14	15	16	17	18	19	20
F/kN	2.5	2.8	2.7	2.4	2.6	7	8.2	6.5	8.5	7.5
$v/(\text{m}\cdot\text{s}^{-1})$	1.8	1.6	1.6	1.8	1.7	0.8	0.7	0.9	0.65	0.75
D/mm	450	400	400	450	400	350	400	350	300	400
题号	21	22	23	24	25	26	27	28	29	30
F/kN	1.1	1.15	1.2	1.25	1.3	1.35	1.45	1.5	1.5	1.6
$v/(\text{m}\cdot\text{s}^{-1})$	1.5	1.6	1.7	1.5	1.55	1.6	1.55	1.65	1.7	1.8
D/mm	250	260	270	240	250	260	250	260	280	300
题号	31	32	33	34	35	36	37	38	39	40
F/kN	5	5	5	5	6	6	7	7	7	8
$v/(\text{m}\cdot\text{s}^{-1})$	1.1	1.2	1.3	1.1	1.2	1.3	1.1	1.2	1.3	1.3
D/mm	180	180	180	200	200	200	220	220	220	250

注:F 为输送带工作拉力,v 为输送带工作速度,D 为滚筒直径。

已知条件：

(1)工作情况：两班制，连续单向运转，载荷较平稳，允许输送带工作速度误差为±0.5%。

(2)使用折旧期：5年。

(3)动力来源：电力，三相交流，电压380 V/220 V。

(4)滚筒效率：0.96(包括滚筒与轴承的效率损失)。

设计工作量：

(1)减速器装配图1张。

(2)零件图1~3张。

(3)设计计算说明书1份。

2. 设计带式输送机传动装置(2)

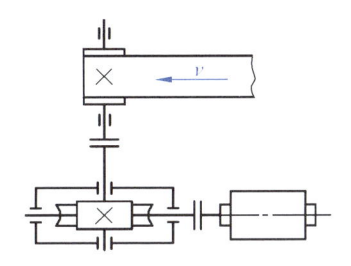

原始数据见表10-2。

表 10-2　　　　　原始数据(2)

已知条件	题号				
	1	2	3	4	5
输送带工作拉力 F/kN	2.0	2.2	2.5	3.0	3.2
输送带工作速度 v/(m·s^{-1})	0.8	0.9	1.0	1.1	1.2
滚筒直径 D/mm	350	320	300	275	275

已知条件：

(1)工作情况：两班制，连续单向运转，载荷较平稳，允许输送带工作速度误差为±0.5%。

(2)使用折旧期：8年。

(3)动力来源：电力，三相交流，电压380 V/220 V。

(4)滚筒效率：0.96(包括滚筒与轴承的效率损失)。

设计工作量：

(1)减速器装配图1张。

(2)零件图1~3张。

(3)设计计算说明书1份。

3. 设计带式输送机传动装置(3)

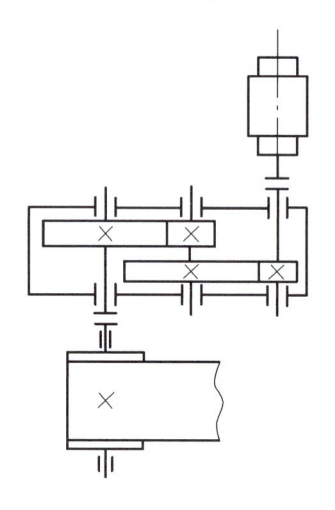

原始数据见表 10-3。

表 10-3　　　　　　　　原始数据(3)

已知条件	题号				
	1	2	3	4	5
输送带工作拉力 F/kN	7.0	6.5	6.0	5.5	5.2
输送带工作速度 v/(m·s^{-1})	1.1	1.2	1.3	1.4	1.5
滚筒直径 D/mm	400	400	450	450	500

已知条件：

(1)工作情况：两班制，连续单向运转，载荷较平稳，允许输送带工作速度误差为±0.5%。

(2)使用折旧期：8 年。

(3)动力来源：电力，三相交流，电压 380 V/220 V。

(4)滚筒效率：0.96(包括滚筒与轴承的效率损失)。

设计工作量：

(1)减速器装配图 1 张。

(2)零件图 1~3 张。

(3)设计计算说明书 1 份。

4. 设计螺旋输送机传动装置

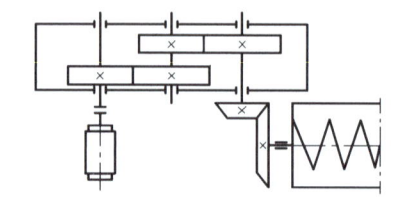

原始数据见表10-4。

表 10-4　　　　原始数据(4)

已知条件	题号			
	1	2	3	4
螺旋筒轴的功率 P/kW	1.50	1.70	2.00	3.20
螺旋筒轴的转速 n/(r·min^{-1})	25.0	28.0	35.0	36.0

已知条件：

(1)工作情况：三班制，连续单向运转，载荷较平稳，允许螺旋筒轴的转速误差为±0.5%，单件生产。

(2)使用折旧期：10年。

(3)动力来源：电力，三相交流，电压380 V/220 V。

设计工作量：

(1)减速器装配图1张。

(2)零件图1~3张。

(3)设计计算说明书1份。

10.2　课程设计训练日志及总结

1. 课程设计训练日志

训练日志主要记载以下几方面内容：

(1)在课程设计的每个阶段做了哪些具体工作(如带传动设计等)。

(2)遇到了哪些困难和问题，是如何解决的(如轴承的选择等)。

(3)有哪些收获和心得。

134　机械设计基础实训指导

（课程设计训练日志记载页）

第　　天	年　　月　　日	星期

第　　天	年　　月　　日	星期

第　　天	年　　月　　日	星期

第10章　课程设计任务书与成绩评定

（课程设计训练日志记载页）

第　　天　　　　年　　月　　日　　　星期

第　　天　　　　年　　月　　日　　　星期

第　　天　　　　年　　月　　日　　　星期

2. 课程设计总结

课程设计总结应从方案分析、强度计算、结构设计和加工工艺等各方面分析所做设计（图纸、说明书）的优、缺点，以及设计中遇到的问题、解决方法和需要进一步改进的地方。通过总结，提高分析和解决工程实际设计问题的能力。

（课程设计总结记载页）

10.3 课程设计成绩评定

1. 课程设计成绩评定因素

课程设计成绩评定应综合考虑如下因素：
(1)设计图纸和设计计算说明书的质量。
(2)答辩的成绩。
(3)独立工作能力和工作态度。
(4)设计过程中的纪律表现。

课程设计成绩分为优秀、良好、中等、及格、不及格五个等级。

2. 课程设计成绩评定标准

各等级的评定标准如下：

(1)优秀

①学习态度认真，具有一定的独立工作能力；能按照进度要求独立完成设计任务。

②设计图纸规范，结构正确；设计计算说明书内容完整，书写规范、工整，有个别一般性错误。

③答辩时不经提示能正确回答问题，有个别非原则性问题经提示能正确回答。

④遵守纪律，无迟到、早退及旷课现象。

(2)良好

①学习态度认真，尚有一定独立工作能力，基本能按照进度要求完成设计任务。

②结构正确；设计图纸及设计计算说明书内容完整，但不够规范、工整；有少量一般性错误，但无大错。

③答辩时能正确回答问题，虽有多个错误，但经提示对原则性问题皆能回答，仍有个别一般性错误。

④遵守纪律，不迟到、早退，无旷课现象。

(3)中等

①学习态度比较认真，能完成所规定的设计任务；独立工作能力不强，对教师(或同学)有一定程度的依赖。

②结构基本正确，设计图纸质量一般；设计计算说明书内容基本完整，有个别原则性错误和若干一般性错误。

③答辩时基本能回答问题，有个别原则性错误和多个一般性错误。

④学习纪律较好，无旷课现象。

(4)及格

①学习态度不够认真，或虽认真但因基础差等原因而仅能基本完成设计任务。

②图纸质量差，结构错误较多；设计计算说明书内容不完整，有原则性错误和多个一般性错误。

③答辩时不能很好地回答问题,有少数原则性错误和多个一般性错误。
④多次迟到、早退,甚至有旷课现象。

(5)不及格

①学习态度不认真,或因基础太差等其他原因而未能完成规定的设计任务。
②结构错误较多;设计计算说明书内容不全,有多个原则性错误。
③答辩时不能回答问题,错误多,还有多个原则性错误,经提示还不能正确回答。
④学习纪律差,迟到、旷课现象严重。

需要特别指出,若存在如下现象之一者,则按不及格处理:

①无故不参加课程设计或缺勤累计三天以上。
②迟到、早退累计达考勤数一半以上。
③抄袭他人设计。
④无正当理由拒不参加答辩。

对成绩不及格的学生需按重修处理。

评定后的成绩记入学生成绩档案。

第11章

机械设计常用标准、规范及其他设计资料

11.1 机械制图常用标准、规范

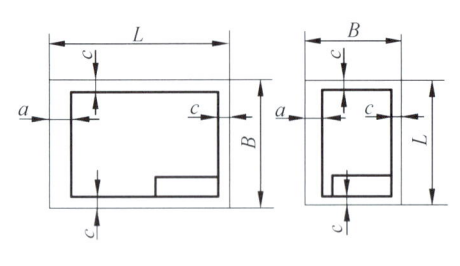

表 11-1　　图纸幅面、图样比例

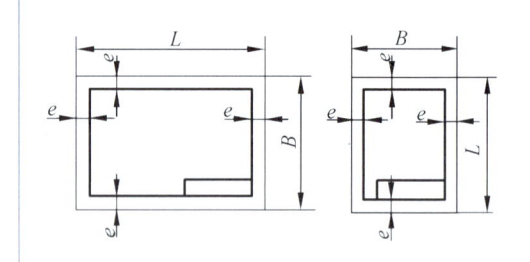

留装订边

不留装订边

图纸幅面(摘自 GB/T 14689—2008)

<table>
<tr><th colspan="5">基本幅面(第一选择)</th><th colspan="2">加长幅面(第二选择)</th></tr>
<tr><th>幅面代号</th><th>$B\times L$/(mm×mm)</th><th>a</th><th>c</th><th>e</th><th>幅面代号</th><th>$B\times L$/(mm×mm)</th></tr>
<tr><td>A0</td><td>841×1 189</td><td rowspan="5">25</td><td rowspan="3">10</td><td rowspan="2">20</td><td>A3×3</td><td>420×891</td></tr>
<tr><td>A1</td><td>594×841</td><td>A3×4</td><td>420×1 189</td></tr>
<tr><td>A2</td><td>420×594</td><td rowspan="3">10</td><td>A4×3</td><td>297×630</td></tr>
<tr><td>A3</td><td>297×420</td><td rowspan="2">5</td><td>A4×4</td><td>297×841</td></tr>
<tr><td>A4</td><td>210×297</td><td>A4×5</td><td>297×1 051</td></tr>
</table>

图样比例(摘自 GB/T 14690—1993)

<table>
<tr><th>原值比例</th><th>缩小比例</th><th>放大比例</th></tr>
<tr><td>1∶1</td><td>1∶2　1∶2×10^n
1∶5　1∶5×10^n
1∶1×10^n</td><td>5∶1　5×10^n∶1
2∶1　2×10^n∶1
1×10^n∶1</td></tr>
<tr><td></td><td>必要时允许选取
1∶1.5　1∶1.5×10^n
1∶2.5　1∶2.5×10^n
1∶3　1∶3×10^n
1∶4　1∶4×10^n
1∶6　1∶6×10^n</td><td>必要时允许选取
4∶1　4×10^n∶1
2.5∶1　2.5×10^n∶1</td></tr>
</table>

注：1. 加长幅面的图框尺寸按比所选用的基本幅面大一号的图框尺寸确定。例如对 A3×4，按 A2 的图框尺寸确定，即 e 为 10 mm(或 c 为 10 mm)。

2. 加长幅面(第三选择)的尺寸见 GB/T 14689—2008。

3. n 为正整数。

第11章　机械设计常用标准、规范及其他设计资料

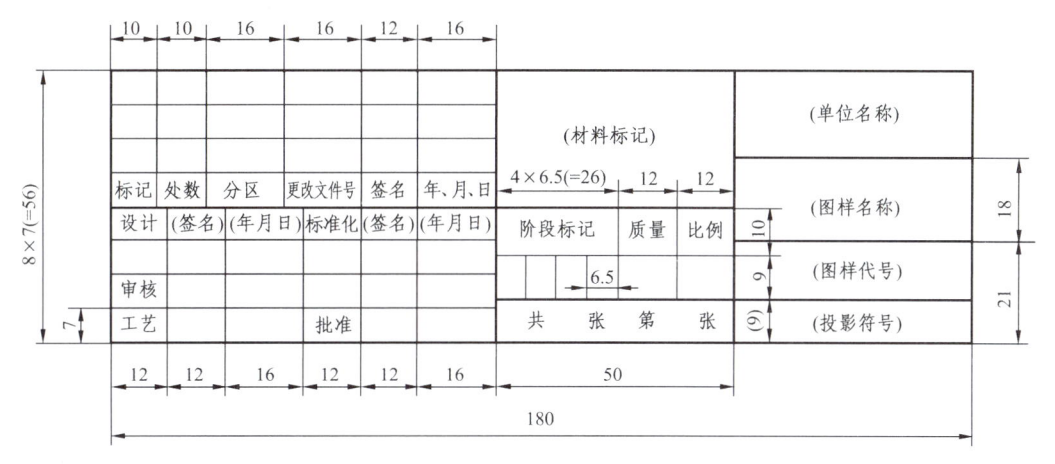

图 11-1　标题栏格式(摘自 GB/T 10609.1—2008)

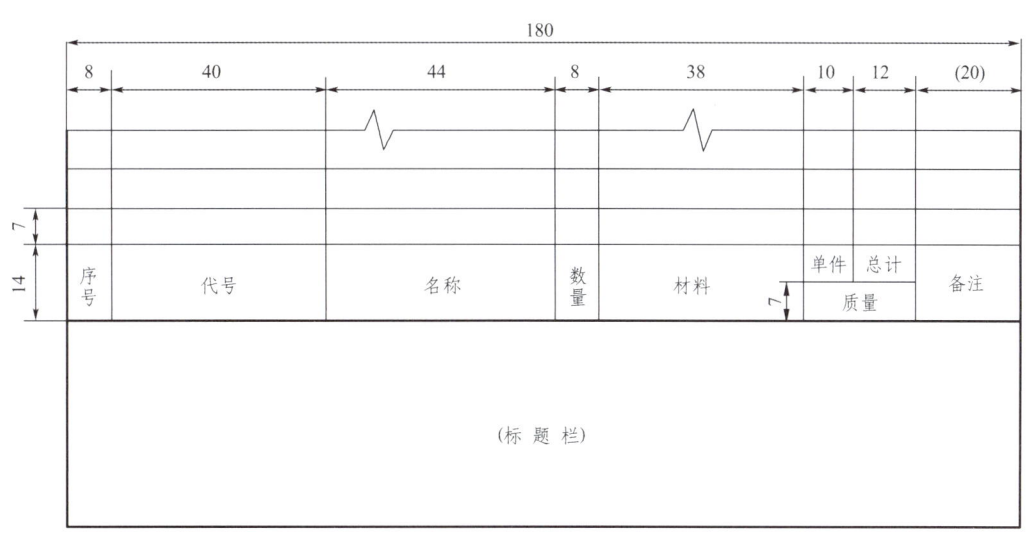

图 11-2　明细栏格式(摘自 GB/T 10609.2—2009)

11.2 标准尺寸

表 11-2　标准尺寸(直径、长度、高度等)(摘自 GB/T 2822—2005)　　　　mm

R			R'			R			R'			R			R'		
R10	R20	R40	R'10	R'20	R'40	R10	R20	R40	R'10	R'20	R'40	R10	R20	R40	R'10	R'20	R'40
2.50	2.50		2.5	2.5		40.0	40.0	40.0	40	40	40		280	280		280	280
	2.80			2.8				42.5			42			300			300
3.15	3.15		3.0	3.0			45.0	45.0		45	45	315	315	315	320	320	320
	3.55			3.5				47.5			48			335			340
4.00	4.00		4.0	4.0		50.0	50.0	50.0	50	50	50		355	355		360	360
	4.50			4.5				53.0			53			375			380
5.00	5.00		5.0	5.0			56.0	56.0		56	56	400	400	400	400	400	400
	5.60			5.5				60.0			60			425			420
6.30	6.30		6.0	6.0		63.0	63.0	63.0	63	63	63		450	450		450	450
	7.10			7.0				67.0			67			475			480
8.00	8.00		8.0	8.0			71.0	71.0		71	71	500	500	500	500	500	500
	9.00			9.0				75.0			75			530			530
10.0	10.0		10.0	10.0		80.0	80.0	80.0	80	80	80		560	560		560	560
	11.2			11				85.0			85			600			600
12.5	12.5	12.5	12	12	12		90.0	90.0		90	90	630	630	630	630	630	630
		13.2			13			95.0			95			670			670
	14.0	14.0		14	14	100	100	100	100	100	100		710	710		710	710
		15.0			15			106			105			750			750
16.0	16.0	16.0	16	16	16		112	112		110	110	800	800	800	800	800	800
		17.0			17			118			120			850			850
	18.0	18.0		18	18	125	125	125	125	125	125		900	900		900	900
		19.0			19			132			130			950			950
20.0	20.0	20.0	20	20	20		140	140		140	140	1 000	1 000	1 000	1 000	1 000	1 000
		21.2			21			150			150			1 060			
	22.4	22.4		22	22	160	160	160	160	160	160		1 120	1 120			
		23.6			24			170			170			1 180			
25.0	25.0	25.0	25	25	25		180	180		180	180	1 250	1 250	1 250			
		26.5			26			190			190			1 320			
	28.0	28.0		28	28	200	200	200	200	200	200		1 400	1 400			
		30.0			30			212			210			1 500			
31.5	31.5	31.5	32	32	32		224	224		220	220	1 600	1 600	1 600			
		33.5			34			236			240			1 700			
	35.5	35.5		36	36	250	250	250	250	250	250		1 800	1 800			
		37.5			38			265			260			1 900			

注:1. 选择系列及单个尺寸时,应首先在优先数系 R 系列中选用标准尺寸,选用顺序为 R10、R20、R40。如果必须将数值圆整,则可在相应的 R'系列中选用标准尺寸。

2. 本标准适用于机械制造业中有互换性或系列化要求的主要尺寸,其他结构尺寸也应尽量采用。对于由主要尺寸导出的因变量尺寸和工艺上工序间的尺寸,不受本标准限制。对于已有专用标准规定的尺寸,可按专用标准选用。

第11章　机械设计常用标准、规范及其他设计资料　143

11.3 中心孔

表 11-3　　中心孔(摘自 GB/T 145—2001)

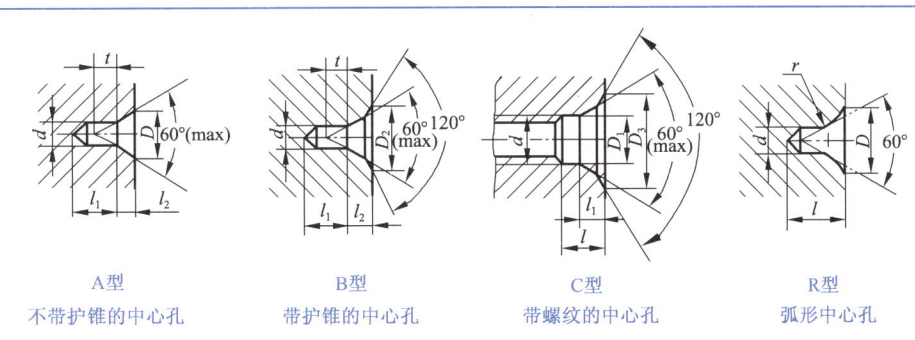

t

A型
不带护锥的中心孔

t

B型
带护锥的中心孔

C型
带螺纹的中心孔

R型
弧形中心孔

d/mm	D/mm	D_2/mm	l_2/mm (参考)		t/mm (参考)	d/mm	D_1/mm	D_3/mm	l/mm	l_1/mm (参考)	l_{min}/mm	r_{max}/mm	r_{min}/mm	选择中心孔的参考数据		
A、B、R 型	A、R 型	B 型	A 型	B 型	A、B 型	C 型					R 型			原料端部最小直径 D_0/mm	轴状原料最大直径 D_c/mm	工件最大质量/t
1.60	3.35	5.00	1.52	1.99	1.4						3.5	5.0	4.0			
2.00	4.25	6.30	1.95	2.54	1.8						4.4	6.3	5.0	8	>10～18	0.12
2.50	5.30	8.00	2.42	3.20	2.2						5.5	8.0	6.3	10	>18～30	0.2
3.15	6.70	10.00	3.07	4.03	2.8	M3	3.2	5.8	2.6	1.8	7.0	10.0	8.0	12	>30～50	0.5
4.00	8.50	12.50	3.90	5.05	3.5	M4	4.3	7.4	3.2	2.1	8.9	12.5	10.0	15	>50～80	0.8
(5.00)	10.60	16.00	4.85	6.41	4.4	M5	5.3	8.8	4.0	2.4	11.2	16.0	12.5	20	>80～120	1
6.30	13.20	18.00	5.98	7.36	5.5	M6	6.4	10.5	5.0	2.8	14.0	20.0	16.0	25	>120～180	1.5
(8.00)	17.00	22.40	7.79	9.36	7.0	M8	8.4	13.2	6.0	3.3	17.9	25.0	20.0	30	>180～220	2
10.00	21.20	28.00	9.70	11.66	8.7	M10	10.5	16.3	7.5	3.8	22.5	31.5	25.0	35	>180～220	2.5

注:1. A 型和 B 型中心孔的尺寸 l_1 取决于中心钻的长度,此值不应小于 t 值。
2. 括号内的尺寸尽量不采用。
3. 选择中心孔的参考数据不属于 GB/T 145—2001 的内容,仅供参考。

表 11-4　　标准中心孔在图样上的标注(摘自 GB/T 4459.5—1999)

标注示例	解　释	标注示例	解　释
	采用 B 型中心孔,d=3.15 mm,D_1=10 mm,成品零件保留中心孔		采用 A 型中心孔,d=4 mm,D_1=8.5 mm,成品零件不保留中心孔
	采用 A 型中心孔,d=4 mm,D_1=8.5 mm,成品零件无是否保留中心孔的要求		同一轴的两端中心孔相同,可只在其一端标注,并注出数量

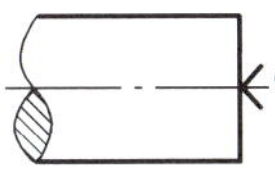

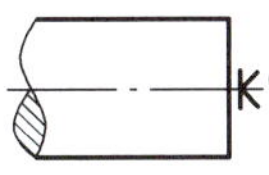

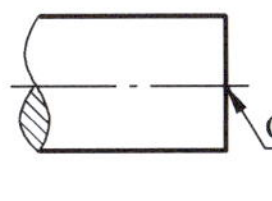

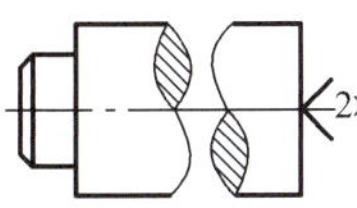

11.4 砂轮越程槽

表 11-5 回转面及端面砂轮越程槽的形式及尺寸（摘自 GB/T 6403.5—2008）   mm

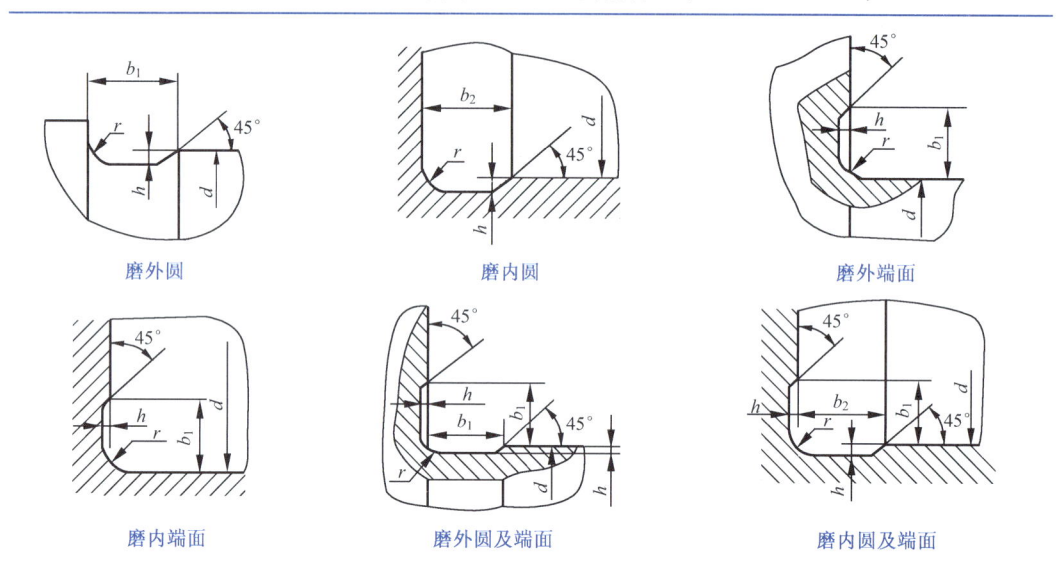

磨外圆　　磨内圆　　磨外端面

磨内端面　　磨外圆及端面　　磨内圆及端面

b_1	0.6	1.0	1.6	2.0	3.0	4.0	5.0	8.0	10
b_2	2.0	3.0	3.0	4.0	4.0	5.0	5.0	8.0	10
h	0.1	0.2	0.2	0.3	0.3	0.4	0.6	0.8	1.2
r	0.2	0.5	0.5	0.8	0.8	1.0	1.6	2.0	3.0
d	<10	<10	<10	10～50	10～50	50～100	50～100	>100	>100

注：1. 越程槽内两直线相交处不允许产生尖角。
    2. 越程槽深度 h 与圆弧半径 r 应满足 $r \leqslant 3h$。

表 11-6 平面砂轮越程槽和 V 形砂轮越程槽的形式及尺寸（摘自 GB/T 6403.5—2008）   mm

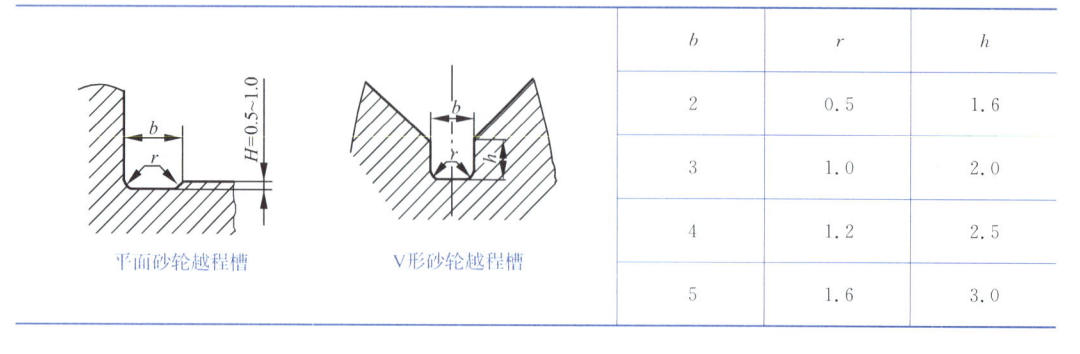

平面砂轮越程槽　　V 形砂轮越程槽

b	r	h
2	0.5	1.6
3	1.0	2.0
4	1.2	2.5
5	1.6	3.0

表 11-7　燕尾导轨砂轮越程槽、矩形导轨砂轮越程槽的形式及尺寸
（摘自 GB/T 6403.5—2008）　　mm

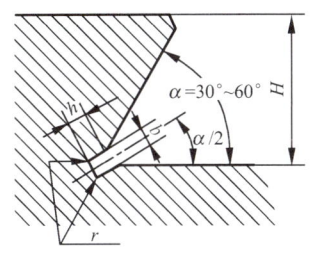

燕尾导轨砂轮越程槽 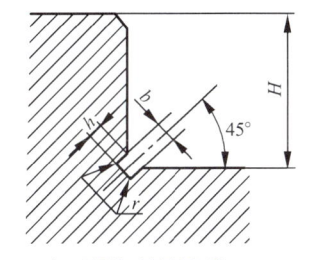　　矩形导轨砂轮越程槽

尺寸	燕尾导轨砂轮越程槽													矩形导轨砂轮越程槽									
H	≤5	6	8	10	12	16	20	25	32	40	50	63	80	8	10	12	16	20	25	32	40	50	63	80	100
b	1		2		3			4			5		6	2				3				5			8	
h	1		2		3			4			5		6	1.6				2.0				3.0			5.0	
r	0.5		0.5		1.0			1.6			1.6		2.0	0.5				1.0				1.6			2.0	

11.5　零件倒圆、倒角及轴肩、轴环的尺寸

表 11-8　零件倒圆与倒角（摘自 GB/T 6403.4—2008）　　mm

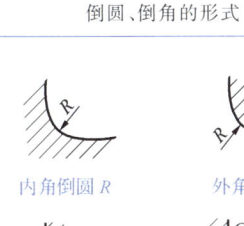

倒圆、倒角的形式

内角倒圆 R 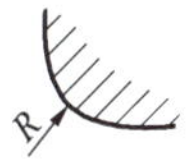　　外角倒圆 R
外角倒角 C 　　内角倒角 C 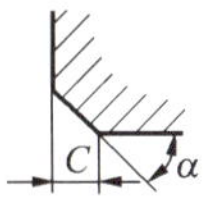

倒圆、倒角（45°）的装配形式

$C_1 > R$
内角倒圆 R、外角倒角 C_1

$R_1 > R$
内角倒圆 R、外角倒圆 R_1

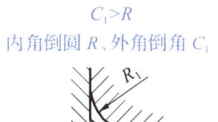

$C < 0.58 R_1$
内角倒角 C、外角倒圆 R_1

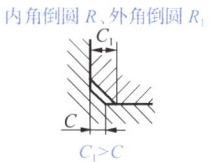

$C_1 > C$
内角倒角 C、外角倒角 C_1

倒圆、倒角尺寸												
R 或 C	0.1	0.2	0.3	0.4	0.5	0.6	0.8	1.0	1.2	1.6	2.0	2.5	3.0
	4.0	5.0	6.0	8.0	10	12	16	20	25	32	40	50	—

与直径 ϕ 对应的倒圆 R、倒角 C 的推荐值											
ϕ	>3~6	>6~10	>10~18	>18~30	>30~50	>50~80	>80~120	>120~180	>180~250	>250~320	>320~400	>400~500	>500~630	>630~800
R 或 C	0.4	0.6	0.8	1.0	1.6	2.0	2.5	3.0	4.0	5.0	6.0	8.0	10	12

内角倒角、外角倒圆时 C_{max} 与 R_1 的关系															
R_1	0.3	0.4	0.5	0.6	0.8	1.0	1.2	1.6	2.0	2.5	3.0	4.0	5.0	6.0	8.0	10	12	16
C_{max}	0.1	0.2 || 0.3	0.4	0.5	0.6	0.8	1.0	1.2	1.6	2.0	2.5	3.0	4.0	5.0	6.0	8.0

注：1. C_{max} 是在外角倒圆为 R_1 时，内角倒角 C 的最大允许值。

2. α 一般采用 45°，也可采用 30° 或 60°。

表 11-9　　　　　　　　　　轴肩自由表面过渡倒圆半径　　　　　　　　　　　　mm

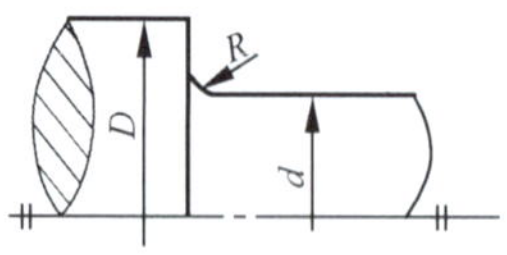

$D-d$	2	5	8	10	15	20	25
R	1	2	3	4	5	8	10
$D-d$	30	40	55	70	100	140	180
R	12	16	20	25	30	40	50

注：当 $D-d$ 为两组数据的中间值时，一般可按小值选取 R。

表 11-10　　　　　　　　　　轴肩和轴环的尺寸(参考)　　　　　　　　　　　　mm

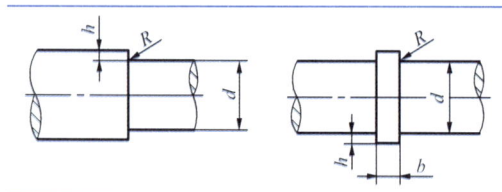

$h=(0.07\sim 0.1)d$
$b\approx 1.4h$
定位用 $h>R$
R 为倒圆半径，见表 11-8 及表 11-9

11.6　常用金属材料及润滑剂

表 11-11　　　　　　　灰铸铁的牌号和力学性能(摘自 GB/T 9439—2010)

牌号	铸件壁厚/mm >	铸件壁厚/mm ≤	最小抗拉强度 R_m(强制性值)(min)/MPa 单铸试棒	最小抗拉强度 R_m(强制性值)(min)/MPa 附铸试棒或试块	铸件本体预期抗拉强度 R_m(min)/MPa
HT100	5	40	100	—	—
HT150	5	10	150	—	155
HT150	10	20	150	—	130
HT150	20	40	150	120	110
HT150	40	80	150	110	95
HT150	80	150	150	100	80
HT150	150	300	150	90	—
HT200	5	10	200	—	205
HT200	10	20	200	—	180
HT200	20	40	200	170	155
HT200	40	80	200	150	130
HT200	80	150	200	140	115
HT200	150	300	200	130	—
HT225	5	10	225	—	230
HT225	10	20	225	—	200
HT225	20	40	225	190	170
HT225	40	80	225	170	150
HT225	80	150	225	155	135
HT225	150	300	225	145	—

第11章　机械设计常用标准、规范及其他设计资料

续表

牌号	铸件壁厚/mm >	铸件壁厚/mm ≤	最小抗拉强度 R_m（强制性值）(min)/MPa 单铸试棒	最小抗拉强度 R_m（强制性值）(min)/MPa 附铸试棒或试块	铸件本体预期抗拉强度 R_m(min)/MPa
HT250	5	10	250	—	250
	10	20		—	225
	20	40		210	195
	40	80		190	170
	80	150		170	155
	150	300		*160*	—
HT275	10	20	275	—	250
	20	40		230	220
	40	80		205	190
	80	150		190	175
	150	300		*175*	—
HT300	10	20	300	—	270
	20	40		250	240
	40	80		220	210
	80	150		210	195
	150	300		*190*	—
HT350	10	20	350	—	315
	20	40		290	280
	40	80		260	250
	80	150		230	225
	150	300		*210*	—

注：1. 当铸件壁厚超过 300 mm 时，其力学性能由供需双方商定。
2. 当用某牌号的铁液浇注壁厚均匀、形状简单的铸件时，壁厚变化引起抗拉强度的变化，可从本表查出参考数据；当铸件壁厚不均匀或有型芯时，此表只能给出不同壁厚处大致的抗拉强度值，铸件的设计应根据关键部位的实测值进行。
3. 表中斜体字数值表示指导值，其余抗拉强度值均为强制性值，铸件本体预期抗拉强度值不作为强制性值。

表 11-12　　灰铸铁的硬度等级和铸件硬度（摘自 GB/T 9439—2010）

硬度等级	铸件主要壁厚/mm >	铸件主要壁厚/mm ≤	铸件上的硬度范围（HBW）min	铸件上的硬度范围（HBW）max
H155	5	10	—	185
	10	20	—	170
	20	40	—	160
	40	**80**	—	155
H175	5	10	140	225
	10	20	125	205
	20	40	110	185
	40	**80**	100	175

续表

硬度等级	铸件主要壁厚/mm >	铸件主要壁厚/mm ≤	铸件上的硬度范围(HBW) min	铸件上的硬度范围(HBW) max
H195	4	5	190	275
H195	5	10	170	260
H195	10	20	150	230
H195	20	40	125	210
H195	**40**	**80**	**120**	**195**
H215	5	10	200	275
H215	10	20	180	255
H215	20	40	160	235
H215	**40**	**80**	**145**	**215**
H235	10	20	200	275
H235	20	40	180	255
H235	**40**	**80**	**165**	**235**
H255	20	40	200	275
H255	**40**	**80**	**185**	**255**

注:1. 硬度和抗拉强度的关系见《灰铸铁件》(GB/T 9439—2010)的附录B,硬度和壁厚的关系见该标准的附录C。
2. 黑体数字表示与该硬度等级所对应的主要壁厚的最大和最小硬度值。
3. 在供需双方商定的铸件某位置上,铸件硬度差可以控制在40HBW硬度值范围内。

表 11-13　　球墨铸铁的力学性能和用途(摘自 GB/T 1348—2019)

牌号	抗拉强度 R_m/MPa min	屈服强度 $R_{p0.2}$/MPa min	伸长率 A/% min	布氏硬度 (HBW)	用途
QT400-18	400	250	18	120～175	减速器箱体、管路、阀体、阀盖、压缩机汽缸、拨叉、离合器壳等
QT400-15	400	250	15	120～180	减速器箱体、管路、阀体、阀盖、压缩机汽缸、拨叉、离合器壳等
QT450-10	450	310	10	160～210	油泵齿轮、阀门体、车辆轴瓦、凸轮、犁铧、减速器箱体、轴承座等
QT500-7	500	320	7	170～230	油泵齿轮、阀门体、车辆轴瓦、凸轮、犁铧、减速器箱体、轴承座等
QT600-3	600	370	3	190～270	曲轴、凸轮轴、齿轮轴、机床主轴、缸体、缸套、连杆、矿车轮、农机零件等
QT700-2	700	420	2	225～305	曲轴、凸轮轴、齿轮轴、机床主轴、缸体、缸套、连杆、矿车轮、农机零件等
QT800-2	800	480	2	245～335	曲轴、凸轮轴、齿轮轴、机床主轴、缸体、缸套、连杆、矿车轮、农机零件等
QT900-2	900	600	2	280～360	曲轴、凸轮轴、连杆、履带式拖拉机链轨板等

注:表中牌号的性能是由单铸试块测定的。

第11章　机械设计常用标准、规范及其他设计资料　149

表 11-14　一般工程用铸造碳钢的力学性能和应用(摘自 GB/T 11352—2009)

牌号	屈服强度 $R_{eH}(R_{p0.2})$/MPa	抗拉强度 R_m/MPa	伸长率 A_5/%	根据合同选择：断面收缩率 Z/%	根据合同选择：冲击吸收功 A_{KV}/J	硬度：正火回火(HBS)	硬度：表面淬火(HRC)	应用举例
ZG200-400	200	400	25	40	30	—	—	各种形状的机件,如机座、变速箱壳等
ZG230-450	230	450	22	32	25	≥131	—	铸造平坦的零件,如机座、机盖、箱体、铁砧台以及工作温度在450 ℃以下的管路附件等,焊接性良好
ZG270-500	270	500	18	25	22	≥143	40～45	各种形状的机件,如飞轮、机架、蒸汽锤、桩锤、联轴器、水压机工作缸、横梁等
ZG310-570	310	570	15	21	15	≥153	40～50	各种形状的机件,如联轴器、汽缸、齿轮、齿轮圈及重负荷机架等
ZG340-640	340	640	10	18	10	169～229	45～55	起重运输机中的齿轮、联轴器及重要的机件等

注:1. 表中各牌号铸钢的性能对应厚度为 100 mm 以下的铸件。当铸件厚度超过 100 mm 时,表中规定的屈服强度 $R_{eH}(R_{p0.2})$仅供设计使用。

2. 表中力学性能的试验环境温度为 20±10 ℃。

3. 表中硬度值非 GB/T 11352—2009 的内容,仅供参考。

表 11-15　普通碳素结构钢的力学性能(摘自 GB/T 700—2006)

牌号	等级	屈服强度 R_{eH}(≥)/(N·mm⁻²) 厚度(或直径)/mm ≤16	>16～40	>40～60	>60～100	>100～150	>150	抗拉强度 R_m/(N·mm⁻²)	断后伸长率 A(≥)/% 厚度(或直径)/mm ≤40	>40～60	>60～100	>100～150	>150～200	冲击试验(V 形缺口) 温度/℃	冲击吸收功(纵向)(≥)/J
Q195	—	195	185	—	—	—	—	315～430	33	—	—	—	—	—	—
Q215	A	215	205	195	185	175	165	335～450	31	30	29	27	26	—	—
	B													+20	27
Q235	A	235	225	215	205	195	185	370～500	26	25	24	22	21	—	—
	B													+20	27
	C													0	
	D													−20	
Q275	A	275	265	255	245	225	215	410～540	22	21	20	18	17	—	—
	B													+20	27
	C													0	
	D													−20	

注:1. Q195 的屈服强度值仅供参考,不作为交货条件。

2. 厚度大于 100 mm 的钢材,其抗拉强度下限允许降低 20 N/mm²;宽带钢(包括剪切钢板)的抗拉强度上限不作为交货条件。

3. 厚度小于 25 mm 的 Q235B 级钢材,如供方能保证冲击吸收功值合格,则经需方同意,可不做检验。

表 11-16　优质碳素结构钢的力学性能和应用(摘自 GB/T 699—2015)

牌号	试样毛坯尺寸/mm	推荐热处理制度 正火 加热温度/℃	推荐热处理制度 淬火 加热温度/℃	推荐热处理制度 回火 加热温度/℃	力学性能 抗拉强度 R_m/MPa ≥	力学性能 下屈服强度 R_{eL}/MPa ≥	力学性能 断后伸长率 A/% ≥	力学性能 断面收缩率 Z/% ≥	力学性能 冲击吸收能量 KU_2/J ≥	交货硬度(HBW) 未热处理钢 ≤	交货硬度(HBW) 退火钢 ≤	应用举例
08	25	930	—	—	325	195	33	60	—	131	—	用于需塑性好的零件,如管子、垫片、垫圈等;心部强度要求不高的渗碳和碳氮共渗零件,如套筒、短轴、挡块、支架、靠模、离合器盘等
10	25	930	—	—	335	205	31	55	—	137	—	用于制造拉杆、卡头以及钢管垫片、垫圈、铆钉等。这种钢无回火脆性,焊接性好,可用来制造焊接零件
20	25	910	—	—	410	245	25	55	—	156	—	用于不经受很大应力而要求良好韧性的机械零件,如杠杆、轴套、螺钉、起重钩等;也用于制造压力小于 6 MPa、温度低于 450 ℃、在非腐蚀介质中使用的零件,如管子、导管等;还可用于表面硬度高而心部强度要求不高的渗碳与氰化零件
25	25	900	870	600	450	275	23	50	71	170	—	用于制造焊接设备以及经锻造、热冲压和机械加工的不承受高应力的零件,如轴、辊子、联轴器、垫圈、螺栓、螺钉及螺母等
35	25	870	850	600	530	315	20	45	55	197	—	用于制造曲轴、转轴、轴销、杠杆、连杆、横梁、链轮、圆盘、套筒钩环、垫圈、螺钉、螺母等。这种钢多在正火和调质状态下使用,一般不作焊接用
40	25	860	840	600	570	335	19	45	47	217	187	用于制造辊子、轴、曲柄销、活塞杆、圆盘等

第11章 机械设计常用标准、规范及其他设计资料

续表

牌号	试样毛坯尺寸/mm	推荐热处理制度 正火 加热温度/℃	推荐热处理制度 淬火 加热温度/℃	推荐热处理制度 回火 加热温度/℃	力学性能 抗拉强度 R_m/MPa ≥	力学性能 下屈服强度 R_{eL}/MPa ≥	力学性能 断后伸长率 A/% ≥	力学性能 断面收缩率 Z/% ≥	力学性能 冲击吸收能量 KU_2/J ≥	交货硬度(HBW) 未热处理钢 ≤	交货硬度(HBW) 退火钢 ≤	应用举例
45	25	850	840	600	600	355	16	40	39	229	197	用于制造齿轮、齿条、链轮、轴、键、销、蒸汽透平机的叶轮、压缩机及泵的零件、轧辊等。可代替渗碳钢做齿轮、轴、活塞销等,但要经高频或火焰表面淬火
50	25	830	830	600	630	375	14	40	31	241	207	用于制造齿轮、拉杆、轧辊、轴、圆盘等
55	25	820	—	—	645	380	13	35	—	255	217	用于制造齿轮、连杆、轮缘、扁弹簧及轧辊等
60	25	810	—	—	675	400	12	35	—	255	229	用于制造轧辊、轴、轮箍、弹簧、弹簧垫圈、离合器、凸轮、钢绳等
20Mn	25	910	—	—	450	275	24	50	—	197	—	用于制造凸轮轴、齿轮、联轴器、铰链、拖杆等
30Mn	25	880	860	600	540	315	20	45	63	217	187	用于制造螺栓、螺母、螺钉、杠杆及刹车踏板等
40Mn	25	860	840	600	590	355	17	45	47	229	207	用于制造承受疲劳负荷的零件,如轴、万向联轴器、曲轴、连杆及在高应力下工作的螺栓、螺母等
50Mn	25	830	830	600	645	390	13	40	31	255	217	用于制造耐磨性要求很高、在高负荷作用下工作的热处理零件,如齿轮、齿轮轴、摩擦盘、凸轮和截面在80 mm以下的心轴等
60Mn	25	810	—	—	690	410	11	35	—	269	229	用于制造弹簧、弹簧垫圈、弹簧环、弹簧片以及冷拔钢丝(≤7 mm)和发条等

注:表中所列正火推荐保温时间不少于30 min,空冷;淬火推荐保温时间不少于30 min,水冷;回火推荐保温时间不少于1 h。

表 11-17　　弹簧钢的力学性能和应用(摘自 GB/T 1222—2016)

牌号	热处理制度			力学性能(≥)					交货硬度(HBW) ≤		应用举例
	淬火温度/℃	淬火介质	回火温度/℃	抗拉强度 R_m/MPa	下屈服强度 R_{eL}/MPa	断后伸长率 A/%	断后伸长率 $A_{11.3}$/%	断面收缩率 Z/%	热轧	冷拉+热处理	
65	840	油	500	980	785	—	9.0	35	285	321	调压、调速弹簧,柱塞弹簧,测力弹簧,一般机械的圆、方螺旋弹簧等
70	830		480	1 030	835		8.0	30			
65Mn	830	油	540	980	785	—	8.0	30	302	321	小尺寸的扁、圆弹簧,坐垫弹簧,发条,离合器簧片,弹簧环,刹车弹簧等
55SiMnVB	860	油	460	1 375	1 225	—	5.0	30	321	321	汽车、拖拉机、机车的减振板簧和螺旋弹簧,汽缸安全阀簧,止回阀簧,250 ℃以下使用的耐热弹簧等
60Si2Mn	870		440	1 570	1 375			20			
55CrMn	840	油	485	1 225	1 080	9.0	—	20	321	321	用于车辆、拖拉机上负荷较重、应力较大的板簧和直径较大的螺旋弹簧等
60CrMn			490								
60Si2Cr	870	油	420	1 765	1 570	6.0	—	20	供需双方协商	321	用于高应力及在 300～350 ℃以下使用的弹簧,如调速器、破碎机、汽轮机汽封用弹簧等
60Si2CrV	850		410	1 860	1 665						

注:1. 表中所列性能适用于截面尺寸不大于 80 mm 的钢材。对于截面尺寸大于 80 mm 的钢材,允许其 δ、ψ 值比表内规定值分别降低 1 个单位及 5 个单位。

2. 除规定的热处理上、下限外,表中热处理允许偏差为:淬火±20 ℃,回火±50 ℃。

表 11-18　　合金结构钢的力学性能和应用(摘自 GB/T 3077—2015)

钢号	试样毛坯尺寸/mm	推荐的热处理制度					力学性能					供货状态为退火或高温回火钢棒布氏硬度(HBW)	特性及应用举例
		淬火			回火		抗拉强度 R_m/MPa	下屈服强度 R_{eL}/MPa	断后伸长率 A/%	断面收缩率 Z/%	冲击吸收能量 KU_2/J		
		加热温度/℃ 第1次淬火	加热温度/℃ 第2次淬火	冷却剂	加热温度/℃	冷却剂	≥					≤	
20Mn2	15	850	—	水、油	200	水、空气	785	590	10	40	47	187	截面小时与 20Cr 相当,用于做渗碳小齿轮、小轴、钢套、链板等,渗碳淬火后硬度为(56～62)HRC
		880			440								
35Mn2	25	840	—	水	500	水	835	685	12	45	55	207	对于截面较小的零件,可代替 40Cr。可做直径不大于 15 mm 的重要用途的冷镦螺栓及小轴等,表面淬火后硬度为(40～50)HRC
45Mn2	25	840	—	油	550	水、油	885	735	10	45	47	217	用于制造在较高应力与磨损条件下的零件。在直径不大于 60 mm 时,与 40Cr 相当。可做万向联轴器、齿轮、齿轮轴、蜗杆、曲轴、连杆、花键轴和摩擦盘等,表面淬火后硬度为(45～55)HRC

第11章　机械设计常用标准、规范及其他设计资料

表 11-19　　　　　　　　　　工业常用润滑油的性能和用途

类别	品种代号	牌号	运动黏度[①]/ $(mm^2 \cdot s^{-1})$	黏度指数 ($\geqslant$)	闪点($\geqslant$)/ ℃	倾点($\leqslant$)/ ℃	主要性能和用途	说明
工业闭式齿轮油	L-CKB 抗氧防锈工业齿轮油	46 68 100 150 220 320	41.4～50.6 61.2～74.8 90～110 135～165 198～242 288～352	90	180 200	−8	具有良好的抗氧化、抗腐蚀、抗浮化性等性能，适用于齿面应力在 500 MPa 以下的一般工业闭式齿轮传动及润滑	"L"表示润滑剂类
	L-CKC 中载荷工业齿轮油	68 100 150 220 320 460 680	61.2～74.8 90～110 135～165 198～242 288～352 414～506 612～748	90	180 200	−8 −5	具有良好的抗磨和热氧化安定性，适用于冶金、矿山、机械、水泥等工业中载荷为 500～1 100 MPa 的闭式齿轮的润滑	
	L-CKD 重载荷工业齿轮油	100 150 220 320 460 680	90～110 135～165 198～242 288～352 414～506 612～748	90	180 200	−8 −5	具有更好的抗磨性、抗氧化性，适用于矿山、冶金、机械、化工等行业重载荷齿轮传动装置	
主轴油	主轴油 (SH/T 0017—1990)	N2 N3 N5 N7 N10 N15 N22	2.0～2.4 2.9～3.5 4.2～5.1 6.2～7.5 9.0～11.0 13.5～16.5 19.8～24.2	— 90	60 70 80 90 100 110 120	凝点不高于 −15	主要适用于精密机床主轴轴承的润滑及其他以油浴、压力、油雾润滑的滑动轴承和滚动轴承的润滑。N10 可作为普通轴承用油和缝纫机用油	"SH"为石化部标准代号
全损耗系统用油	L-AN 全损耗系统用油 (GB/T 443—1989)	5 7 10 15 22 32 46 68 100 150	4.14～5.06 6.12～7.48 9.00～11.00 13.5～16.5 19.8～24.2 28.8～35.2 41.4～50.6 61.2～74.8 90.0～110 135～165	—	80 110 130 150 160 180	−5	不加或加少量添加剂，质量不高，适用于一次性润滑和某些要求较低、换油周期较短的油浴式润滑	全损耗系统用油包括 L-AN 全损耗系统用油（原机械油）和车轴油（铁路机车轴油）

注：① 在 40 ℃ 条件下。

表 11-20　　　　　　　　　　　　常用润滑脂的性能和用途

润滑脂名称	牌号	锥入度/(1/10 mm)	滴点/℃ (≥)	性能	主要用途
钠基润滑脂 (GB/T 492—1989)	1 2	265～295 220～250	160 160	耐热性很好,黏附性强,但不耐水	适用于不与水接触的工农业机械的轴承润滑,使用温度不超过 110 ℃
通用锂基润滑脂 (GB/T 7324—2010)	1 2 3	310～340 265～295 220～250	170 175 180	具有良好的润滑性能、抗水性、机械安定性、耐热性和防锈性	为多用途、长寿命通用脂,适用于温度范围为−20～120 ℃的各种机械的轴承及其他摩擦部位的润滑
钙基润滑脂 (GB/T 491—2008)	1 2 3 4	310～340 265～295 220～250 175～205	80 85 90 95	抗水性好,适用于潮湿环境,但耐热性差	目前尚广泛应用于工业、农业、交通运输等机械设备中速、中低载荷轴承的润滑,逐步为锂基润滑脂所取代
复合铝基润滑脂	1 2 3 4	310～340 265～295 220～250 175～205	—	具有良好的耐热性、抗水性、流动性、泵送性、机械安定性等	被称为"万能润滑脂",适用于高温设备的润滑,1 号脂泵送性好,适用于集中润滑,2 号、3 号适用于轻中载荷设备轴承的润滑,4 号适用于重载荷高温设备的润滑
7412 号齿轮脂 (合成润滑脂)	00 00	400～430 445～475	200 200	具有良好的涂附性、黏附性和极压润滑性,使用温度为−40～150 ℃	为半流体脂,适用于各种减速箱齿轮的润滑,解决了齿轮箱的漏油问题

11.7　螺纹及螺纹连接件

表 11-21　　　　　　普通螺纹基本尺寸(摘自 GB/T 196—2003)　　　　　　　　　　mm

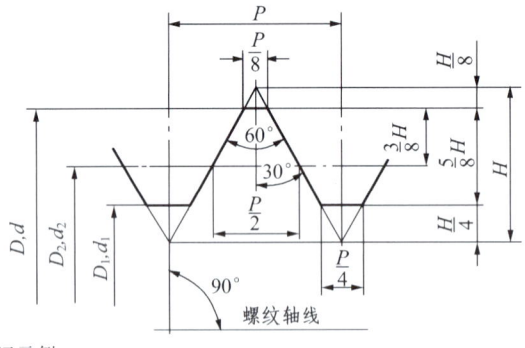

$H=0.866P$
$d_2=d-0.649\,5P$
$d_1=d-1.082\,5P$
$D、d$——内、外螺纹大径
$D_2、d_2$——内外螺纹中径
$D_1、d_1$——内外螺纹小径
P——螺距

标记示例:
M10-6g:公称直径为 10 mm、螺纹为右旋、中径及大径公差带代号均为 6g、螺纹旋合长度为 N 的粗牙普通螺纹
M10×1-6H:公称直径为 10 mm、螺距为 1 mm、螺纹为右旋、中径及大径公差带代号均为 6H、螺纹旋合长度为 N 的细牙普通内螺纹
M20×2 左-5g6g-S:公称直径为 20 mm、螺距为 2 mm、螺纹为左旋、中径及大径公差带代号分别为 5g 和 6g、螺纹旋合长度为 S 的细牙普通螺纹
M20×2-6H/6g:公称直径为 20 mm、螺距为 2 mm、螺纹为右旋、内螺纹中径及大径公差带代号均为 6H、外螺纹中径及大径公差带代号均为 6g、螺纹旋合长度为 N 的细牙普通螺纹的螺纹副

第11章　机械设计常用标准、规范及其他设计资料　155

续表

公称直径 D、d 第一系列	公称直径 D、d 第二系列	螺距 P	中径 D_2、d_2	小径 D_1、d_1
3		0.5	2.675	2.459
		0.35	2.773	2.621
	3.5	(0.6)	3.110	2.850
		0.35	3.273	3.121
4		0.7	3.545	3.242
		0.5	3.675	3.459
	4.5	(0.75)	4.013	3.688
		0.5	4.175	3.959
5		0.8	4.480	4.134
		0.5	4.675	4.459
6		1	5.350	4.917
		0.75	5.513	5.188
8		1.25	7.188	6.647
		1	7.350	6.917
		0.75	7.513	7.188
10		1.5	9.026	8.376
		1.25	9.188	8.674
		1	9.350	8.917
		0.75	9.513	9.188
12		1.75	10.863	10.106
		1.5	11.026	10.376
		1.25	11.188	10.647
		1	11.350	10.917
	14	2	12.701	11.835
		1.5	13.026	12.376
		1	13.350	12.917
16		2	14.701	13.835
		1.5	15.026	14.376
		1	15.350	14.917

公称直径 D、d 第一系列	公称直径 D、d 第二系列	螺距 P	中径 D_2、d_2	小径 D_1、d_1
	18	2.5	16.376	15.294
		2	16.701	15.835
		1.5	17.026	16.376
		1	17.350	16.917
20		2.5	18.376	17.294
		2	18.701	17.835
		1.5	19.026	18.376
		1	19.350	18.917
	22	2.5	20.376	19.294
		2	20.701	19.835
		1.5	21.026	20.376
		1	21.350	20.917
24		3	22.051	20.752
		2	22.701	21.835
		1.5	23.026	22.376
		1	23.350	22.917
	27	3	25.051	23.752
		2	25.701	24.835
		1.5	26.026	25.736
		1	26.350	25.917
30		3.5	27.727	26.211
		2	28.701	27.835
		1.5	29.026	28.376
		1	29.350	28.917
	33	3.5	30.727	29.211
		2	31.707	30.835
		1.5	32.026	31.376
36		4	33.402	31.670
		3	34.051	32.752
		2	34.701	33.835
		1.5	35.026	34.376

公称直径 D、d 第一系列	公称直径 D、d 第二系列	螺距 P	中径 D_2、d_2	小径 D_1、d_1
	39	4	36.402	34.670
		3	37.051	35.752
		2	37.701	36.835
		1.5	38.026	37.376
42		4.5	39.077	37.129
		3	40.051	38.752
		2	40.701	39.835
		1.5	41.026	40.376
	45	4.5	42.077	40.129
		3	43.051	41.752
		2	43.701	42.853
		1.5	44.026	43.376
48		5	44.752	42.587
		3	46.051	44.752
		2	46.701	45.835
		1.5	47.026	46.376
	52	5	48.752	46.587
		3	50.051	48.752
		2	50.701	49.835
		1.5	51.026	50.376
56		5.5	52.428	50.046
		4	53.402	51.670
		3	54.051	52.752
		2	54.701	53.835
		1.5	55.026	54.376
	60	(5.5)	56.428	54.046
		4	47.402	55.670
		3	58.051	56.752
		2	58.701	57.835
		1.5	59.026	58.376
64		6	60.103	57.505
		4	61.402	59.670
		3	62.051	60.752

注：1.“螺距 P”栏中的第一个数值为粗牙螺距，其余为细牙螺距。

2. 优先选用第一系列，其次是第二系列，第三系列(表中未列出)尽可能不用。

3. 括号内尺寸尽可能不用。

表 11-22　　普通内、外螺纹常用公差带(摘自 GB/T 197—2018)

精度	内螺纹 公差带位置 G			内螺纹 公差带位置 H			外螺纹 公差带位置 e			外螺纹 公差带位置 f			外螺纹 公差带位置 g			外螺纹 公差带位置 h		
	S	N	L	S	N	L	S	N	L	S	N	L	S	N	L	S	N	L
精密	—	—	—	4H	5H	6H	—	—	—	—	—	—	—	(4g)	(5g、4g)	(3h、4h)	4h*	(5h、4h)
中等	(5G)	6G	(7G)	5H*	6H*	7H*	—	6e*	(7e、6e)	—	6f*	—	(5g、6g)	6g	(7g、6g)	(5h、6h)	6h*	(7h、6h)
粗糙	—	(7G)	(8G)	—	7H	8H	—	(8e)	(9e、8e)	—	—	—	—	8g	(9g、8g)	—	—	—

注:1. 大量生产的精制紧固件螺纹,推荐采用带方框的公差带。
　　2. 精密精度用于精密螺纹,当要求配合性质变动较小时采用;中等精度为一般用途;粗糙精度是精度要求不高或制造比较困难时采用。
　　3. "S"表示短旋合长度,"N"表示中等旋合长度,"L"表示长旋合长度。
　　4. 带"*"的公差带应优先选用,括号内的公差带尽可能不用。
　　5. 内、外螺纹的公差带可以任意组合,为了保证足够的接触高度,完工后的零件最好组合成 H/g、H/h 或 G/h 的配合。

螺纹标记示例:
粗牙螺纹:直径 10 mm、螺距 1.5 mm、中径和顶径公差带均为 6H 的内螺纹:M10-6H。
细牙螺纹:直径 10 mm、螺距 1 mm、中径和顶径公差带均为 6g 的外螺纹:M10×1-6g。
螺纹副:

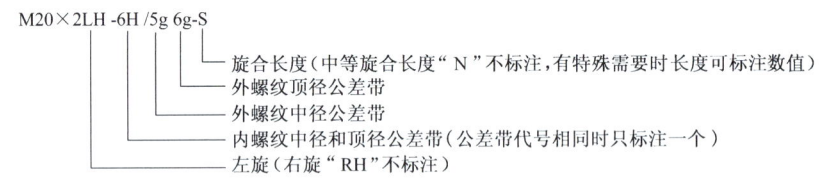

M20×2LH-6H/5g 6g-S
　　　　　　　　　├── 旋合长度(中等旋合长度"N"不标注,有特殊需要时长度可标注数值)
　　　　　　　　├──── 外螺纹顶径公差带
　　　　　　├────── 外螺纹中径公差带
　　　　├──────── 内螺纹中径和顶径公差带(公差带代号相同时只标注一个)
　　├────────── 左旋(右旋"RH"不标注)

表 11-23　　螺纹旋合长度(GB/T 197—2018)　　　　mm

公称直径 D、d >	公称直径 D、d ≤	螺距 P	旋合长度 S ≤	旋合长度 N >	旋合长度 N ≤	旋合长度 L >	公称直径 D、d >	公称直径 D、d ≤	螺距 P	旋合长度 S ≤	旋合长度 N >	旋合长度 N ≤	旋合长度 L >
5.6	11.2	0.75	2.4	2.4	7.1	7.1	22.4	45	1	4	4	12	12
		1	3	3	9	9			1.5	6.3	6.3	19	19
		1.25	4	4	12	12			2	8.5	8.5	25	25
		1.5	5	5	15	15			3	12	12	36	36
									3.5	15	15	45	45
									4	18	18	53	53
									4.5	21	21	63	63
11.2	22.4	1	3.8	3.8	11	11	45	90	1.5	7.5	7.5	22	22
		1.25	4.5	4.5	13	13			2	9.5	9.5	28	28
		1.5	5.6	5.6	16	16			3	15	15	45	45
		1.75	6	6	18	18			4	19	19	56	56
		2	8	8	24	24			5	24	24	71	71
		2.5	10	10	30	30			5.5	28	28	85	85
									6	32	32	95	95

第11章　机械设计常用标准、规范及其他设计资料　157

表 11-24　　六角头螺栓　A 和 B 级(摘自 GB/T 5782—2016)、六角头螺栓　全螺纹　A 和 B 级(摘自 GB/T 5783—2016)　mm

GB/T 5782—2016

标记示例：

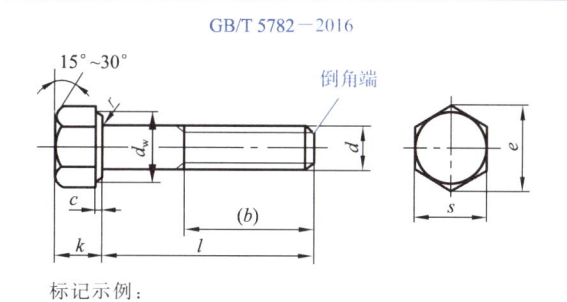

螺纹规格为 M12、公称长度 l=80 mm、性能等级为 8.8 级、表面氧化、A 级的六角头螺栓标记为：

螺栓　GB/T 5782　M12×80

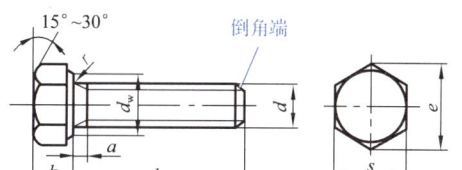

GB/T 5783—2016

标记示例：

螺纹规格为 M12、公称长度 l=80 mm、性能等级为 8.8 级、表面氧化、全螺纹、A 级的六角头螺栓标记为：

螺栓　GB/T 5783　M12×80

螺纹规格 d			M3	M4	M5	M6	M8	M10	M12	(M14)	M16	(M18)	M20	(M22)	M24
b(参考)	l≤125		12	14	16	18	22	26	30	34	38	42	46	50	54
	125<l≤200		18	20	22	24	28	32	36	40	44	48	52	56	60
	l>200		31	33	35	37	41	45	49	53	57	61	65	69	73
a	max		1.5	2.1	2.4	3	4	4.5	5.3	6	6	7.5	7.5	7.5	9
c	max		0.4	0.4	0.5	0.5	0.6	0.6	0.6	0.6	0.8	0.8	0.8	0.8	0.8
	min		0.15	0.15	0.15	0.15	0.15	0.15	0.15	0.15	0.2	0.2	0.2	0.2	0.2
d_w	min	A	4.57	5.88	6.88	8.88	11.63	14.63	16.63	19.64	22.49	25.34	28.19	31.71	33.61
		B	4.45	5.74	6.74	8.74	11.47	14.47	16.47	19.15	22	24.85	27.7	31.35	33.25
e	min	A	6.01	7.66	8.79	11.05	14.38	17.77	20.03	23.36	26.75	30.14	33.53	37.72	39.98
		B	5.88	7.50	8.63	10.89	14.20	17.59	19.85	22.78	26.17	29.56	32.95	37.29	39.55
k	公称		2	2.8	3.5	4	5.3	6.4	7.5	8.8	10	11.5	12.5	14	15
r	min		0.1	0.2	0.2	0.25	0.4	0.4	0.6	0.6	0.6	0.6	0.8	0.8	0.8
s	公称		5.5	7	8	10	13	16	18	21	24	27	30	34	36
l 范围			20～30	25～40	25～50	30～60	35～80	40～100	45～120	60～140	55～160	60～180	65～200	70～200	80～240
l 范围(全螺纹)			6～30	8～40	10～50	12～60	16～80	20～100	25～120	30～140	30～150	35～180	40～150	45～200	50～150
l 系列			6,8,10,12,16,20～70(5 进位),80～160(10 进位),180～360(20 进位)												

技术条件	材料	力学性能等级	螺纹公差	产品等级	表面处理
	钢	8.8	6g	A 级用于 d=1.6～24 或 l≤10d 或 l≤150 B 级用于 d>24 或 l>10d 或 l>150	氧化或镀锌钝化

注：1. A、B 为产品等级，A 级最精确，C 级最不精确。C 级产品详见 GB/T 5780—2016、GB/T 5781—2016。

2. l 系列中，M14 中的 55、65，M18 和 M20 中的 65 以及全螺纹中的 55、65 等规格尽可能不采用。

3. 括号内为第二系列螺纹直径规格，尽可能不采用。

表 11-25 六角头加强杆螺栓(摘自 GB/T 27—2013) mm

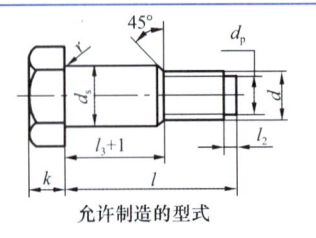

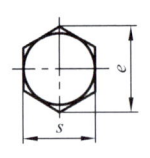

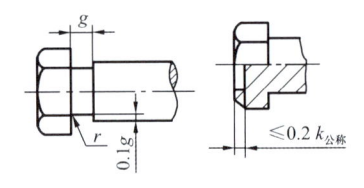

允许制造的型式

标记示例：

螺纹规格为 M12、d_s 尺寸按表规定、公称长度 l=80 mm、性能等级为 8.8 级、表面氧化处理、A 级的六角头铰制孔用螺栓标记为：螺栓 GB/T 27 M12×80

当 d_s 按 m6 制造时应标记为：螺栓 GB/T 27 M12×m6×80

螺纹规格 d			M6	M8	M10	M12	M16	M20	M24	M30	M36	M42	M48
螺距 P			1	1.25	1.5	1.75	2	2.5	3	3.5	4	4.5	5
d_s (h9)	max		7	9	11	13	17	21	25	32	38	44	50
	min		6.964	8.964	10.957	12.957	16.957	20.948	24.948	31.938	37.938	43.938	49.938
s	max		10	13	16	18	24	30	36	46	55	65	75
	min	A	9.78	12.73	15.73	17.73	23.67	29.67	35.38				
		B	9.64	12.57	15.57	17.57	23.16	29.16	35	45	53.8	63.8	73.1
k	公称		4	5	6	7	9	11	13	17	20	23	26
	A	min	3.85	4.85	5.85	6.82	8.82	10.78	12.78	—	—	—	—
		max	4.15	5.15	6.15	7.18	9.18	11.22	13.22	—	—	—	—
	B	min	3.76	4.76	5.76	6.71	8.71	10.65	12.65	16.65	19.58	22.58	25.58
		max	4.24	5.24	6.24	7.29	9.29	11.35	13.35	17.35	20.42	23.42	26.42
r	min		0.25	0.4	0.4	0.6	0.6	0.8	0.8	1	1	1.2	1.6
d_p			4	5.5	7	8.5	12	15	18	23	28	33	38
l_2			1.5		2		3	4		5	6	7	8
e min	A		11.05	14.38	17.77	20.03	26.75	33.53	39.98				
	B		10.89	14.20	17.59	19.85	26.17	32.95	39.55	50.85	60.79	72.02	82.60
g			2.5				3.5		5				

长度 l					螺纹规格 d										
公称	产品等级				M6	M8	M10	M12	M16	M20	M24	M30	M36	M42	M48
	A		B		l_3										
	min	max	min	max											
25	24.58	25.42	—	—	13	10									
(28)	27.58	28.42	—	—	16	13									
30	29.58	30.42	—	—	18	15	12								
(32)	31.50	32.50	—	—	20	17	14								
35	34.50	35.50	—	—	23	20	17	13							
(38)	37.50	38.50	—	—	26	23	20	16							
40	39.50	40.50	—	—	28	25	22	18							
45	44.50	45.50	—	—	33	30	27	23	17						
50	49.50	50.50	—	—	38	35	32	28	22						
(55)	54.50	55.95	—	—	43	40	37	33	27	23					
60	59.05	60.95	58.50	61.50	48	45	42	38	32	28					
(65)	64.05	65.95	63.50	66.50	53	50	47	43	37	33	27				

第11章　机械设计常用标准、规范及其他设计资料　159

续表

长度 l					螺纹规格 d										
公　称	产品等级				M6	M8	M10	M12	M16	M20	M24	M30	M36	M42	M48
	A		B		l_3										
	min	max	min	max											
70	69.05	70.95	68.50	71.50		55	52	48	42	38	32				
(75)	74.05	75.95	73.50	76.50		60	57	53	47	43	37				
80	79.05	80.95	78.50	81.50		65	62	58	52	48	42	30			
(85)	83.90	86.10	83.25	86.75			67	63	57	53	47	35			
90	88.90	91.10	88.25	91.75			72	68	62	58	52	40	35		
(95)	93.90	96.10	93.25	96.75			77	73	67	63	57	45	40		
100	98.90	101.10	98.25	101.75			82	78	72	68	62	50	45		
110	108.90	111.10	108.25	111.75			92	88	82	78	72	60	55	45	
120	118.90	121.10	118.25	121.75			102	98	92	88	82	70	65	55	50
130	128.75	131.10	128.00	132.00				108	102	98	92	80	75	65	60
140	138.75	141.25	138.00	142.00				118	112	108	102	90	85	75	70
150	148.75	151.25	148.00	152.00				128	122	118	112	100	95	85	80
160	—	—	158.00	162.00				138	132	128	122	110	105	95	90
170	—	—	168.00	172.00				148	142	138	132	120	115	105	100
180	—	—	178.00	182.00				158	152	148	142	130	125	115	110
190	—	—	187.70	192.30					162	158	152	140	135	125	120
200	—	—	197.70	202.30					172	168	162	150	145	135	130
210	—	—	207.70	212.30								160	155	145	140
220	—	—	217.70	222.30								170	165	155	150
230	—	—	227.70	232.30								180	175	165	160
240	—	—	237.70	242.30									185	175	170
250	—	—	247.70	252.30									195	185	180
260	—	—	257.40	262.60									205	195	190
280	—	—	277.40	282.60									225	215	210
300	—	—	297.40	302.60									245	235	230

注：1. 根据使用要求，无螺纹部分杆径（d_s）允许按 m6 或 u8 制造，但应在标记中注明。

2. 阶梯粗实线间为通用长度规格范围。

3. 尽可能不采用括号内的规格。

表 11-26　　内六角圆柱头螺钉(摘自 GB/T 70.1—2008)　　mm

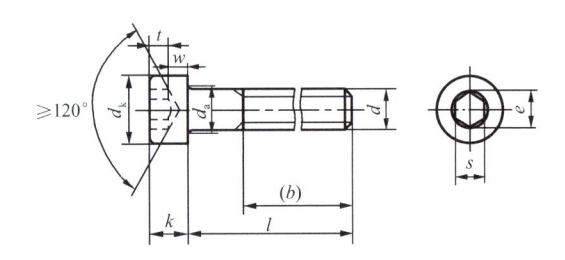

标记示例：

螺纹规格为 M5、公称长度 l=20 mm、性能等级为 8.8 级、表面氧化的 A 级内六角圆柱头螺钉标记为：

螺钉　GB/T 70.1　M5×20

螺纹规格 d	M2.5	M3	M4	M5	M6	M8	M10	M12	M16	M20	M24	M30	M36
d_{kmax}	4.5	5.5	7	8.5	10	13	16	18	24	30	36	45	54
k_{max}	2.5	3	4	5	6	8	10	12	16	20	24	30	36
t_{min}	1.1	1.3	2	2.5	3	4	5	6	8	10	12	15.5	19
s	2	2.5	3	4	5	6	8	10	14	17	19	22	27
e	2.303	2.873	3.443	4.583	5.723	6.683	9.149	11.429	15.996	19.37	21.734	25.154	30.854
b(参考)	17	18	20	22	24	28	32	36	44	52	60	72	84
l	4～25	5～30	6～40	8～50	10～60	12～80	16～100	20～120	25～160	30～200	40～200	45～200	55～200

注：1. 标准规定螺钉规格为 M1.6～M64。

2. 公称长度 l(系列)：2.5，3，4，5，6～16(2 进位)，20～65(5 进位)，70～160(10 进位)，180～300(20 进位)。

3. 材料为钢的螺钉性能等级有 8.8、10.9、12.9 级，其中 8.8 级为常用。

第11章　机械设计常用标准、规范及其他设计资料

表 11-27　双头螺柱　　mm

GB/T 897—1988($b_m=d$)
GB/T 898—1988($b_m=1.25d$)
GB/T 899—1988($b_m=1.5d$)
GB/T 900—1988($b_m=2d$)

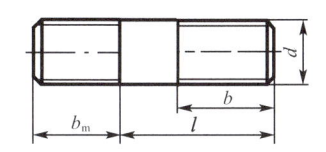

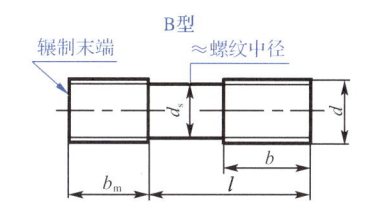

标记示例：
两端均为粗牙普通螺纹、$d=10$ mm、$l=50$ mm、性能等级为4.8级、不经表面处理、B型、$b_m=d$ 的双头螺柱标记为：螺柱　GB/T 897　M10×50
若为A型，则标记为：螺柱　GB/T 897　AM10×50

螺纹规格 d		M3	M4	M5	M6	M8	M10	M12	M16	M20	M24
b_m公称	GB/T 897—1988			5	6	8	10	12	16	20	24
	GB/T 898—1988			6	8	10	12	15	20	25	30
	GB/T 899—1988	4.5	6	8	10	12	15	18	24	30	36
	GB/T 900—1988	6	8	10	12	16	20	24	32	40	48
$\dfrac{l}{b}$		$\dfrac{16\sim20}{6}$	$\dfrac{16\sim(22)}{8}$	$\dfrac{16\sim(22)}{10}$	$\dfrac{20\sim(22)}{10}$	$\dfrac{20\sim(22)}{12}$	$\dfrac{25\sim(28)}{14}$	$\dfrac{25\sim(30)}{16}$	$\dfrac{30\sim(38)}{20}$	$\dfrac{35\sim(40)}{25}$	$\dfrac{45\sim(50)}{30}$
		$\dfrac{(22)\sim40}{12}$	$\dfrac{25\sim40}{14}$	$\dfrac{25\sim50}{16}$	$\dfrac{25\sim30}{14}$	$\dfrac{25\sim30}{16}$	$\dfrac{30\sim(38)}{16}$	$\dfrac{(32)\sim40}{20}$	$\dfrac{40\sim(55)}{30}$	$\dfrac{45\sim(65)}{35}$	$\dfrac{(55)\sim(75)}{45}$
					$\dfrac{(32)\sim(75)}{18}$	$\dfrac{(32)\sim90}{22}$	$\dfrac{40\sim120}{26}$	$\dfrac{45\sim120}{30}$	$\dfrac{60\sim120}{38}$	$\dfrac{70\sim120}{46}$	$\dfrac{80\sim120}{54}$
							$\dfrac{130}{32}$	$\dfrac{130\sim180}{36}$	$\dfrac{130\sim200}{44}$	$\dfrac{130\sim200}{52}$	$\dfrac{130\sim200}{60}$

注：1. GB/T 897—1988 和 GB/T 898—1988 规定双头螺柱的螺纹规格 $d=5\sim48$ mm，公称长度 $l=16\sim300$ mm；GB/T 899—1988 和 GB/T 900—1988 规定双头螺柱的螺纹规格 $d=2\sim48$ mm，公称长度 $l=12\sim300$ mm。
2. 双头螺柱的公称长度 l（系列）：12,(14),16,(18),20,(22),25,(28),30,(32),35,(38),40,45,50,(55),60,(65),70,(75),80,(85),90,(95),100~260(10进位),280,300(mm)，尽可能不采用括号内的数值。
3. 材料为钢的双头螺柱的性能等级有 4.8、5.8、6.8、8.8、10.9、12.9 级，其中 4.8 级为常用。

表 11-28　1 型六角螺母（摘自 GB/T 6170—2015）　　mm

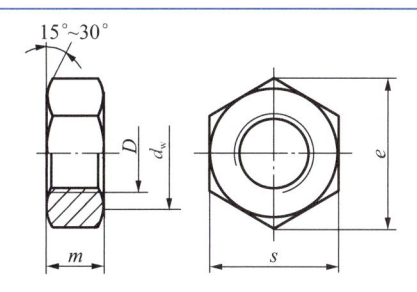

标记示例：
螺纹规格为 M12、性能等级为 8 级、不经表面处理、产品等级为 A 级的 1 型六角螺母标记为：
螺母　GB/T 6170　M12

螺纹规格 D		M5	M6	M8	M10	M12	M16	M20	M24	M30
d_w	min	6.9	8.9	11.6	14.6	16.6	22.5	27.7	33.2	42.7
e	min	8.79	11.05	14.38	17.77	20.03	26.75	32.95	39.55	50.85
m	max	4.7	5.2	6.8	8.4	10.8	14.8	18.0	21.5	25.6
s	max	8	10	13	16	18	24	30	36	46

表 11-29　开槽锥端紧定螺钉（摘自 GB/T 71—2018）　　　　　　　　　　　mm

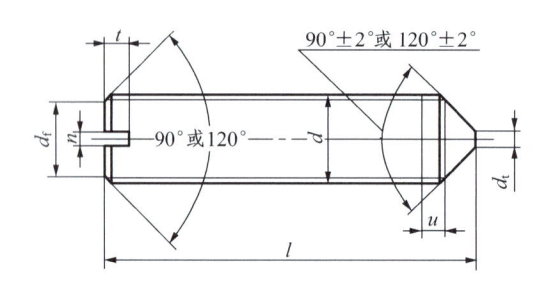

标记示例：

螺纹规格为 M5、公称长度 $l=12$ mm、钢制、硬度等级为 14H 级、表面不经处理、产品等级为 A 级的开槽锥端紧定螺钉标记为：

螺钉　GB/T 71　M5×12

螺纹规格 d			M1.2	M1.6	M2	M2.5	M3	M4	M5	M6	M8	M10	M12
螺距 P			0.25	0.35	0.4	0.45	0.5	0.7	0.8	1	1.25	1.5	1.75
	l		长度范围										
公称	min	max											
2	1.8	2.2											
2.5	2.3	2.7											
3	2.8	3.2											
4	3.7	4.3											
5	4.7	5.3				商品							
6	5.7	6.3											
8	7.7	8.3											
10	9.7	10.3						规格					
12	11.6	12.4											
(14)	13.6	14.4											
16	15.6	16.4							范围				
20	19.6	20.4											
25	24.6	25.4											
30	29.6	30.4											
35	34.5	35.5											
40	39.5	40.5											
45	44.5	45.5											
50	49.5	50.5											
(55)	54.4	55.6											
60	59.4	60.6											

注：1. 阶梯实线间为优选长度范围。

2. 尽可能不采用括号内的规格。

第11章　机械设计常用标准、规范及其他设计资料

表 11-30　　开槽平端紧定螺钉（摘自 GB/T 73—2017）　　mm

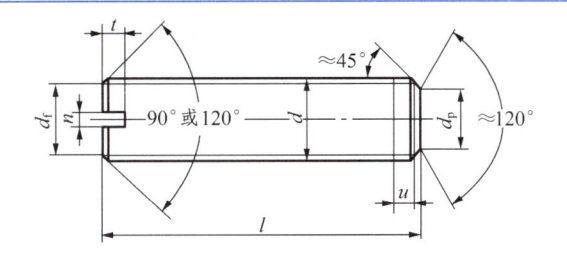

公称长度在表中虚阶梯线以上的短螺钉应制成 120°；45°仅适用于螺纹小径以内的末端部分；u（不完整螺纹的长度）$\leq 2P$。

标记示例：

螺纹规格为 M5、公称长度 $l=12$ mm、性能等级为 14H 级、表面氧化的开槽平端紧定螺钉标记为：

螺钉　GB/T 73　M5×12

螺纹规格		M1.2	M1.6	M2	M2.5	M3	(M3.5)	M4	M5	M6	M8	M10	M12
P		0.25	0.35	0.4	0.45	0.5	0.6	0.7	0.8	1	1.25	1.5	1.75
l							长度范围						
公称	min	max											
2	1.8	2.2											
2.5	2.3	2.7											
3	2.8	3.2											
4	3.7	4.3											
5	4.7	5.3											
6	5.7	6.3											
8	7.7	8.3											
10	9.7	10.3											
12	11.6	12.4											
(14)	13.6	14.4											
16	15.6	16.4											
20	19.6	20.4											
25	24.6	25.4											
30	29.6	30.4											
35	34.5	35.5											
40	39.5	40.5											
45	44.5	45.5											
50	49.5	50.5											
55	54.4	55.6											
60	59.4	60.6											

注：1. 尽可能不采用括号内的规格。

2. P 为螺距。

3. 最小值和最大值按 GB/T 3103.1—2002 的规定，并圆整到小数点后一位。

表 11-31　　　　　平垫圈　C 级(摘自 GB/T 95—2002)

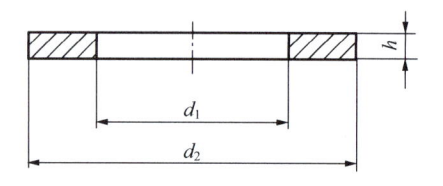

标记示例：
标准系列、公称规格 8 mm、硬度等级为 100HV 级、不经表面处理、产品等级为 C 级的平垫圈标记为：
　　垫圈　GB/T 95　8

公称规格/mm (螺纹大径 d)	内径 d_1/mm 公称(min)	外径 d_2/mm 公称(max)	厚度 h/mm 公称	厚度 h/mm max	m/kg 1 000 件 钢制品公称($\approx$)
1.6	1.8	4	0.3	0.4	0.024
2	2.4	5	0.3	0.4	0.036
2.5	2.9	6	0.5	0.6	0.085
3	3.4	7	0.5	0.6	0.115
(3.5)	3.9	8	0.5	0.6	0.150
4	4.5	9	0.8	1.0	0.300
5	5.5	10	1	1.2	0.430
6	6.6	12	1.6	1.9	0.991
8	9	16	1.6	1.9	1.73
10	11	20	2	2.3	3.44
12	13.5	24	2.5	2.8	6.07
(14)	15.5	28	2.5	2.8	8.38
16	17.5	30	3	3.6	10.98
(18)	20	34	3	3.6	13.98
20	22	37	3	3.6	16.37
(22)	24	39	3	3.6	17.48
24	26	44	4	4.6	31.07
(27)	30	50	4	4.6	39.46
30	33	56	4	4.6	50.48
(33)	36	60	5	6	71.02
36	39	66	5	6	87.39
(39)	42	72	6	7	126.5
42	45	78	8	9.2	200.2
(45)	48	85	8	9.2	242.7
48	52	92	8	9.2	284.1

注：尽可能不采用括号内的规格。

第11章 机械设计常用标准、规范及其他设计资料

表 11-32 标准型弹簧垫圈(摘自 GB/T 93—1987) mm

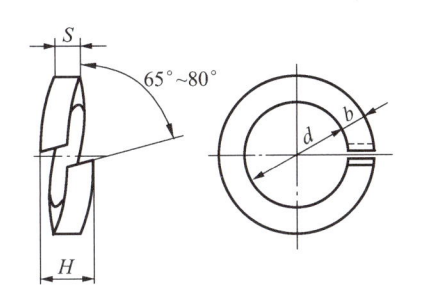

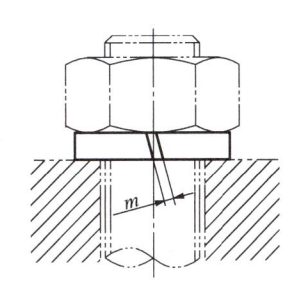

标记示例：

规格为 16 mm、材料为 65Mn、表面氧化的标准型弹簧垫圈标记为：

垫圈 GB/T 93 16

规格 (螺纹大径)	d min	d max	S(b) 公称	S(b) min	S(b) max	H min	H max	$m \leqslant$
2	2.1	2.35	0.5	0.42	0.58	1	1.25	0.25
2.5	2.6	2.85	0.65	0.57	0.73	1.3	1.63	0.33
3	3.1	3.4	0.8	0.7	0.9	1.6	2	0.4
4	4.1	4.4	1.1	1	1.2	2.2	2.75	0.55
5	5.1	5.4	1.3	1.2	1.4	2.6	3.25	0.65
6	6.1	6.68	1.6	1.5	1.7	3.2	4	0.8
8	8.1	8.68	2.1	2	2.2	4.2	5.25	1.05
10	10.2	10.9	2.6	2.45	2.75	5.2	6.5	1.3
12	12.2	12.9	3.1	2.95	3.25	6.2	7.75	1.55
(14)	14.2	14.9	3.6	3.4	3.8	7.2	9	1.8
16	16.2	16.9	4.1	3.9	4.3	8.2	10.25	2.05
(18)	18.2	19.04	4.5	4.3	4.7	9	11.25	2.25
20	20.2	21.04	5	4.8	5.2	10	12.5	2.5
(22)	22.5	23.34	5.5	5.3	5.7	11	13.75	2.75
24	24.5	25.5	6	5.8	6.2	12	15	3
(27)	27.5	28.5	6.8	6.5	7.1	13.6	17	3.4
30	30.5	31.5	7.5	7.2	7.8	15	18.75	3.75
(33)	33.5	34.7	8.5	8.2	8.8	17	21.25	4.25
36	36.5	37.7	9	8.7	9.3	18	22.5	4.5
(39)	39.5	40.7	10	9.7	10.3	20	25	5
42	42.5	43.7	10.5	10.2	10.8	21	26.25	5.25
(45)	45.5	46.7	11	10.7	11.3	22	27.5	5.5
48	48.5	49.7	12	11.7	12.3	24	30	6

注：1. 尽可能不采用括号内的规格。

2. m 应大于零。

表 11-33　　　螺栓孔和螺钉通孔（摘自 GB/T 5277—1985）　　　mm

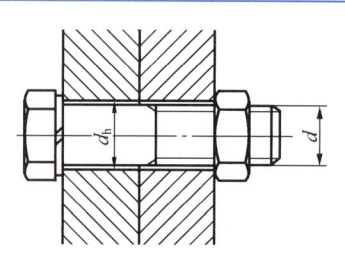

螺纹规格 d	通孔 d_h 系列		
	精装配	中等装配	粗装配
M4	4.3	4.5	4.8
M4.5	4.8	5	5.3
M5	5.3	5.5	5.8
M6	6.4	6.6	7
M7	7.4	7.6	8
M8	8.4	9	10
M10	10.5	11	12
M12	13	13.5	14.5
M14	15	15.5	16.5
M16	17	17.5	18.5
M18	19	20	21
M20	21	22	24
M22	23	24	26
M24	25	26	28
M27	28	30	32
M30	31	33	35
M33	34	36	38
M36	37	36	42
M39	40	42	45
M42	43	45	48
M45	46	48	52
M48	50	52	56
M52	54	56	62
M56	58	62	66
M60	62	66	70
M64	66	70	74
M68	70	74	78
M72	74	78	82
M76	78	82	86
M80	82	86	91
M85	87	91	96
M90	93	96	101
M95	98	101	107
M100	104	107	112
M105	109	112	117
M110	114	117	122
M115	119	122	127
M120	124	127	132
M125	129	132	137
M130	134	137	144
M140	144	147	155
M150	155	158	165

第11章 机械设计常用标准、规范及其他设计资料

表 11-34 沉头螺钉用沉孔(摘自 GB/T 152.2—2014) mm

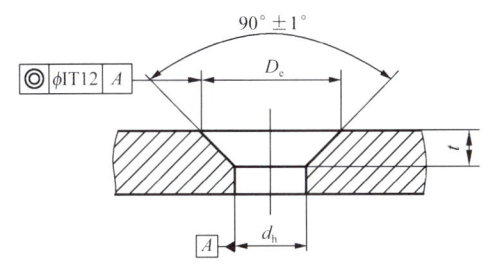

标记示例：
头部形状符合 GB/T 5279—1985、螺纹规格为 M4 的沉头螺钉，或螺纹规格为 ST4.2 的自攻螺钉用、公称规格为 4 mm 的沉孔标记为：
沉孔 GB/T 152.2-4

公称规格	螺纹规格		d_h① min(公称)	max	D_c min(公称)	max	t ≈
1.6	M1.6	—	1.80	1.94	3.6	3.7	0.95
2	M2	ST2.2	2.40	2.54	4.4	4.5	1.05
2.5	M2.5	—	2.90	3.04	5.5	5.6	1.35
3	M3	ST2.9	3.40	3.58	6.3	6.5	1.55
3.5	M3.5	ST3.5	3.90	4.08	8.2	8.4	2.25
4	M4	ST4.2	4.50	4.68	9.4	9.6	2.55
5	M5	ST4.8	5.50	5.68	10.40	10.65	2.58
5.5	—	ST5.5	6.00②	6.18	11.50	11.75	2.88
6	M6	ST6.3	6.60	6.82	12.60	12.85	3.13
8	M8	ST8	9.00	9.22	17.30	17.55	4.28
10	M10	ST9.5	10.00	11.27	20.0	20.3	4.65

注：①按 GB/T 5277—1985 中等装配系列的规定，公差带为 H13。
②GB/T 5277—1985 中无此尺寸。

表 11-35 内六角圆柱头螺钉用沉孔(摘自 GB/T 152.3—1988) mm

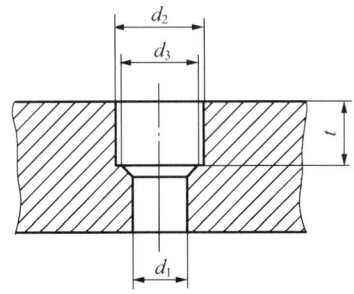

螺纹规格	M1.6	M2	M2.5	M3	M4	M5	M6	M8	M10	M12	M14	M16	M20	M24	M30	M36
d_2	3.3	4.3	5	6	8	10	11	15	18	20	24	26	33	40	48	57
t	1.8	2.3	2.9	3.4	4.6	5.7	6.8	9	11	13	15	17.5	21.5	25.5	32	38
d_3	—	—	—	—	—	—	—	—	—	16	18	20	24	28	36	42
d_1	1.8	2.4	2.9	3.4	4.5	5.5	6.6	9	11	13.5	15.5	17.5	22	26	33	39

注：尺寸 d_1、d_2、t 的公差带均为 H13。

表 11-36　六角头螺栓和六角螺母用沉孔（摘自 GB/T 152.4—1988）　　　　　mm

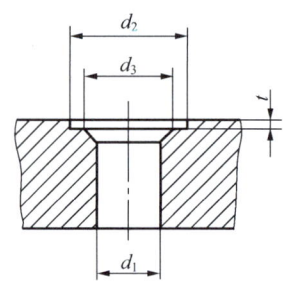

螺纹规格	M1.6	M2	M2.5	M3	M4	M5	M6	M8	M10	M12	M14	M16	M18	M20	M22	M24
d_2(H15)	5	6	8	9	10	11	13	18	22	26	30	33	36	40	43	48
d_3	—	—	—	—	—	—	—	—	—	16	18	20	22	24	26	28
d_1(H13)	1.8	2.4	2.9	3.4	4.5	5.5	6.6	9.0	11.0	13.5	15.5	17.5	20.0	22.0	24	26

表 11-37　　　　　　　　　　　　　螺栓间距 t_0

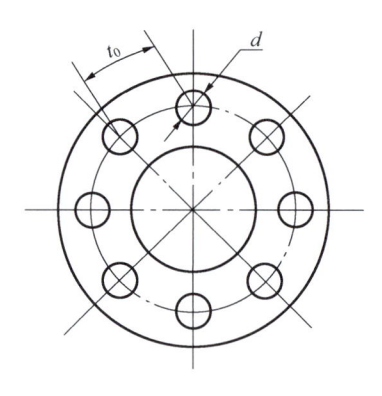

工作压力/MPa	≤1.6	>1.6～4	>4～10	>10～16	>16～20	>20～30
t_0/mm	$7d$	$5.5d$	$4.5d$	$4d$	$3.5d$	$3d$

注：对于压力容器等紧密性要求较高的重要连接，螺栓间距不得大于本表的推荐值。表中 d 为螺纹的公称直径。

第11章　机械设计常用标准、规范及其他设计资料

表 11-38　　普通螺纹　内、外螺纹余留长度，钻孔余留深度，
螺栓凸出螺母的末端长度（摘自 JB/ZQ 4247—2006）　　　mm

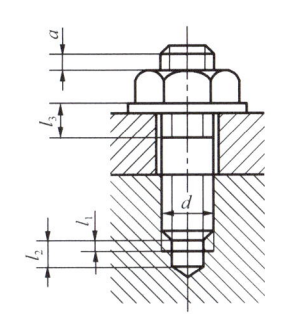

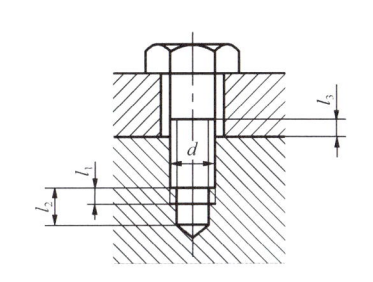

螺距 P	螺纹直径 d 粗牙	螺纹直径 d 细牙	余留长度 l_1（内螺纹）	余留长度 l_2（钻孔）	余留长度 l_3（外螺纹）	末端长度 a
0.5	3	5	1	4	2	1～2
0.7	4	—	1.5	5	2.5	2～3
0.75	—	6	1.5	6	2.5	2～3
0.8	5	—	1.5	6	2.5	2～3
1	6	8,10,14,16,18	2	7	3.5	2.5～4
1.25	8	12	2.5	9	4	2.5～4
1.5	10	14,16,18,20,22,24,27,30,33	3	10	4.5	3.5～5
1.75	12	—	3.5	13	5.5	3.5～5
2	14,16	24,27,30,33,36,39,45,48,52	4	14	6	4.5～6.5
2.5	18,20,22	—	5	17	7	4.5～6.5
3	24,27	36,39,42,45,48,56,60,64,72,76	6	20	8	5.5～8
3.5	30	—	7	23	10	5.5～8
4	36	56,60,64,68,72,76	8	26	11	7～11
4.5	42	—	9	30	12	7～11
5	48	—	10	33	13	10～15
5.5	56	—	11	36	16	10～15
6	64,72,76	—	12	40	18	10～15

表 11-39　　　　　　　　扳手空间(摘自 JB/ZQ 4005—2006)　　　　　　　　mm

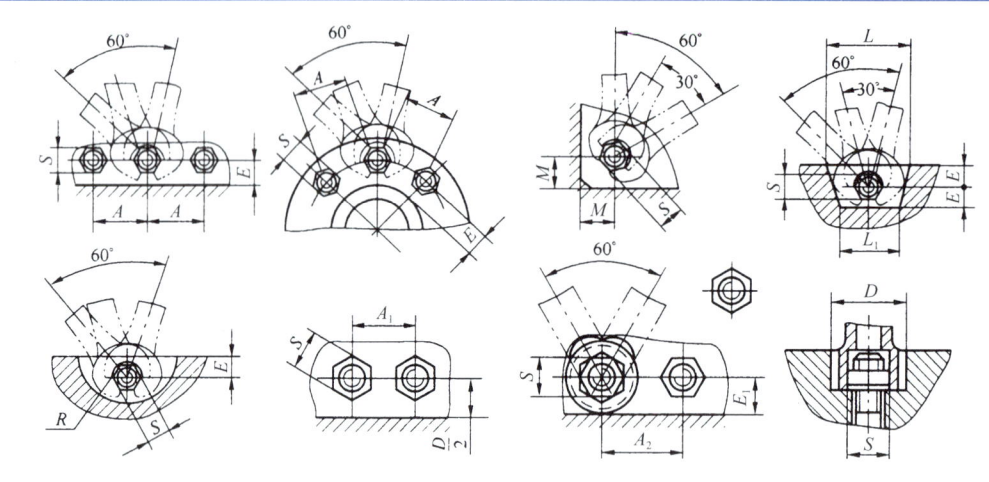

螺纹直径 d	S	A	A_1	A_2	E	E_1	M	L	L_1	R	D
3	5.5	18	12	12	5	7	11	30	24	15	14
4	7	20	16	14	6	7	12	34	28	16	16
5	8	22	16	15	7	10	13	36	30	18	20
6	10	26	18	18	8	12	15	46	38	20	24
8	13	32	24	22	11	14	18	55	44	25	28
10	16	38	28	26	13	16	22	62	50	30	30
12	18	42	—	30	14	18	24	70	55	32	—
14	21	48	36	34	15	20	26	80	65	36	40
16	24	55	38	38	16	24	30	85	70	42	45
18	27	62	45	42	19	25	32	95	75	46	52
20	30	68	48	46	20	28	35	105	85	50	56
22	34	76	55	52	24	32	40	120	95	58	60
24	36	80	58	55	24	34	42	125	100	60	70
27	41	90	65	62	26	36	46	135	110	65	76
30	46	100	72	70	30	40	50	155	125	75	82
33	50	108	76	75	32	44	55	165	130	80	88
36	55	118	85	82	36	48	60	180	145	88	95
39	60	125	90	88	38	52	65	190	155	92	100
42	65	135	96	96	42	55	70	205	165	100	106
45	70	145	105	102	45	60	75	220	175	105	112
48	75	160	115	112	48	65	80	235	185	115	126
52	80	170	120	120	48	70	84	245	195	125	132
56	85	180	126	—	52	—	90	260	205	130	138

11.8　轴系零件的紧固件

表 11-40　　轴肩挡圈(摘自 GB/T 886—1986)　　mm

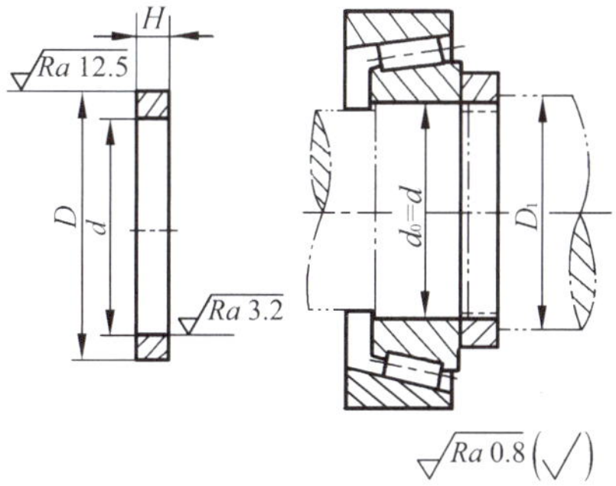

标记示例：
挡圈　GB/T 886—1986　40×52
(公称直径 d=40 mm、D=52 mm、材料为 35 钢、不经热处理及表面处理的轴肩挡圈)

公称直径 d(轴径)	$D_1 \geqslant$	02 尺寸系列径向轴承用		03 尺寸系列径向轴承和 02 尺寸系列角接触轴承用		04 尺寸系列径向轴承和 03 尺寸系列角接触轴承用	
		D	H	D	H	D	H
20	22	—	—	27	4	30	5
25	27	—	—	32		35	
30	32	36		38		40	
35	37	42	4	45		47	
40	42	47		50		52	
45	47	52		55		58	
50	52	58		60		65	
55	58	65	5	68	5	70	6
60	63	70		72		75	
65	68	75		78		80	
70	73	80		82		85	
75	78	85		88		90	
80	83	90	6	95	6	100	8
85	88	95		100		105	
90	93	100		105		110	
95	98	110		110		115	
100	103	115	8	115	8	120	10

表 11-41　锥销锁紧挡圈(摘自 GB/T 883—1986)、螺钉锁紧挡圈(摘自 GB/T 884—1986)　mm

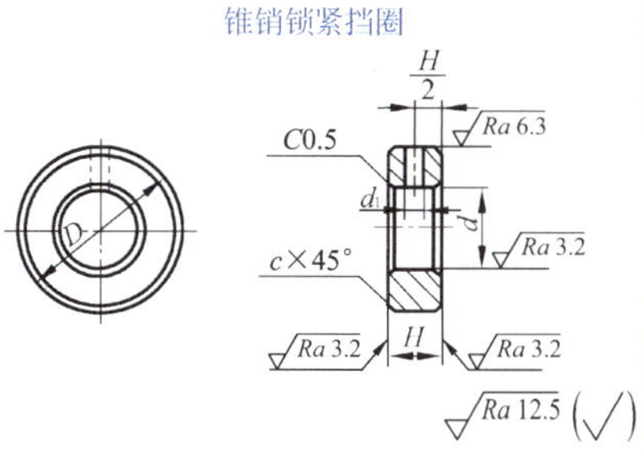

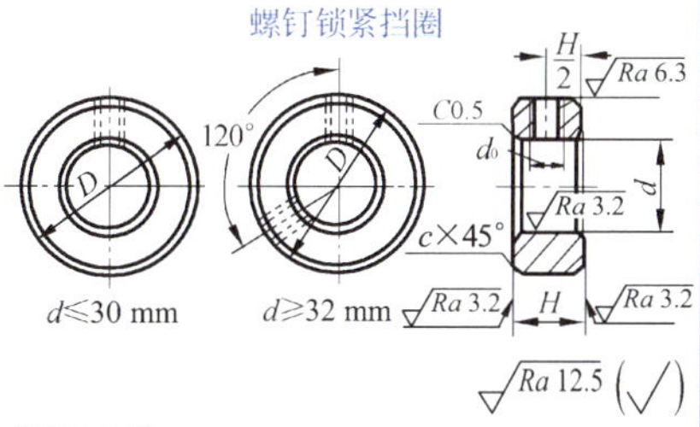

锥销锁紧挡圈

螺钉锁紧挡圈

标记示例：
挡圈　GB/T 883—1986　20
挡圈　GB/T 884—1986　20
(公称直径 d=20 mm、材料为 Q235A、不经表面处理的锥销锁紧挡圈和螺钉锁紧挡圈)

d	D	锥销锁紧挡圈				螺钉锁紧挡圈			
		H	d_1	c	圆锥销 GB/T 117—2000(推荐)	H	d_0	c	螺钉 GB/T 71—2018(推荐)
16	30	12	4	0.5	4×32	12	M6	1	M6×10
(17)	32								
18									
(19)	35				4×35				
20									
22	38		5	1	5×40				
25	42	14			5×45	14	M8		M8×12
28	45								
30	48		6		6×50				
32	52				6×55				
35	56	16				16	M10		M10×16
40	62				6×60				
45	70	18			6×70	18			M10×20
50	80		8		8×80				
55	85				8×90				
60	90	20				20			
65	95		10		10×100				
70	100								
75	110	22			10×110	22	M12		M12×25
80	115				10×120				
85	120								
90	125								
95	130	25		1.5	10×130	25		1.5	
100	135				10×140				

注：1. 括号内的尺寸尽可能不采用。

2. 加工锥销锁紧挡圈的 d_1 孔时只钻一面，装配时钻透并铰孔。

表 11-42 **轴端挡圈** mm

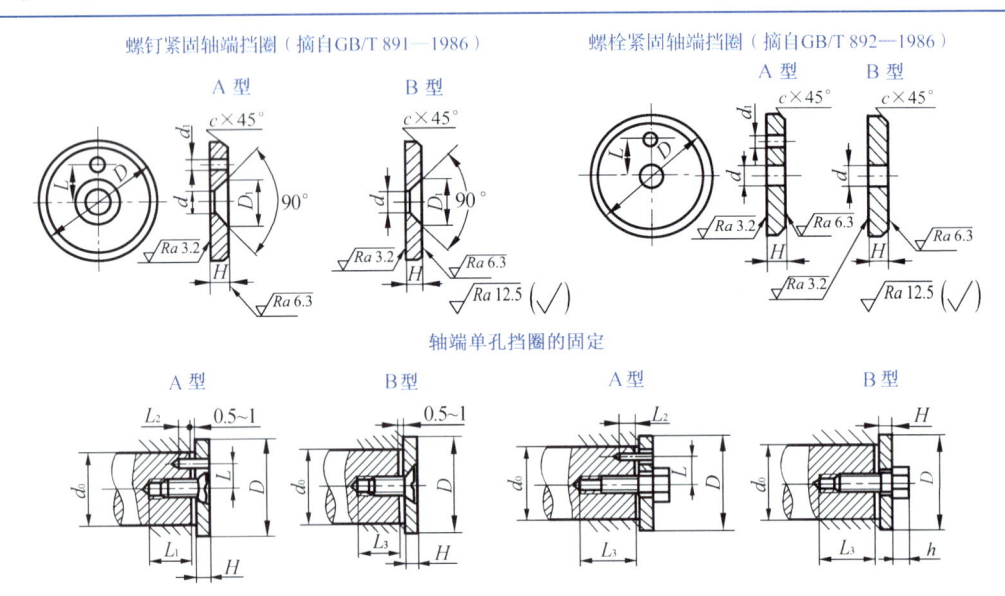

螺钉紧固轴端挡圈（摘自GB/T 891—1986） 螺栓紧固轴端挡圈（摘自GB/T 892—1986）

轴端单孔挡圈的固定

标记示例：

挡圈 GB/T 891—1986 45（公称直径 D=45 mm、材料为 Q235A、不经表面处理的 A 型螺钉紧固轴端挡圈）

挡圈 GB/T 891—1986 B45（公称直径 D=45 mm、材料为 Q235A、不经表面处理的 B 型螺钉紧固轴端挡圈）

轴径≤	公称直径 D	H	L	d	d_1	c	螺钉紧固轴端挡圈			螺栓紧固轴端挡圈			安装尺寸（参考）			
							D_1	螺钉 GB/T 819.1—2016（推荐）	圆柱销 GB/T 119.1—2000（推荐）	螺栓 GB/T 5783—2016（推荐）	圆柱销 GB/T 119.1—2000（推荐）	垫圈 GB/T 93—1987（推荐）	L_1	L_2	L_3	h
14	20	4	—	5.5	2.1	0.5	11	M5×12	A2×10	M5×16	A2×10	5	14	6	16	4.8
16	22	4	—													
18	25	4	—													
20	28	4	7.5													
22	30	4	7.5													
25	32	5	10	6.6	3.2	1	13	M6×16	A3×12	M6×20	A3×12	6	18	7	20	5.6
28	35	5	10													
30	38	5	10													
32	40	5	12													
35	45	5	12													
40	50	5	12													
45	55	6	16	9	4.2	1.5	17	M8×20	A4×14	M8×25	A4×14	8	22	8	24	7.4
50	60	6	16													
55	65	6	16													
60	70	6	20													
65	75	6	20													
70	80	6	20													
75	90	8	25	13	5.2	2	25	M12×25	A5×16	M12×30	A5×16	12	26	10	28	10.6
85	100	8	25													

注：1. 当挡圈装在带螺纹孔的轴端时，紧固用螺钉允许加长。

2. 材料：Q235A、35 钢、45 钢。

3. 轴端单孔挡圈的固定不属于 GB/T 891—1986 和 GB/T 892—1986 的内容，仅供参考。

第11章　机械设计常用标准、规范及其他设计资料　173

表 11-43　　A 型孔用弹性挡圈(摘自 GB/T 893—2017)

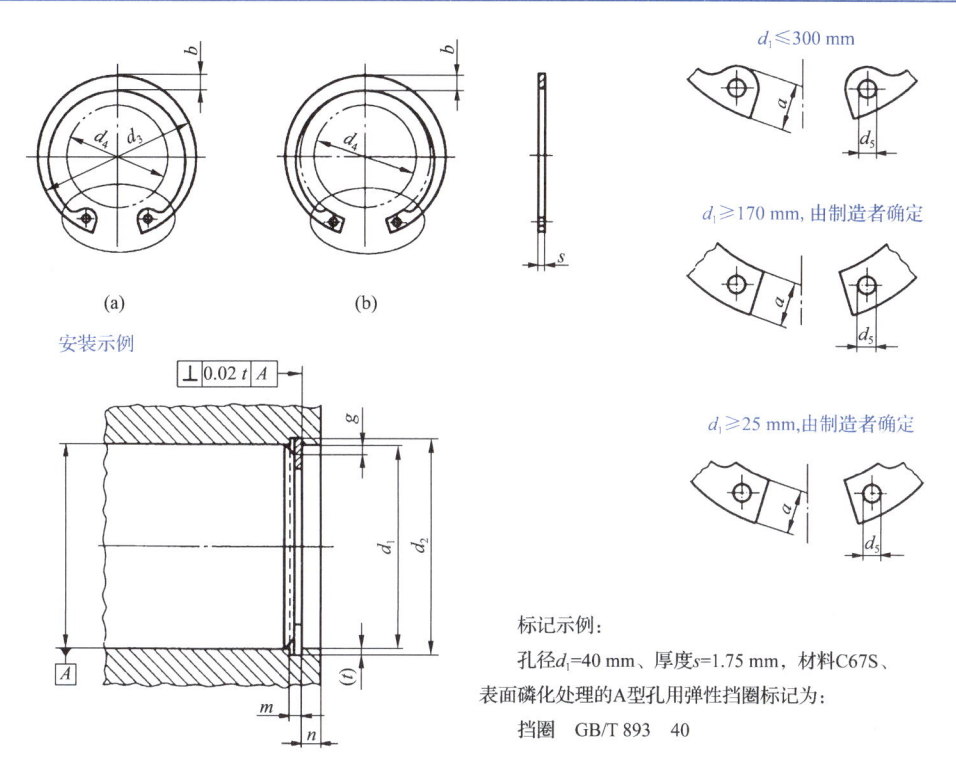

(a)　　(b)

$d_1 \leqslant 300$ mm

$d_1 \geqslant 170$ mm, 由制造者确定

$d_1 \geqslant 25$ mm,由制造者确定

安装示例

标记示例:

孔径d_1=40 mm、厚度s=1.75 mm，材料C67S、表面磷化处理的A型孔用弹性挡圈标记为:

挡圈　GB/T 893　40

公称规格 d_1/mm	挡圈								沟槽					其他	
	s/mm		d_3/mm		a/mm (max)	b①/mm (≈)	d_5/mm (min)	千件质量/kg (≈)	$d_2$②/mm		m③/mm (H13)	t/mm	n/mm (min)	d_4/mm	g/mm
	公称尺寸	极限偏差	公称尺寸	极限偏差					公称尺寸	极限偏差					
8	0.80	0 −0.05	8.7	+0.36 −0.10	2.4	1.1	1.0	0.14	8.4	+0.09 0	0.9	0.20	0.6	3.0	0.5
9	0.80		9.8		2.5	1.3	1.0	0.15	9.4		0.9	0.20	0.6	3.7	0.5
10	1.00	0 −0.06	10.8		3.2	1.4	1.2	0.18	10.4	+0.11 0	1.1	0.20	0.6	3.3	0.5
11	1.00		11.8		3.3	1.5	1.2	0.31	11.4		1.1	0.20	0.6	4.1	0.5
12	1.00		13		3.4	1.7	1.5	0.37	12.5		1.1	0.25	0.8	4.9	0.5
13	1.00		14.1		3.6	1.8	1.5	0.42	13.6		1.1	0.30	0.9	5.4	0.5
14	1.00		15.1		3.7	1.9	1.7	0.52	14.6		1.1	0.30	0.9	6.2	0.5
15	1.00		16.2		3.7	2.0	1.7	0.56	15.7		1.1	0.35	1.1	7.2	0.5
16	1.00		17.3		3.8	2.0	1.7	0.60	16.8		1.1	0.40	1.2	8.0	1.0
17	1.00		18.3	+0.42 −0.13	3.9	2.1	1.7	0.65	17.8		1.1	0.40	1.2	8.8	1.0
18	1.00		19.5		4.1	2.2	2.0	0.74	19	+0.13 0	1.1	0.50	1.5	9.4	1.0
19	1.00		20.5		4.1	2.2	2.0	0.83	20		1.1	0.50	1.5	10.4	1.0
20	1.00		21.5		4.2	2.3	2.0	0.90	21		1.1	0.50	1.5	11.2	1.0
21	1.00		22.5		4.2	2.4	2.0	1.00	22		1.1	0.50	1.5	12.2	1.0
22	1.00		23.5		4.2	2.5	2.0	1.10	23		1.1	0.50	1.5	13.2	1.0

续表

公称规格 d_1/mm	挡圈								沟槽					其他	
	s/mm		d_3/mm		a/mm (max)	b[①]/mm (≈)	d_5/mm (min)	千件质量/kg (≈)	d_2[②]/mm		m[③]/mm (H13)	t/mm	n/mm (min)	d_4/mm	g/mm
	公称尺寸	极限偏差	公称尺寸	极限偏差					公称尺寸	极限偏差					
24	1.20	0 −0.06	25.9	+0.42 −0.21	4.4	2.6	2.0	1.42	25.2	+0.21 0	1.3	0.60	1.8	14.8	1.0
25	1.20		26.9		4.5	2.7	2.0	1.50	26.2		1.3	0.60	1.8	15.5	1.0
26	1.20		27.9		4.7	2.8	2.0	1.60	27.2		1.3	0.60	1.8	16.1	1.0
28	1.20		30.1	+0.50 −0.25	4.8	2.9	2.0	1.80	29.4		1.3	0.70	2.1	17.9	1.0
30	1.20		32.1		4.8	3.0	2.0	2.06	31.4	+0.25 0	1.3	0.70	2.1	19.9	1.0
31	1.20		33.4		5.2	3.2	2.5	2.10	32.7		1.3	0.85	2.6	20.0	1.0
32	1.20		34.4		5.4	3.2	2.5	2.21	33.7		1.3	0.85	2.6	20.6	1.0
34	1.50		36.5		5.4	3.3	2.5	3.20	35.7		1.60	0.85	2.6	22.6	1.5
35	1.50		37.8		5.4	3.4	2.5	3.54	37.0		1.60	1.00	3.0	23.6	1.5
36	1.50		38.8		5.4	3.5	2.5	3.70	38.0		1.60	1.00	3.0	24.6	1.5
37	1.50		39.8		5.5	3.6	2.5	3.74	39		1.60	1.00	3.0	25.4	1.5
38	1.50		40.8		5.5	3.7	2.5	3.90	40		1.60	1.00	3.0	26.4	1.5
40	1.75		43.5	+0.90 −0.39	5.8	3.9	2.5	4.70	42.5		1.85	1.25	3.8	27.8	2.0
42	1.75		45.5		5.9	4.1	2.5	5.40	44.5		1.85	1.25	3.8	29.6	2.0
45	1.75		48.5		6.2	4.3	2.5	6.00	47.5		1.85	1.25	3.8	32.0	2.0
47	1.75		50.5	+1.10 −0.46	6.4	4.4	2.5	6.10	49.5		1.85	1.25	3.8	33.5	2.0
48	1.75		51.5		6.4	4.5	2.5	6.70	50.5	+0.30 0	1.85	1.25	3.8	34.5	2.0
50	2.00	0 −0.07	54.2		6.5	4.6	2.5	7.30	53.0		2.15	1.50	4.5	36.3	2.0
52	2.00		56.2		6.7	4.7	2.5	8.20	55.0		2.15	1.50	4.5	37.9	2.0
55	2.00		59.2		6.8	5.0	2.5	8.30	58.0		2.15	1.50	4.5	40.7	2.0
56	2.00		60.2		6.8	5.1	2.5	8.70	59.0		2.15	1.50	4.5	41.7	2.0
58	2.00		62.2		6.9	5.2	2.5	10.50	61.0		2.15	1.50	4.5	43.5	2.0
60	2.00		64.2		7.3	5.4	2.5	11.10	63.0		2.15	1.50	4.5	44.7	2.0
62	2.00		66.2		7.3	5.5	2.5	11.20	65.0		2.15	1.50	4.5	46.7	2.0
63	2.00		67.2		7.3	5.6	2.5	12.40	66.0		2.15	1.50	4.5	47.7	2.0
65	2.50		69.2		7.6	5.8	3.0	14.30	68.0		2.65	1.50	4.5	49.0	2.5
68	2.50		72.5		7.8	6.1	3.0	16.00	71.0		2.65	1.50	4.5	51.6	2.5
70	2.50		74.5		7.8	6.2	3.0	16.50	73.0		2.65	1.50	4.5	53.6	2.5
72	2.50		76.5		7.8	6.4	3.0	18.10	75.0		2.65	1.50	4.5	55.6	2.5
75	2.50		79.5		7.8	6.6	3.0	18.80	78.0		2.65	1.50	4.5	58.6	2.5
78	2.50		82.5	+1.30 −0.54	8.5	6.6	3.0	20.4	81.0	+0.35 0	2.65	1.50	4.5	60.1	2.5
80	2.50		85.5		8.5	6.8	3.0	22.0	83.5		2.65	1.75	5.3	62.1	2.5
82	2.50		87.5		8.5	7.0	3.0	24.0	85.5		2.65	1.75	5.3	64.1	2.5
85	3.00	0 −0.08	90.5		8.6	7.0	3.5	25.3	88.5		3.15	1.75	5.3	66.9	3.0
88	3.00		93.5		8.6	7.2	3.5	28.0	91.5		3.15	1.75	5.3	69.9	3.0
90	3.00		95.5		8.6	7.6	3.5	31.0	93.5		3.15	1.75	5.3	71.9	3.0
92	3.00		97.5		8.7	7.8	3.5	32.0	95.5		3.15	1.75	5.3	73.7	3.0
95	3.00		100.5		8.8	8.1	3.5	35.0	98.5		3.15	1.75	5.3	76.5	3.0
98	3.00		103.5		9.0	8.3	3.5	37.0	101.5		3.15	1.75	5.3	79.0	3.0
100	3.00		105.5		9.2	8.4	3.5	38.0	103.5		3.15	1.75	5.3	80.6	3.0

第11章　机械设计常用标准、规范及其他设计资料　175

续表

公称规格 d_1/mm	挡圈								沟槽					其他	
	s/mm 公称尺寸	s/mm 极限偏差	d_3/mm 公称尺寸	d_3/mm 极限偏差	a/mm (max)	b①/mm (≈)	d_5/mm (min)	千件质量/kg (≈)	$d_2$②/mm 公称尺寸	$d_2$②/mm 极限偏差	m③/mm (H13)	t/mm	n/mm (min)	d_4/mm	g/mm
102	4.00	0 −0.10	108	+1.30 −0.54	9.5	8.5	3.5	55.0	106.0	+0.54 0	4.15	2.00	6.0	82.0	3.0
105	4.00		112		9.5	8.7	3.5	56.0	109.0		4.15	2.00	6.0	85.0	3.0
108	4.00		115		9.5	8.9	3.5	60.0	112.0		4.15	2.00	6.0	88.0	3.0
110	4.00		117		10.4	9.0	3.5	64.5	114.0		4.15	2.00	6.0	88.2	3.0
112	4.00		119		10.5	9.1	3.5	72.0	116.0		4.15	2.00	6.0	90.0	3.0
115	4.00		122	+1.50 −0.63	10.5	9.3	3.5	74.5	119.0		4.15	2.00	6.0	93.0	3.0
120	4.00		127		11.0	9.7	3.5	77.0	124.0	+0.63 0	4.15	2.00	6.0	96.9	3.0
125	4.00		132		11.0	10.0	4.0	79.0	129.0		4.15	2.00	6.0	101.9	3.0
130	4.00		137		11.0	10.2	4.0	82.0	134.0		4.15	2.00	6.0	106.9	3.0
135	4.00		142		11.2	10.5	4.0	84.0	139.0		4.15	2.00	6.0	111.5	3.0
140	4.00		147		11.2	10.7	4.0	87.5	144.0		4.15	2.00	6.0	116.5	3.0
145	4.00		152		11.4	10.9	4.0	93.0	149.0		4.15	2.00	6.0	121.0	3.0
150	4.00		158		12.0	11.2	4.0	105.0	155.0		4.15	2.50	7.5	124.8	3.0
155	4.00		164		12.0	11.4	4.0	107.0	160.0		4.15	2.50	7.5	129.8	3.5
160	4.00		169		13.0	11.6	4.0	110.0	165.0		4.15	2.50	7.5	132.7	3.5
165	4.00		174.5		13.0	11.8	4.0	125.0	170.0		4.15	2.50	7.5	137.7	3.5
170	4.00		179.5		13.5	12.2	4.0	140.0	175.0		4.15	2.50	7.5	141.6	3.5
175	4.00		184.5	+1.70 −0.72	13.5	12.7	4.0	150.0	180.0		4.15	2.50	7.5	146.6	3.5
180	4.00		189.5		14.2	13.2	4.0	165.0	185.0	+0.72 0	4.15	2.50	7.5	150.2	3.5
185	4.00		194.5		14.2	13.7	4.0	170.0	190.0		4.15	2.50	7.5	155.2	3.5
190	4.00		199.5		14.2	13.8	4.0	175.0	195.0		4.15	2.50	7.5	160.2	3.5
195	4.00		204.5		14.2	14.0	4.0	183.0	200.0		4.15	2.50	7.5	165.2	3.5
200	4.00		209.5		14.2	14.0	4.0	195.0	205.0		4.15	2.50	7.5	170.2	3.5
210	5.00	0 −0.12	222.0		14.2	14.0	4.0	270.0	216.0		5.15	3.00	9.0	180.2	4.0
220	5.00		232.0		14.2	14.0	4.0	315.0	226.0		5.15	3.00	9.0	190.2	4.0
230	5.00		242.0		14.2	14.0	4.0	330.0	236.0		5.15	3.00	9.0	200.2	4.0
240	5.00		252.0	+2.00 −0.81	14.2	14.0	4.0	345.0	246.0		4.15	3.00	9.0	210.2	4.0
250	5.00		262.0		16.2	16.0	5.0	360.0	256.0	+0.81 0	5.15	3.00	9.0	220.2	4.0
260	5.00		275.0		16.2	16.0	5.0	375.0	268.0		5.15	4.00	12.0	226.0	4.0
270	5.00		285.0		16.2	16.0	5.0	388.0	278.0		5.15	4.00	12.0	236.0	4.0
280	5.00		295.0		16.2	16.0	5.0	400.0	288.0		5.15	4.00	12.0	246.0	4.0
290	5.00		305.0		16.2	16.0	5.0	415.0	298.0		5.15	4.00	12.0	256.0	4.0
300	5.00		315.0		16.2	16.0	5.0	435.0	308.0		5.15	4.00	12.0	266.0	4.0

注：①尺寸 b 不能超过 a_{max}。

②见 GB/T 893—2017 孔用弹性挡圈 6.1。

③见 GB/T 893—2017 孔用弹性挡圈 6.2。

表 11-44　　A 型轴用弹性挡圈(摘自 GB/T 894—2017)

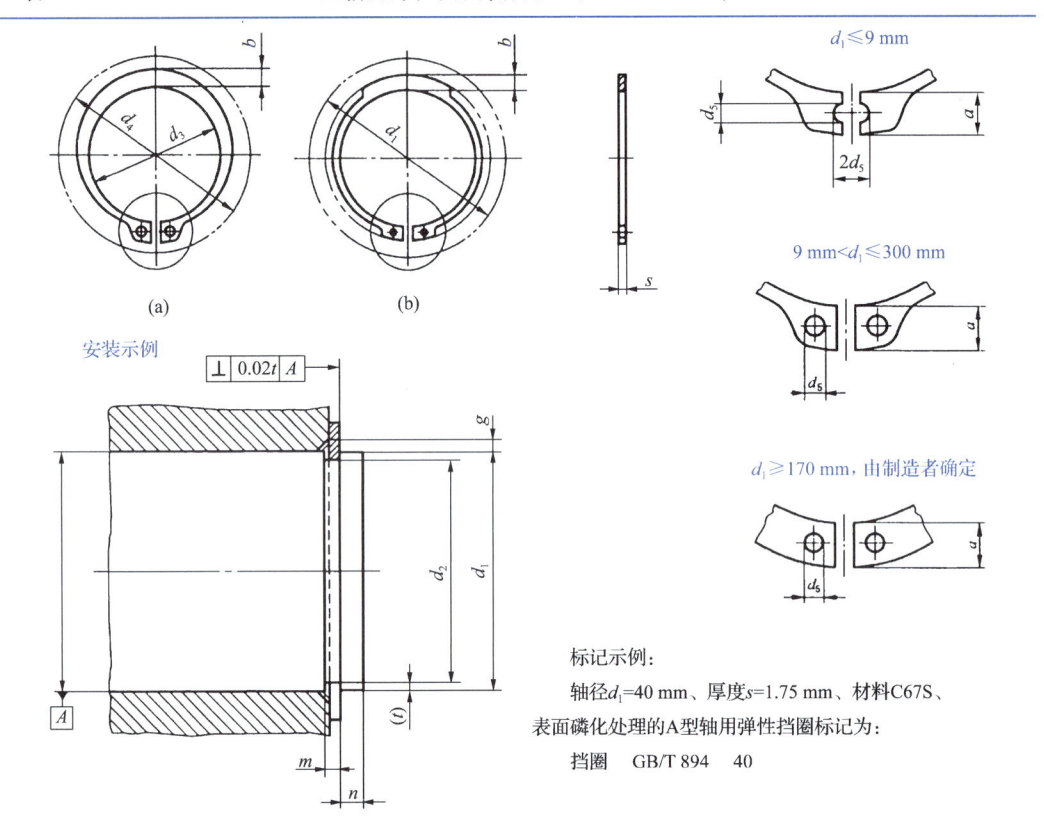

(a)　　(b)

$d_1 \leqslant 9$ mm

9 mm< $d_1 \leqslant 300$ mm

$d_1 \geqslant 170$ mm，由制造者确定

安装示例

标记示例：

轴径 d_1=40 mm、厚度 s=1.75 mm、材料C67S、表面磷化处理的A型轴用弹性挡圈标记为：

挡圈　GB/T 894　40

公称规格 d_1/mm	挡圈								沟槽					其他	
	s/mm		d_3/mm		a/mm (max)	b①/mm (≈)	d_5/mm (min)	千件质量/kg (≈)	$d_2$②/mm		m③/mm (H13)	t/mm	n/mm (min)	d_4/mm	g/mm
	公称尺寸	极限偏差	公称尺寸	极限偏差					公称尺寸	极限偏差					
3	0.40	0 −0.05	2.7	+0.04 −0.15	1.9	0.8	1.0	0.017	2.8	0 −0.04	0.5	0.10	0.3	7.0	0.5
4	0.40		3.7		2.2	0.9	1.0	0.022	3.8	0 −0.05	0.5	0.10	0.3	8.6	0.5
5	0.60		4.7		2.5	1.1	1.0	0.066	4.8		0.7	0.10	0.3	10.3	0.5
6	0.70		5.6		2.7	1.3	1.2	0.084	5.7		0.8	0.15	0.5	11.7	0.5
7	0.80		6.5	+0.06 −0.18	3.1	1.4	1.2	0.121	6.7	0 −0.06	0.9	0.15	0.5	13.5	0.5
8	0.80		7.4		3.2	1.5	1.2	0.158	7.6		0.9	0.20	0.6	14.7	0.5
9	1.00	0 −0.06	8.4		3.3	1.7	1.2	0.300	8.6	0 −0.11	1.1	0.20	0.6	16.0	0.5
10	1.00		9.3	+0.10 −0.36	3.3	1.8	1.5	0.340	9.6		1.1	0.20	0.6	17.0	1.0
11	1.00		10.2		3.3	1.8	1.5	0.410	10.5		1.1	0.25	0.8	18.0	1.0
12	1.00		11.0		3.3	1.8	1.7	0.500	11.5		1.1	0.25	0.8	19.0	1.0
13	1.00		11.9		3.4	2.0	1.7	0.530	12.4		1.1	0.30	0.9	20.2	1.0
14	1.00		12.9		3.5	2.1	1.7	0.640	13.4		1.1	0.30	0.9	21.4	1.0
15	1.00		13.8		3.6	2.2	1.7	0.670	14.3		1.1	0.35	1.1	22.6	1.0
16	1.00		14.7		3.7	2.2	1.7	0.700	15.2		1.1	0.40	1.2	23.8	1.0
17	1.00		15.7		3.8	2.3	1.7	0.820	16.2		1.1	0.40	1.2	25.0	1.0

第11章　机械设计常用标准、规范及其他设计资料　177

续表

公称规格 d_1/mm	挡圈								沟槽					其他	
	s/mm		d_3/mm		a/mm (max)	b[①]/mm (≈)	d_5/mm (min)	千件质量/kg (≈)	d_2[②]/mm		m[③]/mm (H13)	t/mm	n/mm (min)	d_4/mm	g/mm
	公称尺寸	极限偏差	公称尺寸	极限偏差					公称尺寸	极限偏差					
18	1.20	0 −0.06	16.5	+0.10 −0.36	3.9	2.4	2.0	1.11	17.0	0 −0.11	1.30	0.50	1.5	26.2	1.5
19	1.20		17.5		3.9	2.5	2.0	1.22	18.0		1.30	0.50	1.5	27.2	1.5
20	1.20		18.5	+0.13 −0.42	4.0	2.6	2.0	1.30	19.0	0 −0.13	1.30	0.50	1.5	28.4	1.5
21	1.20		19.5		4.1	2.7	2.0	1.42	20.0		1.30	0.50	1.5	29.6	1.5
22	1.20		20.5		4.2	2.8	2.0	1.50	21.0		1.30	0.50	1.5	30.8	1.5
24	1.20		22.2	+0.21 −0.42	4.4	3.0	2.0	1.77	22.9	0 −0.21	1.30	0.55	1.7	33.2	1.5
25	1.20		23.2		4.4	3.0	2.0	1.90	23.9		1.30	0.55	1.7	34.2	1.5
26	1.20		24.2		4.5	3.1	2.0	1.96	24.9		1.30	0.55	1.7	35.5	1.5
28	1.50		25.9		4.7	3.2	2.0	2.92	26.6		1.60	0.70	2.1	37.9	1.5
29	1.50		26.9		4.8	3.4	2.0	3.20	27.6		1.60	0.70	2.1	39.1	1.5
30	1.50		27.9		5.0	3.5	2.0	3.31	28.6		1.60	0.70	2.1	40.5	1.5
32	1.50		29.6	+0.25 −0.50	5.2	3.6	2.5	3.54	30.3	0 −0.25	1.60	0.85	2.6	43.0	2.0
34	1.50		31.5		5.4	3.8	2.5	3.80	32.3		1.60	0.85	2.6	45.4	2.0
35	1.50		32.2		5.6	3.9	2.5	4.00	33.0		1.60	1.00	3.0	46.8	2.0
36	1.75		33.2		5.6	4.0	2.5	5.00	34.0		1.85	1.00	3.0	47.8	2.0
38	1.75		35.2		5.8	4.2	2.5	5.62	36.0		1.85	1.00	3.0	50.2	2.0
40	1.75		36.5	+0.39 −0.90	6.0	4.4	2.5	6.03	37.0		1.85	1.25	3.8	52.6	2.0
42	1.75		38.5		6.5	4.5	2.5	6.5	39.5		1.85	1.25	3.8	55.7	2.0
45	1.75		41.5		6.7	4.7	2.5	7.5	42.5		1.85	1.25	3.8	59.1	2.0
48	1.75		44.5		6.9	5.0	2.5	7.9	45.5		1.85	1.25	3.8	62.5	2.0
50	2.00	0 −0.07	45.8		6.9	5.1	2.5	10.2	47.0		2.15	1.50	4.5	64.5	2.0
52	2.00		47.8		7.0	5.2	2.5	11.1	49.0		2.15	1.50	4.5	66.7	2.5
55	2.00		50.8	+0.46 −1.10	7.2	5.4	2.5	11.4	52.0	0 −0.30	2.15	1.50	4.5	70.2	2.5
56	2.00		51.8		7.3	5.5	2.5	11.8	53.0		2.15	1.50	4.5	71.6	2.5
58	2.00		53.8		7.3	5.6	2.5	12.6	55.0		2.15	1.50	4.5	73.6	2.5
60	2.00		55.8		7.4	5.8	2.5	12.9	57.0		2.15	1.50	4.5	75.6	2.5
62	2.00		57.8		7.5	6.0	2.5	14.3	59.0		2.15	1.50	4.5	77.8	2.5
63	2.00		58.8		7.6	6.2	2.5	15.9	60.0		2.15	1.50	4.5	79.0	2.5
65	2.50		60.8		7.8	6.3	3.0	18.2	62.0		2.65	1.50	4.5	81.4	2.5
68	2.50		63.5		8.0	6.5	3.0	21.8	65.0		2.65	1.50	4.5	84.8	2.5
70	2.50		65.5		8.1	6.6	3.0	22.0	67.0		2.65	1.50	4.5	87.0	2.5
72	2.50		67.5		8.2	6.8	3.0	22.5	69.0		2.65	1.50	4.5	89.2	2.5

续表

公称规格 d_1/mm	挡圈								沟槽					其他	
	s/mm		d_3/mm		a/mm (max)	b[①]/mm (≈)	d_5/mm (min)	千件质量/kg (≈)	d_2[②]/mm		m[③]/mm (H13)	t/mm	n/mm (min)	d_4/mm	g/mm
	公称尺寸	极限偏差	公称尺寸	极限偏差					公称尺寸	极限偏差					
75	2.50	0 −0.07	70.5	+0.46 −0.10	8.4	7.0	3.0	24.6	72.0	0 −0.30	2.65	1.50	4.5	92.7	2.5
78	2.50		73.5		8.6	7.3	3.0	26.2	75.0		2.65	1.50	4.5	96.1	3.0
80	2.50		74.5		8.6	7.4	3.0	27.3	76.5		2.65	1.75	5.3	98.1	3.0
82	2.50		76.5		8.7	7.6	3.0	31.2	78.5		2.65	1.75	5.3	100.3	3.0
85	3.00	0 −0.08	79.5		8.7	7.8	3.5	36.4	81.5	0 −0.35	3.15	1.75	5.3	103.3	3.0
88	3.00		82.5	+0.54 −1.30	8.8	8.0	3.5	41.2	84.5		3.15	1.75	5.3	106.5	3.0
90	3.00		84.5		8.8	8.2	3.5	44.5	86.5		3.15	1.75	5.3	108.5	3.0
95	3.00		89.5		9.4	8.6	3.5	49.0	91.5		3.15	1.75	5.3	114.8	3.5
100	3.00		94.5		9.6	9.0	3.5	53.7	96.5		3.15	1.75	5.3	120.2	3.5
105	4.00	0 −0.10	98.0		9.9	9.3	3.5	80.0	101.0	0 −0.54	4.15	2.00	6.0	125.8	3.5
110	4.00		103.0		10.1	9.6	3.5	82.0	106.0		4.15	2.00	6.0	131.2	3.5
115	4.00		108.0		10.6	9.8	3.5	84.0	111.0		4.15	2.00	6.0	137.3	3.5
120	4.00		113.0		11.0	10.2	3.5	86.0	116.0		4.15	2.00	6.0	143.1	3.5
125	4.00		118.0		11.4	10.4	4.0	90.0	121.0	0 −0.63	4.15	2.00	6.0	149.0	4.0
130	4.00		123.0	+0.63 −1.50	11.6	10.7	4.0	100.0	126.0		4.15	2.00	6.0	154.4	4.0
135	4.00		128.0		11.8	11.0	4.0	104.0	131.0		4.15	2.00	6.0	159.8	4.0
140	4.00		133.0		12.0	11.2	4.0	110.0	136.0		4.15	2.00	6.0	165.2	4.0
145	4.00		138.0		12.2	11.5	4.0	115.0	141.0		4.15	2.00	6.0	170.6	4.0
150	4.00		142.0		13.0	11.8	4.0	120.0	145.0		4.15	2.50	7.5	177.3	4.0
155	4.00		146.0		13.0	12.0	4.0	135.0	150.0		4.15	2.50	7.5	182.3	4.0
160	4.00		151.0		13.3	12.2	4.0	150.0	155.0		4.15	2.50	7.5	188.0	4.0
165	4.00		155.5		13.5	12.5	4.0	160.0	160.0		4.15	2.50	7.2	193.4	5.0
170	4.00		160.5		13.5	12.9	4.0	170.0	165.0		4.15	2.50	7.5	198.4	5.0
175	4.00		165.5		13.5	13.5	4.0	180.0	170.0		4.15	2.50	7.5	203.4	5.0
180	4.00		170.5		14.2	13.5	4.0	190.0	175.0		4.15	2.50	7.5	210.0	5.0
185	4.00		175.5		14.2	14.0	4.0	200.0	180.0		4.15	2.50	7.5	215.0	5.0
190	4.00		180.5	+0.72 −1.70	14.2	14.0	4.0	210.0	185.0	0 −0.72	4.15	2.50	7.5	220.0	5.0
195	4.00		185.5		14.2	14.0	4.0	220.0	190.0		4.15	2.50	7.5	225.0	5.0
200	4.00		190.5		14.2	14.0	4.0	230.0	195.0		4.15	2.50	7.5	230.0	5.0
210	5.00	0 −0.12	198.0		14.2	14.0	4.0	248.0	204.0		5.15	3.00	9.0	240.0	6.0
220	5.00		208.0		14.2	14.0	4.0	265.0	214.0		5.15	3.00	9.0	250.0	6.0
230	5.00		218.0		14.2	14.0	4.0	290.0	224.0		5.15	3.00	9.0	260.0	6.0
240	5.00		228.0		14.2	14.0	4.0	310.0	234.0		5.15	3.00	9.0	270.0	6.0
250	5.00		238.0		14.2	14.0	4.0	335.0	244.0		5.15	3.0	9.0	280	6.5
260	5.00		245.0		16.2	16.0	5.0	355.0	252.0	0 −0.81	5.15	4.0	12.0	294	6.5
270	5.00		255.0	+0.81 −2.00	16.2	16.0	5.0	375.0	262.0		5.15	4.0	12.0	304	6.0
280	5.00		265.0		16.2	16.0	5.0	398.0	272.0		5.15	4.0	12.0	314	6.0
290	5.00		275.0		16.2	16.0	5.0	418.0	282.0		5.15	4.0	12.0	324	6.0
300	5.00		285.0		16.2	16.0	5.0	440.0	292.0		5.15	4.0	12.0	334	6.0

注：①尺寸 b 不能超过 a_{max}。

②见 GB/T 894—2017 轴用弹性挡圈 6.1。

③见 GB/T 894—2017 轴用弹性挡圈 6.2。

第11章　机械设计常用标准、规范及其他设计资料　179

表 11-45　圆螺母(摘自 GB/T 812—1988)、小圆螺母(摘自 GB/T 810—1988)　mm

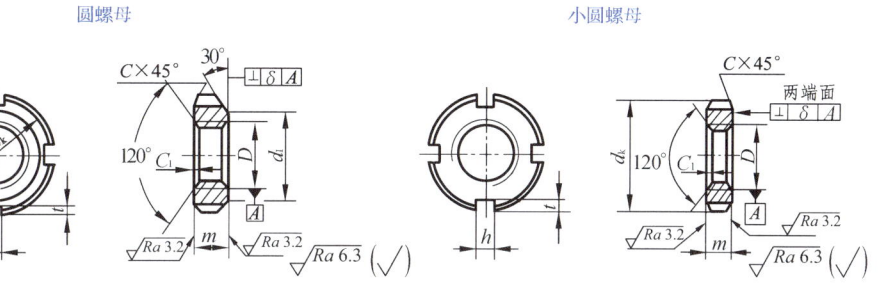

标记示例：

螺母　GB/T 812—1988　M16×1.5

螺母　GB/T 810—1988　M16×1.5

(螺纹规格为 M16×1.5、材料为 45 钢、槽或全部热处理硬度(35～45)HRC、表面氧化的圆螺母和小圆螺母)

圆螺母(GB/T 812—1988)

螺纹规格 D×P	d_k	d_1	m	h max	h min	t max	t min	C	C_1
M10×1	22	16	8	4.3	4	2.6	2	0.5	0.5
M12×1.25	25	19							
M14×1.5	28	20							
M16×1.5	30	22		5.3	5	3.1	2.5		
M18×1.5	32	24							
M20×1.5	35	27							
M22×1.5	38	30	10						
M24×1.5	42	34						1	
M25×1.5*									
M27×1.5	45	37							
M30×1.5	48	40							
M33×1.5	52	43		6.3	6	3.6	3		
M35×1.5*									
M36×1.5	55	46							
M39×1.5	58	49							
M40×1.5*									
M42×1.5	62	53						1.5	
M45×1.5	68	59							
M48×1.5	72	61	12	8.36	8	4.25	3.5		
M50×1.5*									
M52×1.5	78	67							
M55×2*									
M58×2	85	74							1
M60×2	90	79							
M64×2	95	84							
M65×2*									
M68×2	100	88							
M72×2	105	93	15	10.36	10	4.75	4		
M75×2*									
M76×2	110	98							
M80×2	115	103							
M85×2	120	108							
M90×2	125	112	18	12.43	12	5.75	5		
M95×2	130	117							
M100×2	135	122							
M105×2	140	127							

小圆螺母(GB/T 810—1988)

螺纹规格 D×P	d_k	m	h max	h min	t max	t min	C	C_1
M10×1	20	6	4.3	4	2.6	2	0.5	0.5
M12×1.25	22							
M14×1.5	25							
M16×1.5	28							
M18×1.5	30		5.3	5	3.1	2.5		
M20×1.5	32							
M22×1.5	35	8						
M24×1.5	38							
M27×1.5	42						1	
M30×1.5	45							
M33×1.5	48							
M36×1.5	52		6.3	6	3.6	3		
M39×1.5	55							
M42×1.5	58							
M45×1.5	62							
M48×1.5	68	10						
M52×1.5	72		8.36	8	4.25	3.5		
M56×2	78							1
M60×2	80							
M64×2	85	12						
M68×2	90							
M72×2	95							
M76×2	100		10.36	10	4.75	4		
M80×2	105						1.5	
M85×2	110							
M90×2	115							
M95×2	120							
M100×2	125		12.43	12	5.75	5		
M105×2	130	15						

注：1. 槽数 n：当 $D \leqslant$ M100×2 时，$n=4$；当 $D \geqslant$ M105×2 时，$n=6$。

2. * 仅用于滚动轴承锁紧装置。

表 11-46　圆螺母用止动垫圈(摘自 GB/T 858—1988)　　　mm

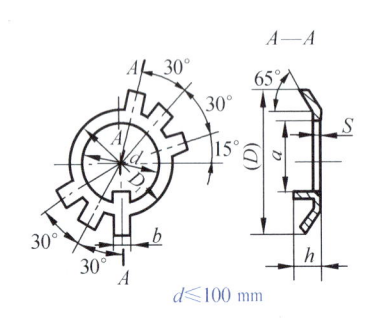

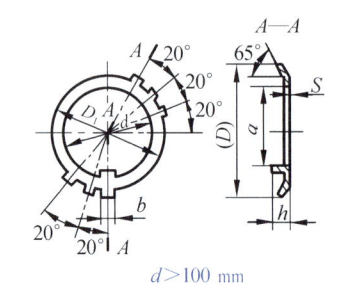

标记示例：

垫圈　GB/T 858—1988　16

(规格为 16 mm、材料为 Q235A、经退火、表面氧化的圆螺母用止动垫圈)

规格(螺纹大径)	d	D(参考)	D₁	S	b	a	h	轴端 b₁	轴端 t	规格(螺纹大径)	d	D(参考)	D₁	S	b	a	h	轴端 b₁	轴端 t
10	10.5	25	16	1	3.8	8	3	4	7	48	48.5	76	61	1.5	7.7	45	6	5	44
12	12.5	28	19			9			8	50*	50.5					47			—
14	14.5	32	20			11			10	52	52.5	82	67			49			48
16	16.5	34	22			13			12	55*	56					52			—
18	18.5	35	24			15			14	56	57	90	74			53		8	52
20	20.5	38	27			17			16	60	61	94	79			57			56
22	22.5	42	30		4.8	19	4	5	18	64	65	100	84			61			60
24	24.5	45	34			21			20	65*	66					62			—
25*	25.5					22			—	68	69	105	88			65			64
27	27.5	48	37			24			23	72	73	110	93			69			68
30	30.5	52	40			27			26	75*	76				9.6	71		10	—
33	33.5	56	43			30			29	76	77	115	98			72			70
35*	35.5					32			—	80	81	120	103			76			74
36	36.5	60	46	1.5	5.7	33	5	6	32	85	86	125	108			81	7		79
39	39.5	62	49			36			35	90	91	130	112			86			84
40*	40.5					37			—	95	96	135	117	2	11.6	91		12	89
42	42.5	66	53			39			38	100	101	140	122			96			94
45	45.5	72	59			42			41	105	106	145	127			101			99

注：* 仅用于滚动轴承锁紧装置。

表 11-47　轴上固定螺钉用的孔　　　mm

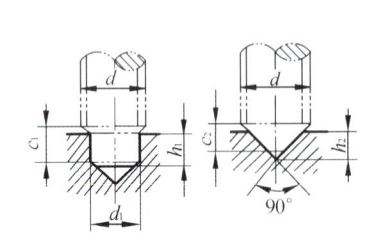

d	3	4	6	8	10	12	16	20	24
d₁	—	—	4.5	6	7	9	12	15	18
c₁			4	5	6	7	8	10	12
c₂	1.5	2	3	3.5	4	5	6	—	
h₁ ≥	—	—	4	5	6	7	8	10	12
h₂	1.5	2	3	3.5	4	5	6	—	

注：1. 工作图上除 c_1、c_2 外，其他尺寸应全部注出。

2. d 为螺纹规格。

11.9 联轴器

表 11-48 凸缘联轴器（摘自 GB/T 5843—2003）

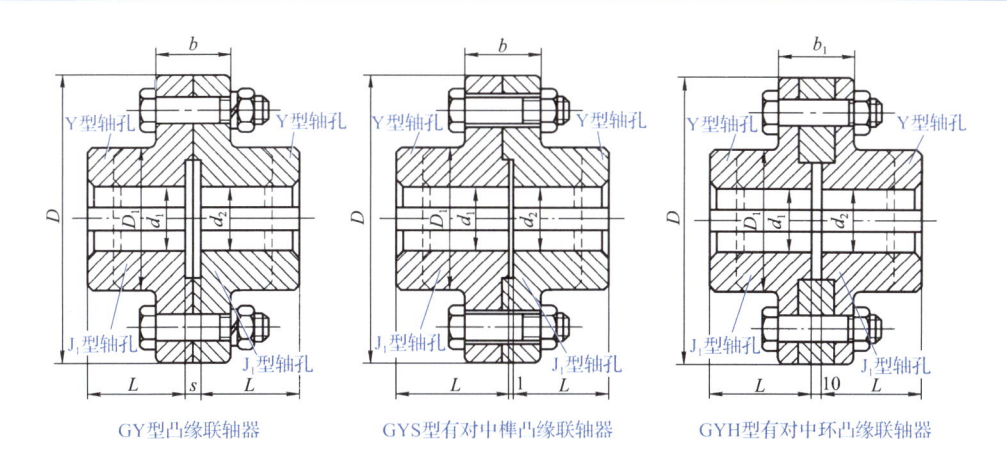

GY型凸缘联轴器　　GYS型有对中榫凸缘联轴器　　GYH型有对中环凸缘联轴器

标记示例：GY5 联轴器 $\dfrac{Y30\times 82}{J_1 B30\times 60}$ GB/T 5843—2003

主动端：Y 型轴孔，A 型键槽，轴孔直径 $d=30$ mm，轴孔长度 $L=82$ mm

从动端：J_1 型轴孔，B 型键槽，轴孔直径 $d=30$ mm，轴孔长度 $L=60$ mm

型号	公称转矩 T_n/(N·m)	许用转速 $[n]$/(r·min^{-1})	轴孔直径 d_1, d_2/mm	轴孔长度 L/mm Y 型	轴孔长度 L/mm J_1 型	D/mm	D_1/mm	b/mm	b_1/mm	s/mm	转动惯量 I/(kg·m²)	质量 m/kg
GY1 GYS1 GYH1	25	12 000	12,14	32	27	80	30	26	42		0.000 8	1.16
			16,18,19	42	30							
GY2 GYS2 GYH2	63	10 000	16,18,19	42	30	90	40	28	44	6	0.001 5	1.72
			20,22,24	52	38							
			25	62	44							
GY3 GYS3 GYH3	112	9 500	20,22,24	52	38	100	45	30	46		0.002 5	2.38
			25,28	62	44							
GY4 GYS4 GYH4	224	9 000	25,28	62	44	105	55	32	48		0.003	3.15
			30,32,35	82	60							

续表

型号	公称转矩 T_n/(N·m)	许用转速 [n]/(r·min^{-1})	轴孔直径 d_1,d_2/mm	轴孔长度 L/mm		D/mm	D_1/mm	b/mm	b_1/mm	s/mm	转动惯量 I/(kg·m^2)	质量 m/kg
				Y 型	J_1 型							
GY5 GYS5 GYH5	400	8 000	30,32,35,38	82	60	120	68	36	52	8	0.007	5.43
			40,42	112	84							
GY6 GYS6 GYH6	900	6 800	38	82	60	140	80	40	56		0.015	7.59
			40,42,45,48,50	112	84							
GY7 GYS7 GYH7	1 600	6 000	48,50,55,56	112	84	160	100	40	56		0.031	13.1
			60,63	142	107							
GY8 GYS8 GYH8	3 150	4 800	60,63,65,70,71,75	142	107	200	130	50	68	10	0.103	27.5
			80	172	132							
GY9 GYS9 GYH9	6 300	3 600	75	142	107	260	160	66	84		0.319	47.8
			80,85,90,95	172	132							
			100	212	167							

注:1. 本联轴器不具备径向、轴向和角向的补偿性能,刚性好,传递转矩大,结构简单,工作可靠,维护简便,适用于两轴对中、精度良好的一般轴系传动。

2. A 型键槽为平键单键槽,B 型键槽为 120°布置平键双键槽,B_1 型键槽为 180°布置平键双键槽,C 型键槽为圆锥形轴孔平键单键槽。

3. 半联轴器的材料为 35 钢。

第11章 机械设计常用标准、规范及其他设计资料

表 11-49   LT 型弹性套柱销联轴器（摘自 GB/T 4323—2017）

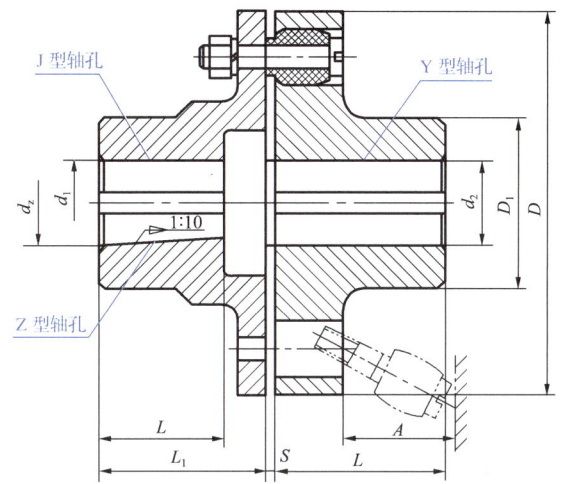

联轴器的标记方法按 GB/T 3852 的规定。

标记示例 1：LT6 联轴器
主动端：Y 型轴孔，A 型键槽，$d_1=38$ mm，$L=82$ mm
从动端：Y 型轴孔，A 型键槽，$d_2=38$ mm，$L=82$ mm
LT6 联轴器 38×82 GB/T 4323—2017

标记示例 2：LT8 联轴器
主动端：Z 型轴孔，C 型键槽，$d_z=50$ mm，$L=84$ mm
从动端：Y 型轴孔，A 型键槽，$d_1=60$ mm，$L=142$ mm
LT8 联轴器 $\dfrac{ZC50\times84}{60\times142}$ GB/T 4323—2017

型号	公称转矩 T_n/(N·m)	许用转速 $[n]$/(r·min⁻¹)	轴孔直径 d_1,d_2,d_z/mm	轴孔长度 Y型 L/mm	轴孔长度 J、Z型 L_1/mm	轴孔长度 J、Z型 L/mm	D/mm	D_1/mm	S/mm	A/mm	转动惯量/(kg·m²)	质量/kg
LT1	16	8 800	10,11	22	25	22	71	22	3	18	0.000 4	0.7
			12,14	27	32	27						
LT2	25	7 600	12,14	27	32	27	80	30	3	18	0.001	1.0
			16,18,19	30	42	30						
LT3	63	6 300	16,18,19	30	42	30	95	35	4	35	0.002	2.2
			20,22	38	52	38						
LT4	100	5 700	20,22,24	38	52	38	106	42	4	35	0.004	3.2
			25,28	44	62	44						
LT5	224	4 600	25,28	44	62	44	130	56	5	45	0.011	5.5
			30,32,35	60	82	60						
LT6	355	3 800	32,35,38	60	82	60	160	71	5	45	0.026	9.6
			40,42	84	112	84						
LT7	560	3 600	40,42,45,48	84	112	84	190	80	5	45	0.06	15.7
LT8	1 120	3 000	40,42,45,48,50,55	84	112	84	224	95	6	65	0.13	24.0
			60,63,65	107	142	107						
LT9	1 600	2 850	50,55	84	112	84	250	110	6	65	0.20	31.0
			60,63,65,70	107	142	107						
LT10	3 150	2 300	63,65,70,75	107	142	107	315	150	8	80	0.64	60.2
			80,85,90,95	132	172	132						
LT11	6 300	1 800	80,85,90,95	132	172	132	400	190	10	100	2.06	114
			100,110	167	212	167						
LT12	12 500	1 450	100,110,120,125	167	212	167	475	220	12	130	5.00	212
			130	202	252	202						
LT13	22 400	1 150	120,125	167	212	167	600	280	14	180	16.0	416
			130,140,150	202	252	202						
			160,170	242	302	242						

注：1. 转动惯量和质量是按 Y 型最大轴孔长度、最小轴孔直径计算的数值。
     2. 轴孔形式组合为：Y/Y、J/Y、Z/Y。

联轴器选用说明

1. 联轴器应根据工况条件、计算转矩、工作转速和轴孔直径等综合因素进行选用。
2. 联轴器计算转矩 T_c 一般由式(1)求出,并应满足:

$$T_c = T \cdot K_t = 9\,550 \cdot P_w / n \cdot K_t \leqslant T_n \tag{1}$$

式中　T_c——计算转矩,N·mm;
　　　T——理论转矩,N·m;
　　　K_t——温度系数,见表1;
　　　P_w——驱动功率,kW;
　　　n——工作转速,r/min;
　　　T_n——公称转矩,N·m。

表 1　　　　　　　　　　　　　　温度系数 K_t

温度范围/℃	$-30 \leqslant t \leqslant 30$	$30 < t \leqslant 40$	$40 < t \leqslant 60$	$60 < t \leqslant 80$
K_t	1.0	1.2	1.4	1.8

3. 联轴器因瞬时过载所承受的最大转矩不得大于联轴器的最大转矩 T_{max}。
(1) 主动端冲击转矩,见式(2):

$$T_{Amax} = T_{AS} \cdot K_{AJ} \cdot K_t \cdot K_S \cdot K_Z \leqslant T_{max} \tag{2}$$

(2) 从动端冲击转矩,见式(3):

$$LT_{max} = LT_S \cdot K_{LJ} \cdot K_t \cdot K_S \cdot K_Z \leqslant T_{max} \tag{3}$$

式中　T_{AS}——主动端冲击转矩,N·m;
　　　LT_S——从动端冲击转矩,N·m;
　　　K_{AJ}——主动端质量系数,$K_{AJ} = J_L / (J_A + J_L)$;
　　　K_{LJ}——从动端质量系数,$K_{LJ} = J_A / (J_A + J_L)$,其中 J_A 为主动端转动惯量总和,J_L 为从动端转动惯量总和;
　　　K_t——温度系数,见表1;
　　　K_S——冲击系数,见表2;
　　　K_Z——启动系数,见表3。

表 2　　　　　　　　　　　　　　冲击系数 K_S

冲击类别	轻	中	重
K_S	1.5	1.8	2.0

表 3　　　　　　　　　　　　　　启动系数 K_Z

启动次数 1/h	<120	≥120~240	>240
K_Z	1.0	1.3	按要求

表 11-50 LX 型弹性柱销联轴器(摘自 GB/T 5014—2017)

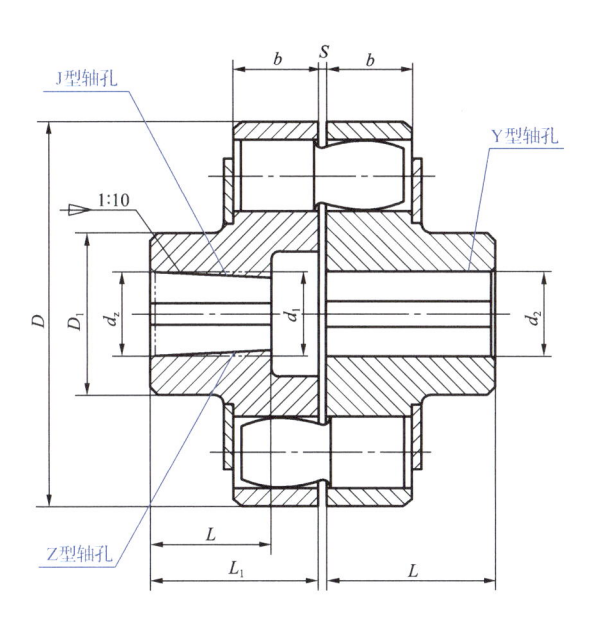

联轴器的标记方法按 GB/T 3852 的规定
标记示例 1：LX6 弹性柱销联轴器
主动端：Y 型轴孔，A 型键槽，$d_1=65$ mm，$L=142$ mm
从动端：Y 型轴孔，A 型键槽，$d_2=65$ mm，$L=142$ mm
　　LX6 联轴器 65×142　GB/T 5014—2017
标记示例 2：LX7 弹性柱销联轴器
主动端：Z 型轴孔，C 型键槽，$d_z=75$ mm，$L=107$ mm
从动端：J 型轴孔，B 型键槽，$d_z=70$ mm，$L=107$ mm
　　LX7 联轴器 $\dfrac{\text{ZC}75\times107}{\text{JB}70\times107}$　GB/T 5014—2017

型号	公称转矩 T_n/(N·m)	许用转速 $[n]$/(r·min⁻¹)	轴孔直径 d_1,d_2,d_z	轴孔长度 Y型 L	J、Z型 L	J、Z型 L₁	D	D₁	b	S	转动惯量/(kg·m²)	质量/kg
					mm							
LX1	250	8 500	12,14	32	27	—	90	40	20	2.5	0.002	2
			16,18,19	42	30	42						
			20,22,24	52	38	52						
LX2	560	6 300	20,22,24	52	38	52	120	55	28	2.5	0.009	5
			25,28,30	62	44	62						
			30,32,35	82	60	82						
LX3	1 250	4 750	30,32,35,38	82	60	82	160	75	36	2.5	0.026	8
			40,42,45,48	112	84	112						
LX4	2 500	3 850	40,42,45,48,50,55,56	112	84	112	195	100	45	3	0.109	22
			60,63	142	107	142						

续表

型号	公称转矩 T_n/ (N·m)	许用转速 $[n]$/ (r·min^{-1})	轴孔直径 d_1、d_2、d_z	轴孔长度 Y型 L	轴孔长度 J、Z型 L	轴孔长度 J、Z型 L_1	D	D_1	b	S	转动惯量/ (kg·m^2)	质量/ kg
				mm								
LX5	3 150	3 450	50,55,56	112	84	112	220	120	45	3	0.191	30
			60,63,65, 70,71,75	142	107	142						
LX6	6 300	2 720	60,63,65, 70,71,75	142	107	142	280	140	56	4	0.543	53
			80,85	172	132	172						
LX7	11 200	2 360	70,71,75	142	107	142	320	170	56	4	1.314	98
			80,85,90,95	172	132	172						
			100,110	212	167	212						
LX8	16 000	2 120	80,85,90,95	172	132	172	360	200	56	5	2.023	119
			100,110,120,125	212	167	212						
LX9	22 400	1 850	100,110,120,125	212	167	212	410	230	63	5	4.386	197
			130,140	252	202	252						
LX10	35 500	1 600	110,120,125	212	167	212	480	280	75	6	9.760	322
			130,140,150	252	202	252						
			160,170,180	302	242	302						
LX11	50 000	1 400	130,140,150	252	202	252	540	340	75	6	20.05	520
			160,170,180	302	242	302						
			190,200,220	352	282	352						
LX12	80 000	1 220	160,170,180	302	242	302	630	400	90	7	37.71	714
			190,200,220	352	282	352						
			240,250,260	410	330	—						

注:转动惯量和质量是按 J/Y 轴孔组合形式和最小轴孔直径计算的。

表 11-51　　圆锥销套筒联轴器的主要技术参数和尺寸(推荐)

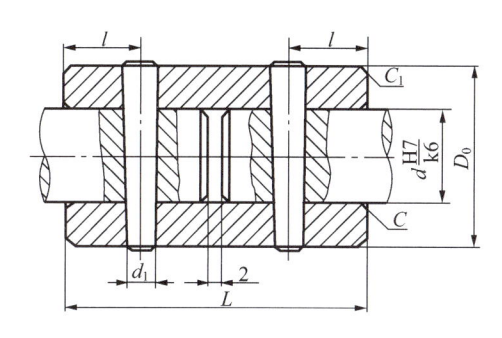

轴孔直径 d(H7)/ mm	D_0/ mm	L/ mm	d_1/ mm	l/ mm	C/ mm	C_1/ mm	圆锥销尺寸 GB/T 117—2000	许用转矩 T_p/(N·m)	质量 m/kg
4	8	15	1.0	3	0.3	0.3	1×8	0.3	0.004
5	10	20	1.5	5			1.5×10	0.8	0.01
6	12	25	1.5	6			1.5×12	1.0	0.02
8	15	30	2.0				2×16	2.2	0.03
10	18	35	2.5	8	0.5	0.5	2.5×18	4.5	0.06
12	22	40	3.0				3×22	7.5	0.09
14	25	45	4.0	10			4×25	16	0.13
16	28		5.0				5×28	28	0.16
18	32	55		12			5×32	32	0.25
20	35	60	6.0	15			6×35	50	0.31
22		65						56	0.35
25	40	75			1.0		8×40	112	0.47
28	45	80	8.0	20		1.0	8×45	127	0.63
30		90						132	0.65
35	50	105	10	25			10×50	250	0.84
40	60	120					10×60	280	1.52
45	70	140			1.2		12×70	530	2.58
50	80	150	12	35			12×80	600	3.71
60	90	160					12×90	630	5.15
70	100	180	16	45	1.8	2.0	16×100	1 060	7.50
80	120	200					16×110	1 250	9.15

表 11-52　　LM 型梅花形弹性联轴器(摘自 GB/T 5272—2017)

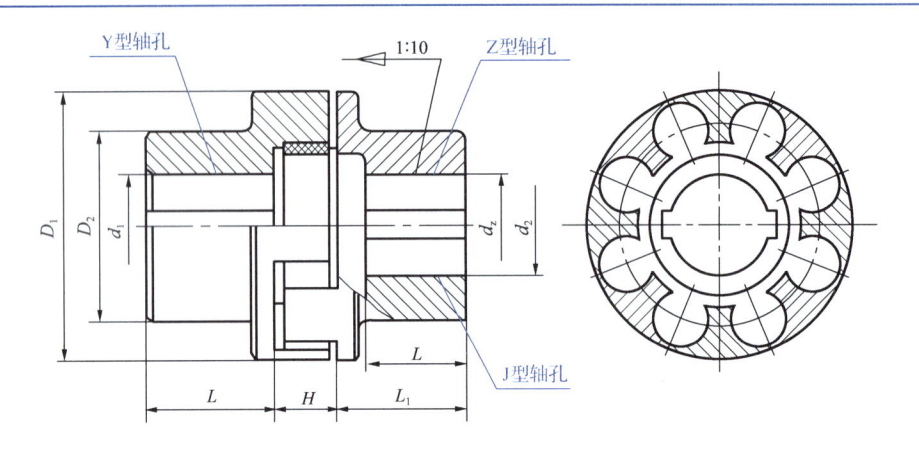

联轴器的标记方法按 GB/T 3852—2017 的规定
标记示例：LM145 联轴器
主动端：Y 型轴孔，A 型键槽，$d_1=45$ mm，$L=112$ mm
从动端：Y 型轴孔，A 型键槽，$d_2=45$ mm，$L=112$ mm
　　　　LM145 联轴器 45×112　GB/T 5272—2017
联轴器的选用参见 GB/T 5272—2017 附录 B

型号	公称转矩 T_n/ (N·m)	最大转矩 T_{max}/ (N·m)	许用转速 $[n]$/ (r·min^{-1})	轴孔直径 d_1、d_2、d_z/ mm	轴孔长度 Y 型 L/mm	轴孔长度 J、Z 型 L_1/mm	轴孔长度 J、Z 型 L/mm	D_1/ mm	D_2/ mm	H/ mm	转动惯量/ (kg·m²)	质量/ kg
LM50	28	50	15 000	10,11	22	—	—	50	42	16	0.000 2	1.00
				12,14	27	—	—					
				16,18,19	30	—	—					
				20,22,24	38	—	—					
LM70	112	200	11 000	12,14	27	—	—	70	55	23	0.001 1	2.50
				16,18,19	30	—	—					
				20,22,24	38	—	—					
				25,28	44	—	—					
				30,32,35,38	60	—	—					
LM85	160	288	9 000	16,18,19	30	—	—	85	60	24	0.002 2	3.42
				20,22,24	38	—	—					
				25,28	44	—	—					
				30,32,35,38	60	—	—					
LM105	355	640	7 250	18,19	30	—	—	105	65	27	0.005 1	5.15
				20,22,24	38	—	—					
				25,28	44	—	—					
				30,32,35,38	60	—	—					
				40,42	84	—	—					

续表

型号	公称转矩 T_n/(N·m)	最大转矩 T_{max}/(N·m)	许用转速 $[n]$/(r·min^{-1})	轴孔直径 d_1、d_2、d_z/mm	轴孔长度 Y型 L/mm	轴孔长度 J、Z型 L_1/mm	轴孔长度 J、Z型 L/mm	D_1/mm	D_2/mm	H/mm	转动惯量/(kg·m^2)	质量/kg
LM125	450	810	6 000	20,22,24	38	52	38	125	85	33	0.014	10.1
				25,28	44	62	44					
				30,32,35,38*	60	82	60					
				40,42,45,48,50,55	84	—	—					
LM145	710	1 280	5 250	25,28	44	62	44	145	95	39	0.025	13.1
				30,32,35,38	60	82	60					
				40,42,45*,48*,50*,55*	84	112	84					
				60,63,65	107	—	—					
LM170	1 250	2 250	4 500	30,32,35,38	60	82	60	170	120	41	0.055	21.2
				40,42,45,48,50,55	84	112	84					
				60,63,65,70,75	107	—	—					
				80,85	132							
LM200	2 000	3 600	3 750	35,38	60	82	60	200	135	48	0.119	33.0
				40,42,45,48,50,55	84	112	84					
				60,63,65,70*,75*	107	142	107					
				80,85,90,95	132							
LM230	3 150	5 670	3 250	40,42,45,48,50,55	84	112	84	230	150	50	0.217	45.5
				60,63,65,70,75	107	142	107					
				80,85,90,95	132							
LM260	5 000	9 000	3 000	45,48,50,55	84	112	84	260	180	60	0.458	75.2
				60,63,65,70,75	107	142	107					
				80,85,90*,95*	132	172	132					
				100,110,120,125	167	—	—					
LM300	7 100	12 780	2 500	60,63,65,70,75	107	142	107	300	200	67	0.804	99.2
				80,85,90,95	132	172	132					
				100,110,120,125	167	—	—					
				130,140	202							
LM360	12 500	22 500	2 150	60,63,65,70,75	107	142	107	360	225	73	1.73	148.1
				80,85,90,85	132	172	132					
				100,110,120*,125*	167	212	167					
				130,140,150	202	—	—					
LM400	14 000	25 200	1 900	80,85,90,95	132	172	132	400	250	73	2.84	197.5
				100,110,120,125	167	212	167					
				130,140,150	202	—	—					
				160	242	—	—					

注：1. 带"*"的轴孔直径无 J、Z 型轴孔形式。

2. 转动惯量和质量是按 Y 型最大轴孔长度、最小轴孔直径计算的数值。

190 机械设计基础实训指导

表 11-53　　　滚子链联轴器(摘自 GB/T 6069—2017)

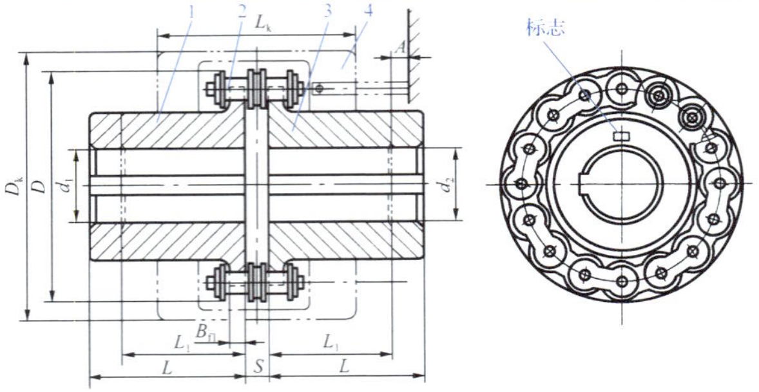

1、3—半联轴器；2—双排滚子链；4—罩壳

标记示例：GL7 联轴器 $\frac{J_1B45\times84}{J_1B_150\times84}$　GB/T 6069—2017

主动端：J_1 型轴孔，B 型键槽，轴孔直径 $d_1=45$ mm，轴孔长度 $L_1=84$ mm

从动端：J_1 型轴孔，B_1 型键槽，轴孔直径 $d_2=50$ mm，轴孔长度 $L_1=84$ mm

型号	公称转矩 T_n/(N·m)	许用转速 $[n]$/(r·min^{-1}) 不装罩壳	许用转速 $[n]$/(r·min^{-1}) 安装罩壳	轴孔直径 d_1、d_2/mm	轴孔长度 L/mm	链条节距 p/mm	齿数 z	D (mm)	B_{f1} (mm)	S (mm)	D_k max (mm)	L_k max (mm)	总质量 m/kg	转动惯量 L/(kg·m^2)	许用补偿量 径向 ΔY/mm	许用补偿量 轴向 ΔX/mm	许用补偿量 角向 $\Delta\alpha$
GL1	40	1 400	4 500	16,18,19	42	9.525	14	51.06	5.3	4.9	70	70	0.4	0.000 10	0.19	1.4	1°
				20	52												
GL2	63	1 250	4 500	19	42		16	57.08			75	75	0.701	0.000 20			
				20,22,24	52												
GL3	100	1 000	4 000	20,22,24	52	12.7	14	68.88	7.2	6.7	85	80	1.1	0.000 38	0.25	1.9	
				25	62												
GL4	160	1 000	4 000	24	52		16	76.91			95	88	1.8	0.000 86			
				25,28	62												
				30,32	82												
GL5	250	800	3 150	28	62	15.875	16	94.46	8.9	9.2	112	100	3.2	0.002 5		2.3	
				30,32,35,38	82												
				40	112												
GL6	400	630	2 500	32,35,38	82		20	116.57			140	105	5	0.005 8	0.32		
				40,42,45,48,50	112												
GL7	630	630	2 500	40,42,45,48,50,55	112	19.05	18	127.78	11.9	10.9	150	122	7.4	0.012		2.8	
				60	142												
				45,48,50,55	112	25.4	16	154.33	15	14.3	180	135	11.1	0.025	0.38	3.8	
				60,65,70	142												
GL8	1 000	500	2 240	50,55	112		20	186.5			215	145	20	0.061	0.5		
				60,65,70,75	142												
GL9	1 600	400	2 000	80	172												
				60,65,70,75	142	31.75	18	213.02	18	17.8	245	165	26.1	0.079		4.7	
GL10	2 500	315	1 600	80,85,90	172												

注：1. 有罩壳时，在型号后面加“F”，例如 GL5 联轴器，有罩壳时改为 GL5F。

2. 半联轴器(链轮)一般用优质中碳钢或中碳合金钢(如 40Cr)制成。如在冲击载荷或速度较高等工作条件下，齿面需经表面处理，齿面硬度达 45HRC 以上。

3. 本联轴器可补偿两轴相对径向位移、轴向位移和角位移，质量较轻，装拆维护方便，可用于高温、潮湿和多尘环境，但不宜用于立轴的连接。

第11章　机械设计常用标准、规范及其他设计资料　191

表 11-54　　　　滑块联轴器(摘自 JB/ZQ 4384—2006)

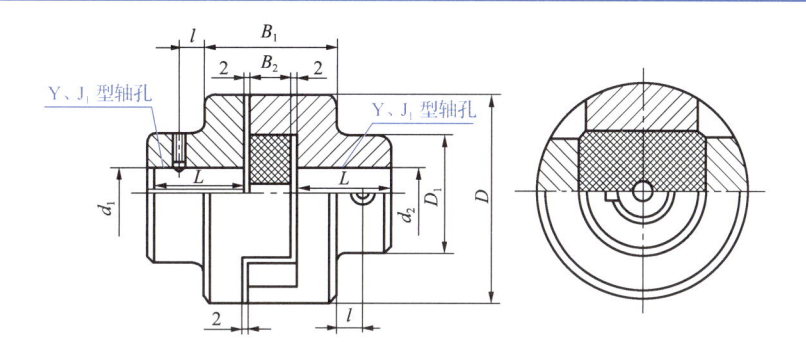

标记示例 1:WH6 滑块联轴器
主动端:Y 型轴孔,A 型键槽,$d_1=45$ mm,$L=112$ mm
从动端:J_1 型轴孔,A 型键槽,$d_2=42$ mm,$L=84$ mm
WH6 联轴器$\frac{45\times112}{J_1 42\times84}$　JB/ZQ 4384—2006

标记示例 2:WH6 滑块联轴器
主动端:Y 型轴孔,A 型键槽,$d=45$ mm,$L=112$ mm
从动端:Y 型轴孔,A 型键槽,$d=45$ mm,$L=112$ mm
WH6 联轴器 45×112　JB/ZQ 4384—2006

型号	公称转矩 T_n/(N·m)	许用转速 [n]/(r·min^{-1})	轴孔直径 d_1、d_2/mm	轴孔长度 L/mm Y 型	轴孔长度 L/mm J_1 型	D/mm	D_1/mm	B_1/mm	B_2/mm	l/mm	转动惯量 I/(kg·m^2)	质量 m/kg
WH1	16	10 000	10,11	25	22	40	30	52	13	5	0.000 7	0.6
			12,14	32	27							
WH2	31.5	8 200	12,14			50	32	56	18	5	0.003 8	1.5
			16,(17),18	42	30							
WH3	63	7 000	(17),18,19			70	40	60	18	5	0.006 3	1.8
			20,22	52	38							
WH4	160	5 700	20,22,24			80	50	64	18	8	0.013	2.5
			25,28	62	44							
WH5	280	4 700	25,28			100	70	75	23	10	0.045	5.8
			30,32,35	82	60							
WH6	500	3 800	30,32,35,38			120	80	90	33	15	0.12	9.5
			40,42,45	112	84							
WH7	900	3 200	40,42,45,48			150	100	120	38	25	0.43	25
			50,55									
WH8	1 800	2 400	50,55			190	120	150	48	25	1.98	55
			60,63,65,70	142	107							
WH9	3 550	1 800	65,70,75			250	150	180	58	25	4.9	85
			80,85	172	132							
WH10	5 000	1 500	80,85,90,85			330	190	180	58	40	7.5	120
			100	212	167							

注:1. 装配时两轴的许用补偿量:轴向 $\Delta X=1\sim2$ mm,径向 $\Delta Y\leqslant0.2$ mm,角向 $\Delta\alpha\leqslant40'$。
2. 本联轴器传动效率较低,滑块受力不大,故适用于中小功率、转速较高、转矩较小的轴系传动,如控制器、油泵装置等,工作温度为 −20～70 ℃。
3. 括号内的数值尽量不用。

表 11-55　　GICL 型鼓形齿式联轴器(摘自 JB/T 8854.3—2001)

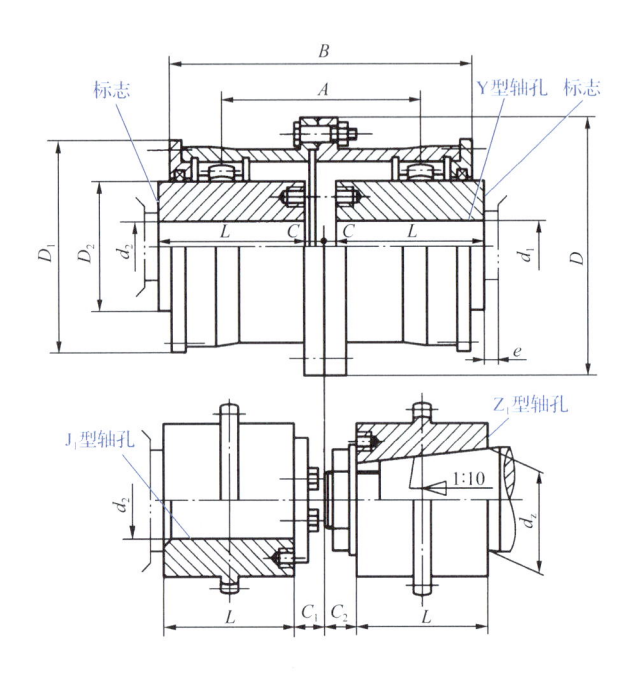

标记示例：

GICL4 联轴器 $\dfrac{50\times112}{J_1B45\times84}$

JB/T 8854.3—2001

主动端：Y 型轴孔，A 型键槽，$d_1=50$ mm，$L=112$ mm

从动端：J_1 型轴孔，B 型键槽，$d_2=45$ mm，$L=84$ mm

型号	公称转矩/(N·m)	许用转速/(r/min)	轴孔直径 d_1、d_2、d_z	轴孔长度 L: Y	轴孔长度 L: J_1、Z_1	D	D_1	D_2	B	A	C	C_1	C_2	e	转动惯量/(kg·m²)	质量/kg	许用补偿量: 径向 ΔY/mm	许用补偿量: 角向 Δα
			/mm															
GICL1	800	7 100	16,18,19	42	—	125	95	60	115	75	20	—	—	30	0.009	5.9	1.96	≤1°30′
			20,22,24	52	38						10	—	24					
			25,28	62	44						2.5	—	19					
			30,32,35,38	82	60							15	22					
GICL2	1 400	6 300	25,28	62	44	145	120	75	135	88	10.5	—	29	30	0.02	9.7	2.36	
			30,32,35,38	82	60						2.5	12.5	30					
			40,42,45,48	112	84							13.5	28					
GICL3	2 800	5 900	30,32,35,38	82	60	170	140	95	155	106	3	24.5	25	30	0.047	17.2	2.75	
			40,42,45,48,50,55,56	112	84							17	28					
			60	142	107								35					

第11章　机械设计常用标准、规范及其他设计资料　193

续表

型号	公称转矩/(N·m)	许用转速/(r/min)	轴孔直径 d_1、d_2、d_z	轴孔长度 L Y	轴孔长度 L J_1、Z_1	D	D_1	D_2	B	A	C	C_1	C_2	e	转动惯量/(kg·m²)	质量/kg	许用补偿量 径向 ΔY/mm	许用补偿量 角向 $\Delta\alpha$
			/mm															
GICL4	5 000	5 400	32,35,38	82	60	195	165	115	178	125	14	37	32	30	0.091	24.9	3.27	≤1°30′
			40,42,45,48,50,55,56	112	84						3	17	28					
			60,63,65,70	142	107								35					
GICL5	8 000	5 000	40,42,45,48,50,55,56	112	84	225	183	130	198	142	3	25	28	30	0.167	38	3.8	
			60,63,65,70,71,75	142	107							20	35					
			80	172	132							22	43					
GICL6	11 200	4 800	48,50,55,56	112	84	240	200	145	218	160	6	35	35	30	0.267	48.2	4.3	
			60,63,65,70,71,75	142	107						4	20	35					
			80,85,90	172	132							22	43					
GICL7	15 000	4 500	60,63,65,70,71,75	142	107	260	230	160	244	180	4	35	35	30	0.453	68.9	4.7	
			80,85,90,95	172	132						4	22	43					
			100	212	167								48					
GICL8	21 200	4 000	65,70,71,75	142	107	280	245	175	264	193	5	35	35	39	0.646	83.3	5.24	
			80,85,90,95	172	132							22	43					
			100,110	212	167								48					

注：1. J_1 型轴孔根据需要也可以不使用轴端挡圈。

2. 本联轴器具有良好的补偿两轴综合位移的能力，外形尺寸小，承载能力高，能在高转速下可靠地工作，适用于重型机械及长轴连接，但不宜用于立轴的连接。

表 11-56　　联轴器轴孔和键槽的形式及尺寸(摘自 GB/T 3852—2017)　　mm

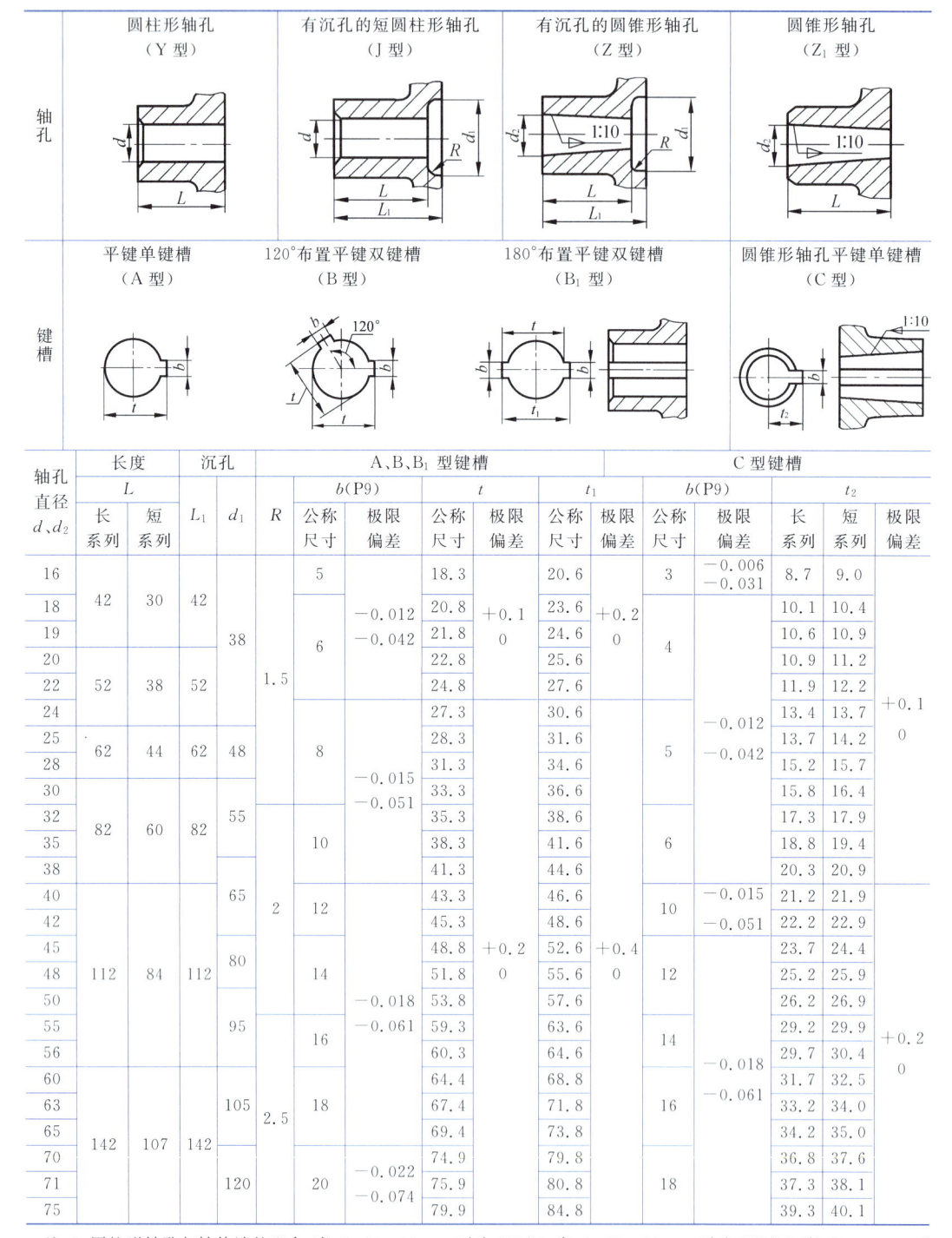

R
R
键槽
（C 型）

轴孔直径 d、d_2	长度 L 长系列	长度 L 短系列	沉孔 L_1	沉孔 d_1	A、B、B1 型键槽 R	b(P9) 公称尺寸	b(P9) 极限偏差	t 公称尺寸	t 极限偏差	t_1 公称尺寸	t_1 极限偏差	C 型键槽 b(P9) 公称尺寸	b(P9) 极限偏差	t_2 长系列	t_2 短系列	t_2 极限偏差
16	42	30	42	38	1.5	5	−0.012 −0.042	18.3	+0.1 0	20.6	+0.2 0	3	−0.006 −0.031	8.7	9.0	+0.1 0
18						6		20.8		23.6		4	−0.012 −0.042	10.1	10.4	
19								21.8		24.6				10.6	10.9	
20	52	38	52					22.8		25.6				10.9	11.2	
22								24.8		27.6				11.9	12.2	
24						8	−0.015 −0.051	27.3	+0.2 0	30.6	+0.4 0	5		13.4	13.7	
25	62	44	62	48				28.3		31.6				13.7	14.2	
28								31.3		34.6				15.2	15.7	
30	82	60	82	55				33.3		36.6				15.8	16.4	
32					2	10		35.3		38.6		6		17.3	17.9	
35								38.3		41.6				18.8	19.4	
38				65				41.3		44.6				20.3	20.9	
40	112	84	112			12	−0.018 −0.061	43.3		46.6		10	−0.015 −0.051	21.2	21.9	+0.2 0
42								45.3		48.6				22.2	22.9	
45				80		14		48.8		52.6		12	−0.018 −0.061	23.7	24.4	
48								51.8		55.6				25.2	25.9	
50				95				53.8		57.6				26.2	26.9	
55					2.5	16		59.3		63.6		14		29.2	29.9	
56								60.3		64.6				29.7	30.4	
60	142	107	142	105		18		64.4		68.8		16		31.7	32.5	
63								67.4		71.8				33.2	34.0	
65								69.4		73.8				34.2	35.0	
70				120		20	−0.022 −0.074	74.9		79.8		18		36.8	37.6	
71								75.9		80.8				37.3	38.1	
75								79.9		84.8				39.3	40.1	

注：1. 圆柱形轴孔与轴伸端的配合：当 d=10～30 mm 时为 H7/j6；当 d=30～50 mm 时为 H7/k6；当 d>50 mm 时为 H7/m6，根据使用要求也可选用 H7/r6 或 H7/n6 的配合。

2. 圆锥形轴孔 d_2 的极限偏差为 js10(圆锥角度及圆锥形状公差不得超过直径公差范围)。

3. 键槽宽度 b 的极限偏差也可采用 Js9 或 D10。

11.10 电动机

表 11-57　YE4 系列(IP55)三相异步电动机的技术数据摘自(摘自 JB/T 13299—2017)

<table>
<tr><th>电动机型号</th><th>额定功率/kW</th><th>满载转速/(r·min^{-1})</th><th>堵转转矩/额定转矩</th><th>最大转矩/额定转矩</th></tr>
<tr><td colspan="5">同步转速 3 000 r/min(2 极)</td></tr>
<tr><td>YE4-80M1-2</td><td>0.75</td><td>2 910</td><td rowspan="6">2.2</td><td rowspan="18">2.3</td></tr>
<tr><td>YE4-80M2-2</td><td>1.1</td><td>2 888</td></tr>
<tr><td>YE4-90S-2</td><td>1.5</td><td>2 910</td></tr>
<tr><td>YE4-90L-2</td><td>2.2</td><td>2 910</td></tr>
<tr><td>YE4-100L-2</td><td>3</td><td>2 905</td></tr>
<tr><td>YE4-112M-2</td><td>4</td><td>2 915</td></tr>
<tr><td>YE4-132S1-2</td><td>5.5</td><td>2 925</td><td rowspan="10">2.0</td></tr>
<tr><td>YE4-132S2-2</td><td>7.5</td><td>2 925</td></tr>
<tr><td>YE4-160M1-2</td><td>11</td><td>2 945</td></tr>
<tr><td>YE4-160M2-2</td><td>15</td><td>2 945</td></tr>
<tr><td>YE4-160L-2</td><td>18.5</td><td>2 950</td></tr>
<tr><td>YE4-180M-2</td><td>22</td><td>2 955</td></tr>
<tr><td>YE4-200L1-2</td><td>30</td><td>2 965</td></tr>
<tr><td>YE4-200L2-2</td><td>37</td><td>2 965</td></tr>
<tr><td>YE4-225M-2</td><td>45</td><td>2 970</td></tr>
<tr><td>YE4-250M-2</td><td>55</td><td>2 970</td></tr>
<tr><td>YE4-280S-2</td><td>75</td><td>2 980</td><td rowspan="2">1.8</td></tr>
<tr><td>YE4-280M-2</td><td>90</td><td>2 980</td></tr>
<tr><td colspan="5">同步转速 1 500 r/min(4 极)</td></tr>
<tr><td>YE4-80M1-4</td><td>0.55</td><td>—</td><td rowspan="7">2.3</td><td rowspan="19">2.3</td></tr>
<tr><td>YE4-80M2-4</td><td>0.75</td><td>1 440</td></tr>
<tr><td>YE4-90S-4</td><td>1.1</td><td>1 450</td></tr>
<tr><td>YE4-90L-4</td><td>1.5</td><td>1 450</td></tr>
<tr><td>YE4-100L1-4</td><td>2.2</td><td>1 455</td></tr>
<tr><td>YE4-100L2-4</td><td>3</td><td>1 455</td></tr>
<tr><td>YE4-112M-4</td><td>4</td><td>1 455</td></tr>
<tr><td>YE4-132S-4</td><td>5.5</td><td>1 465</td><td rowspan="12">2.0</td></tr>
<tr><td>YE4-132M-4</td><td>7.5</td><td>1 465</td></tr>
<tr><td>YE4-160M-4</td><td>11</td><td>1 470</td></tr>
<tr><td>YE4-160L-4</td><td>15</td><td>1 470</td></tr>
<tr><td>YE4-180M-4</td><td>18.5</td><td>1 475</td></tr>
<tr><td>YE4-180L-4</td><td>22</td><td>1 475</td></tr>
<tr><td>YE4-200L-4</td><td>30</td><td>1 480</td></tr>
<tr><td>YE4-225S-4</td><td>37</td><td>1 485</td></tr>
<tr><td>YE4-225M-4</td><td>45</td><td>1 485</td></tr>
<tr><td>YE4-250M-4</td><td>55</td><td>1 485</td></tr>
<tr><td>YE4-280S-4</td><td>75</td><td>1 489</td></tr>
<tr><td>YE4-280M-4</td><td>90</td><td>1 489</td></tr>
<tr><td colspan="5">同步转速 1 000 r/min(6 极)</td></tr>
<tr><td>YE4-90S-6</td><td>0.75</td><td>940</td><td rowspan="4">2.1</td><td rowspan="14">2.1</td></tr>
<tr><td>YE4-90L-6</td><td>1.1</td><td>940</td></tr>
<tr><td>YE4-100L-6</td><td>1.5</td><td>960</td></tr>
<tr><td>YE4-112M-6</td><td>2.2</td><td>965</td></tr>
<tr><td>YE4-132S-6</td><td>3</td><td>970</td><td rowspan="12">2.0</td></tr>
<tr><td>YE4-132M1-6</td><td>4</td><td>970</td></tr>
<tr><td>YE4-132M2-6</td><td>5.5</td><td>970</td></tr>
<tr><td>YE4-160M-6</td><td>7.5</td><td>975</td></tr>
<tr><td>YE4-160L-6</td><td>11</td><td>975</td></tr>
<tr><td>YE4-180L-6</td><td>15</td><td>985</td></tr>
<tr><td>YE4-200L1-6</td><td>18.5</td><td>985</td></tr>
<tr><td>YE4-200L2-6</td><td>22</td><td>985</td></tr>
<tr><td>YE4-225M-6</td><td>30</td><td>988</td></tr>
<tr><td>YE4-250M-6</td><td>37</td><td>988</td></tr>
<tr><td>YE4-280S-6</td><td>45</td><td>990</td><td rowspan="2">2.0</td></tr>
<tr><td>YE4-280M-6</td><td>55</td><td>990</td></tr>
<tr><td colspan="5">同步转速 750 r/min(8 极)</td></tr>
<tr><td>YE4-100L1-8</td><td>0.75</td><td>705</td><td rowspan="3">2.0</td><td rowspan="15">2.0</td></tr>
<tr><td>YE4-100L2-8</td><td>1.1</td><td>705</td></tr>
<tr><td>YE4-112M-8</td><td>1.5</td><td>710</td></tr>
<tr><td>YE4-132S-8</td><td>2.2</td><td>730</td><td rowspan="12">1.8</td></tr>
<tr><td>YE4-132M-8</td><td>3</td><td>730</td></tr>
<tr><td>YE4-160M1-8</td><td>4</td><td>730</td></tr>
<tr><td>YE4-160M2-8</td><td>5.5</td><td>730</td></tr>
<tr><td>YE4-160L-8</td><td>7.5</td><td>730</td></tr>
<tr><td>YE4-180L-8</td><td>11</td><td>735</td></tr>
<tr><td>YE4-200L-8</td><td>15</td><td>735</td></tr>
<tr><td>YE4-225S-8</td><td>18.5</td><td>735</td></tr>
<tr><td>YE4-225M-8</td><td>22</td><td>735</td></tr>
<tr><td>YE4-250M-8</td><td>30</td><td>740</td></tr>
<tr><td>YE4-280S-8</td><td>37</td><td>740</td></tr>
<tr><td>YE4-280M-8</td><td>45</td><td>740</td></tr>
</table>

注:1. 电动机型的含义:以 YE4-132S2-4 为例,“Y”表示三相异步电动机,“E4”表示 IE4 效率等级,“132”表示轴中心高(mm),“S”表示短机座(M 表示中机座,L 表示长机座),“2”表示铁芯长度为 2 号,“4”表示电动机的极数。

2. 表中满载转速值不属于 JB/T 13299—2017 的内容,仅供参考。

表 11-58　机座带底脚、端盖上无凸缘电动机的安装及外形尺寸　mm

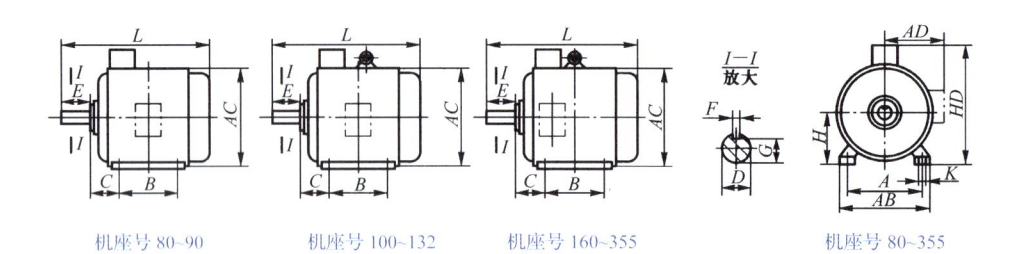

机座号 80~90　机座号 100~132　机座号 160~355　机座号 80~355

<table>
<tr><th>机座号</th><th>极数</th><th>A</th><th>B</th><th>C</th><th>D</th><th>E</th><th>F</th><th>G</th><th>H</th><th>K</th><th>AB</th><th>AC</th><th>AD</th><th>HD</th><th>L</th></tr>
<tr><td>80M</td><td>2,4</td><td>125</td><td rowspan="2">100</td><td>50</td><td>19 j6</td><td>40</td><td>6 N9</td><td>15.5</td><td>80</td><td rowspan="3">10</td><td>165</td><td>175</td><td>145</td><td>220</td><td>305</td></tr>
<tr><td>90S</td><td rowspan="2">2,4,6</td><td rowspan="2">140</td><td rowspan="2">56</td><td rowspan="2">24 j6</td><td rowspan="2">50</td><td rowspan="4">8 N9</td><td rowspan="2">20</td><td rowspan="2">90</td><td rowspan="2">180</td><td rowspan="2">205</td><td rowspan="2">170</td><td rowspan="2">265</td><td>360</td></tr>
<tr><td>90L</td><td>125</td><td>390</td></tr>
<tr><td>100L</td><td rowspan="3">2,4,6,8</td><td>160</td><td rowspan="3">140</td><td>63</td><td rowspan="2">28 j6</td><td rowspan="2">60</td><td rowspan="2">24</td><td>100</td><td rowspan="4">12</td><td>205</td><td>215</td><td>180</td><td>245</td><td>380</td></tr>
<tr><td>112M</td><td>190</td><td>70</td><td>112</td><td>230</td><td>255</td><td>190</td><td>265</td><td>400</td></tr>
<tr><td>132S</td><td rowspan="2">216</td><td rowspan="2">89</td><td rowspan="2">38 k6</td><td rowspan="2">80</td><td rowspan="2">10 N9</td><td rowspan="2">33</td><td rowspan="2">132</td><td rowspan="2">270</td><td rowspan="2">310</td><td rowspan="2">230</td><td rowspan="2">365</td><td>510</td></tr>
<tr><td>132M</td><td>4,6,8</td><td>178</td><td>550</td></tr>
<tr><td>160M</td><td rowspan="2">2,4,6,8</td><td rowspan="2">254</td><td>210</td><td rowspan="2">108</td><td rowspan="2">42 k6</td><td rowspan="5">110</td><td rowspan="2">12 N9</td><td rowspan="2">37</td><td rowspan="2">160</td><td rowspan="4">14.5</td><td rowspan="2">320</td><td rowspan="2">340</td><td rowspan="2">260</td><td rowspan="2">425</td><td>730</td></tr>
<tr><td>160L</td><td>254</td><td>760</td></tr>
<tr><td>180M</td><td>2,4</td><td rowspan="2">279</td><td>241</td><td rowspan="2">121</td><td rowspan="2">48 k6</td><td rowspan="2">14 N9</td><td rowspan="2">42.5</td><td rowspan="2">180</td><td rowspan="2">355</td><td rowspan="2">390</td><td rowspan="2">285</td><td rowspan="2">460</td><td>770</td></tr>
<tr><td>180L</td><td>4,6,8</td><td>279</td><td>800</td></tr>
<tr><td>200L</td><td>2,4,6,8</td><td>318</td><td>305</td><td>133</td><td>55 m6</td><td>16 N9</td><td>49</td><td>200</td><td rowspan="4">18.5</td><td>395</td><td>445</td><td>320</td><td>520</td><td>860</td></tr>
<tr><td>225S</td><td>4,8</td><td rowspan="3">356</td><td>286</td><td rowspan="3">149</td><td>60 m6</td><td>140</td><td>18 N9</td><td>53</td><td rowspan="3">225</td><td rowspan="3">435</td><td rowspan="3">495</td><td rowspan="3">350</td><td rowspan="3">575</td><td>830</td></tr>
<tr><td rowspan="2">225M</td><td>2</td><td rowspan="2">311</td><td>55 m6</td><td>110</td><td>16 N9</td><td>49</td><td>830</td></tr>
<tr><td>4,6,8</td><td rowspan="2">60 m6</td><td rowspan="7">140</td><td rowspan="4">18 N9</td><td rowspan="2">53</td><td>860</td></tr>
<tr><td rowspan="2">250M</td><td>2</td><td rowspan="2">406</td><td rowspan="2">349</td><td rowspan="2">168</td><td rowspan="2">250</td><td rowspan="6">24</td><td rowspan="2">490</td><td rowspan="2">550</td><td rowspan="2">390</td><td rowspan="2">635</td><td rowspan="2">990</td></tr>
<tr><td>4,6,8</td><td rowspan="2">65 m6</td><td rowspan="2">58</td></tr>
<tr><td rowspan="2">280S</td><td>2</td><td rowspan="4">457</td><td rowspan="2">368</td><td rowspan="4">190</td><td rowspan="4">280</td><td rowspan="4">550</td><td rowspan="4">630</td><td rowspan="4">435</td><td rowspan="4">705</td><td rowspan="2">990</td></tr>
<tr><td>4,6,8</td><td>75 m6</td><td>20 N9</td><td>67.5</td></tr>
<tr><td rowspan="2">280M</td><td>2</td><td rowspan="2">419</td><td>65 m6</td><td>18 N9</td><td>58</td><td rowspan="2">1 040</td></tr>
<tr><td>4,6,8</td><td>75 m6</td><td>20 N9</td><td>67.5</td></tr>
</table>

第11章　机械设计常用标准、规范及其他设计资料　197

表 11-59　机座不带底脚、端盖上有凸缘(带通孔)电动机的安装及外形尺寸　mm

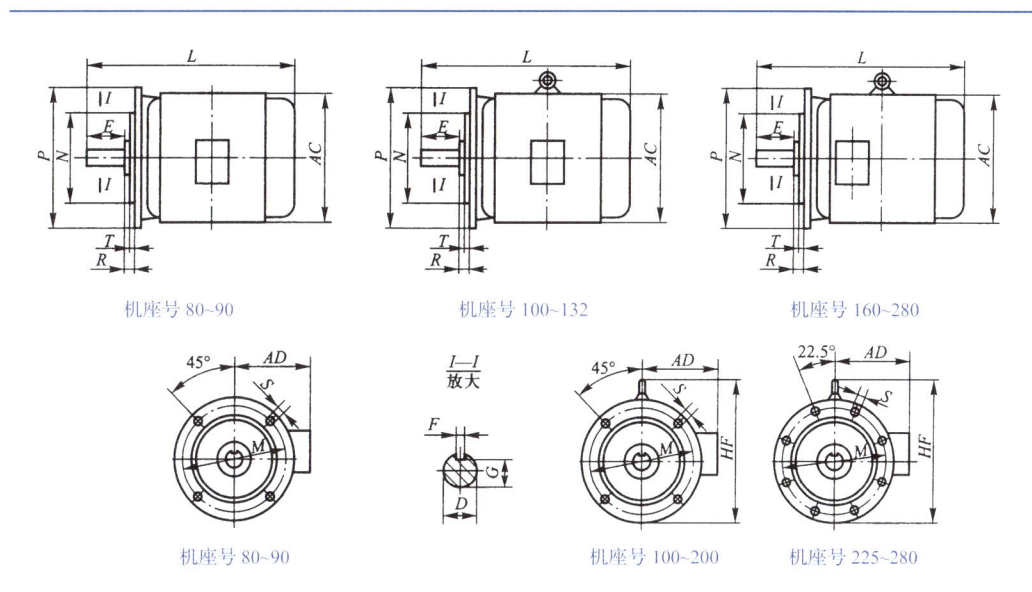

机座号 80~90　机座号 100~132　机座号 160~280

机座号 80~90　机座号 100~200　机座号 225~280

<table>
<tr><th>机座号</th><th>极数</th><th>D</th><th>E</th><th>F</th><th>G</th><th>M</th><th>N</th><th>P</th><th>R</th><th>S</th><th>T</th><th>凸缘孔数</th><th>AC</th><th>AD</th><th>HE</th><th>L</th></tr>
<tr><td>80M</td><td>2,4</td><td>19 j6</td><td>40</td><td>6 N9</td><td>15.5</td><td rowspan="3">165</td><td rowspan="3">130 j6</td><td rowspan="3">200</td><td rowspan="21">0</td><td rowspan="3">12</td><td rowspan="3">3.5</td><td rowspan="12">4</td><td>175</td><td>145</td><td rowspan="3">—</td><td>305</td></tr>
<tr><td>90S</td><td rowspan="2">2,4,6</td><td rowspan="2">24 j6</td><td rowspan="2">50</td><td rowspan="4">8 N9</td><td rowspan="2">20</td><td rowspan="2">205</td><td rowspan="2">170</td><td>395</td></tr>
<tr><td>90L</td><td>425</td></tr>
<tr><td>100L</td><td rowspan="3">2,4,6,8</td><td rowspan="2">28 j6</td><td rowspan="2">60</td><td rowspan="2">24</td><td rowspan="2">215</td><td rowspan="2">180 j6</td><td rowspan="2">250</td><td rowspan="4">14.5</td><td rowspan="4">4</td><td>215</td><td>180</td><td>240</td><td>435</td></tr>
<tr><td>112M</td><td>255</td><td>200</td><td>275</td><td>475</td></tr>
<tr><td>132S</td><td rowspan="2">38 k6</td><td rowspan="2">80</td><td rowspan="2">10 N9</td><td rowspan="2">33</td><td rowspan="2">265</td><td rowspan="2">230 j6</td><td rowspan="2">300</td><td rowspan="2">310</td><td rowspan="2">230</td><td rowspan="2">335</td><td>535</td></tr>
<tr><td>132M</td><td>4,6,8</td><td>550</td></tr>
<tr><td>160M</td><td rowspan="2">2,4,6,8</td><td rowspan="2">42 k6</td><td rowspan="5">110</td><td rowspan="2">12 N9</td><td rowspan="2">37</td><td rowspan="4">300</td><td rowspan="4">250 j6</td><td rowspan="4">350</td><td rowspan="14">18.5</td><td rowspan="14">5</td><td rowspan="2">340</td><td rowspan="2">260</td><td rowspan="2">390</td><td>730</td></tr>
<tr><td>160L</td><td>760</td></tr>
<tr><td>180M</td><td>2,4</td><td rowspan="2">48 k6</td><td rowspan="2">14 N9</td><td rowspan="2">42.5</td><td rowspan="2">390</td><td rowspan="2">285</td><td rowspan="2">435</td><td>805</td></tr>
<tr><td>180L</td><td>4,6,8</td><td>835</td></tr>
<tr><td>200L</td><td>2,4,6,8</td><td>55 m6</td><td>16 N9</td><td>49</td><td>350</td><td>300 js6</td><td>400</td><td>445</td><td>320</td><td>495</td><td>890</td></tr>
<tr><td>225S</td><td>4,8</td><td>60 m6</td><td>140</td><td>18 N9</td><td>53</td><td rowspan="3">400</td><td rowspan="3">350 js6</td><td rowspan="3">450</td><td rowspan="9">8</td><td rowspan="3">495</td><td rowspan="3">350</td><td rowspan="3">550</td><td rowspan="2">865</td></tr>
<tr><td rowspan="2">225M</td><td>2</td><td>55 m6</td><td>110</td><td>16 N9</td><td>49</td></tr>
<tr><td>4,6,8</td><td rowspan="2">60 m6</td><td rowspan="7">140</td><td rowspan="4">18 N9</td><td rowspan="2">53</td><td>895</td></tr>
<tr><td rowspan="2">250M</td><td>2</td><td rowspan="6">500</td><td rowspan="6">450 js6</td><td rowspan="6">550</td><td rowspan="2">550</td><td rowspan="2">390</td><td rowspan="2">615</td><td rowspan="2">995</td></tr>
<tr><td>4,6,8</td><td rowspan="2">65 m6</td><td rowspan="2">58</td></tr>
<tr><td rowspan="2">280S</td><td>2</td><td rowspan="4">630</td><td rowspan="4">435</td><td rowspan="4">675</td><td rowspan="3">1 030</td></tr>
<tr><td>4,6,8</td><td>75 m6</td><td>20 N9</td><td>67.5</td></tr>
<tr><td rowspan="2">280M</td><td>2</td><td>65 m6</td><td>18 N9</td><td>58</td></tr>
<tr><td>4,6,8</td><td>75 m6</td><td>20 N9</td><td>67.5</td><td>1 080</td></tr>
</table>

表 11-60　立式安装、机座不带底脚、端盖上有凸缘(带通孔)、轴伸向下电动机的安装及外形尺寸 mm

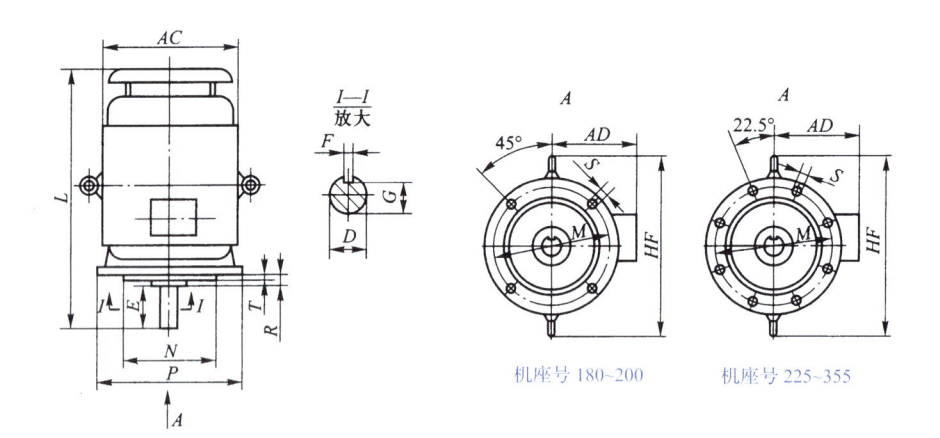

机座号 180~200　　机座号 225~355

<table>
<tr><th>机座号</th><th>极数</th><th>D</th><th>E</th><th>F</th><th>G</th><th>M</th><th>N</th><th>P</th><th>R</th><th>S</th><th>T</th><th>凸缘孔数</th><th>AC</th><th>AD</th><th>HE</th><th>L</th></tr>
<tr><td>180M</td><td>2,4</td><td rowspan="2">48 k6</td><td rowspan="3">110</td><td rowspan="2">14 N9</td><td rowspan="2">42.5</td><td rowspan="2">300</td><td rowspan="2">250</td><td rowspan="2">350</td><td rowspan="12">0</td><td rowspan="12">18.5</td><td rowspan="12">5</td><td rowspan="3">4</td><td rowspan="2">390</td><td rowspan="2">285</td><td rowspan="2">505</td><td>825</td></tr>
<tr><td>180L</td><td>4,6,8</td><td>845</td></tr>
<tr><td>200L</td><td>2,4,6,8</td><td>55 m6</td><td>16 N9</td><td>49</td><td>350</td><td>300 js6</td><td>400</td><td>445</td><td>320</td><td>565</td><td>940</td></tr>
<tr><td>225S</td><td>4,8</td><td>60 m6</td><td>140</td><td>18 N9</td><td>53</td><td rowspan="3">400</td><td rowspan="3">350 js6</td><td rowspan="3">450</td><td rowspan="9">8</td><td rowspan="3">495</td><td rowspan="3">350</td><td rowspan="3">625</td><td rowspan="2">945</td></tr>
<tr><td rowspan="2">225M</td><td>2</td><td>55 m6</td><td>110</td><td>16 N9</td><td>49</td></tr>
<tr><td>4,6,8</td><td rowspan="2">60 m6</td><td rowspan="7">140</td><td rowspan="4">18 N9</td><td rowspan="2">53</td><td>975</td></tr>
<tr><td rowspan="2">250M</td><td>2</td><td rowspan="6">500</td><td rowspan="6">450 js6</td><td rowspan="6">550</td><td rowspan="2">550</td><td rowspan="2">390</td><td rowspan="2">670</td><td rowspan="2">1 095</td></tr>
<tr><td>4,6,8</td><td rowspan="2">65 m6</td><td rowspan="2">58</td></tr>
<tr><td rowspan="2">280S</td><td>2</td><td rowspan="4">630</td><td rowspan="4">435</td><td rowspan="4">745</td><td rowspan="2">1 155</td></tr>
<tr><td>4,6,8</td><td>75 m6</td><td>20 N9</td><td>67.5</td></tr>
<tr><td rowspan="2">280M</td><td>2</td><td>65 m6</td><td>18 N9</td><td>58</td><td rowspan="2">1 195</td></tr>
<tr><td>4,6,8</td><td>75 m6</td><td>20 N9</td><td>67.5</td></tr>
</table>

第11章　机械设计常用标准、规范及其他设计资料　199

表 11-61　机座带底脚、端盖上有凸缘(带通孔)电动机的安装及外形尺寸　mm

机座号 80~90

机座号 100~132

机座号 160~355

机座号 80~200

机座号 225~355

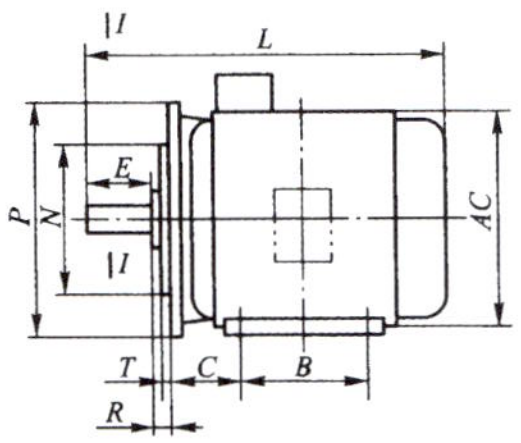

机座号	极数	A	B	C	D	E	F	G	H	K	M	N	P	R	S	T	凸缘孔数	AB	AC	AD	HD	L
80M	2,4	125	100	50	19 j6	40	6 N9	15.5	80									165	175	145	220	305
90S	2,4,6	140		56	24 j6	50		20	90	10	165	130 j6	200		12	3.5		180	205	170	265	395
90L			125				8 N9															425
100L		160		63	28 j6	60		24	100		215	180 j6	250	0			4	205	215	180	270	435
112M	2,4,6,8	190	140	70					112	12					14.5	4		230	255	200	310	475
132S		216		89	38 k6	80	10 N9	33	132		265	230 j6	300					270	310	230	365	535
132M	4,6,8		178																			550

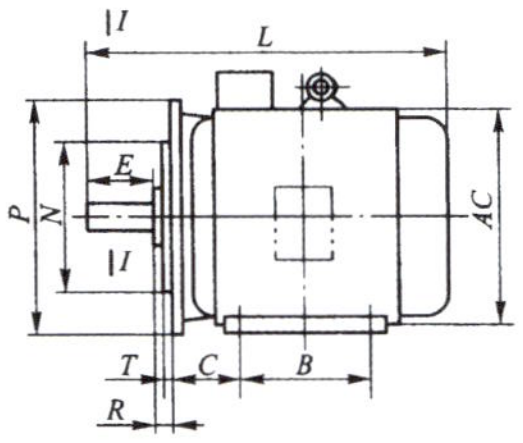

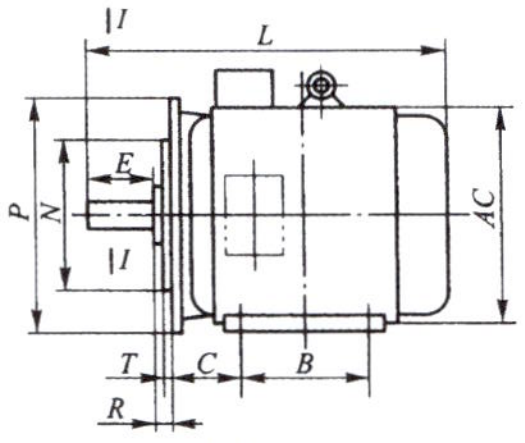

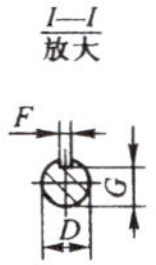

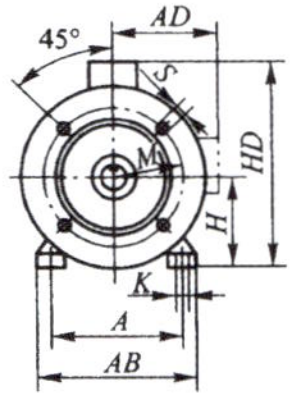

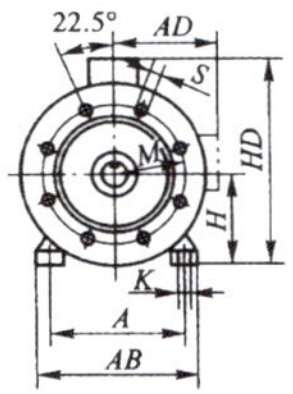

续表

机座号	极数	A	B	C	D	E	F	G	H	K	M	N	P	R	S	T	凸缘孔数	AB	AC	AD	HD	L
160M	2,4,6,8	254	210	108	42 k6	110	12 N9	37	160	14.5	300	250 j6	350	0	18.5	5	4	320	340	260	425	730
160L			254																			760
180M	2,4	279	241	121	48 k6		14 N9	42.5	180									355	390	285	460	805
180L	4,6,8		279																			835
200L	2,4,6,8	318	305	133	55 m6		16 N9	49	200	18.5	350	300 js6	400					395	445	320	520	890
225S	4,8	356	286	149	60 m6	140	18 N9	53	225		400	350 js6	450				8	435	495	350	575	865
225M	2		311		55 m6	110	16 N9	49														865
	4,6,8				60 m6	140	18 N9	53														895
250M	2	406	349	168				53	250	24	500	450 js6	550					490	550	390	635	995
	4,6,8				65 m6			58														
280S	2	457	368	190					280									550	630	435	705	1 030
	4,6,8				75 m6		20 N9	67.5														
280M	2		419		65 m6		18 N9	58														1 080
	4,6,8				75 m6		20 N9	67.5														

11.11 滚动轴承

表 11-62　　深沟球轴承(摘自 GB/T 276—2013)

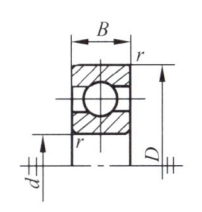

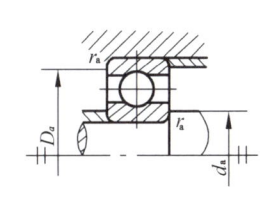

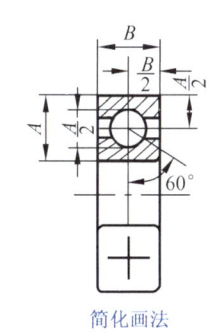

60000 型

安装尺寸

简化画法

标记示例:滚动轴承　6210　GB/T 276—2013

F_a/C_{0r}	e	Y	径向当量动载荷	径向当量静载荷
0.014	0.19	2.30	当$\frac{F_a}{F_r}\leqslant e$时,$P_r=F_r$ 当$\frac{F_a}{F_r}>e$时,$P_r=0.56F_r+YF_a$	$P_{0r}=F_r$ $P_{0r}=0.6F_r+0.5F_a$ 取上列两式计算结果的较大值
0.028	0.22	1.99		
0.056	0.26	1.71		
0.084	0.28	1.55		
0.11	0.30	1.45		
0.17	0.34	1.31		
0.28	0.38	1.15		
0.42	0.42	1.04		
0.56	0.44	1.00		

轴承型号	外形尺寸/mm				基本额定载荷/kN		极限转速/($r\cdot min^{-1}$)		安装尺寸/mm		
60000 型	d	D	B	r_{smin}	C_r	C_{0r}	脂润滑	油润滑	d_{amin}	D_{amax}	r_{asmax}
6000	10	26	8	0.3	4.58	1.98	22 000	30 000	12.4	23.6	0.3
6200		30	9	0.6	5.10	2.38	20 000	26 000	15	26	0.6
6300		35	11	0.6	7.65	3.48	18 000	24 000	15	30	0.6
6001	12	28	8	0.3	5.10	2.38	20 000	26 000	14.4	25.6	0.3
6201		32	10	0.6	6.28	3.05	19 000	24 000	17	28	0.6
6301		37	12	1	9.72	5.08	17 000	22 000	18	32	1
6002	15	32	9	0.3	5.58	2.85	19 000	24 000	17.4	29.6	0.3
6202		35	11	0.6	7.65	3.72	18 000	22 000	20	32	0.6
6302		42	13	1	11.5	5.42	16 000	20 000	21	37	1

续表

轴承型号	外形尺寸/mm				基本额定载荷/kN		极限转速/(r·min⁻¹)		安装尺寸/mm		
60000 型	d	D	B	r_{smin}	C_r	C_{0r}	脂润滑	油润滑	d_{amin}	D_{amax}	r_{asmax}
6003	17	35	10	0.3	6.00	3.25	17 000	21 000	19.4	32.6	0.3
6203		40	12	0.6	9.58	4.78	16 000	20 000	22	36	0.6
6303		47	14	1	13.5	6.58	15 000	18 000	23	41	1
6403		62	17	1.1	22.7	10.8	11 000	15 000	24	55	1
6004	20	42	12	0.6	9.38	5.02	16 000	19 000	25	38	0.6
6204		47	14	1	12.8	6.65	14 000	18 000	26	42	1
6304		52	15	1.1	15.8	7.88	11 000	16 000	27	45	1
6404		72	19	1.1	31.0	15.2	9 500	13 000	27	65	1
6005	25	47	12	0.6	10.0	5.85	13 000	17 000	30	43	0.6
6205		52	15	1	14.0	7.88	12 000	15 000	31	47	1
6305		62	19	1.1	22.2	11.5	11 000	14 000	32	55	1
6405		80	21	1.5	38.2	19.2	9 500	11 000	34	71	1.5
6006	30	55	13	1	13.2	8.30	11 000	14 000	36	50	1
6206		62	16	1	19.5	11.5	9 500	13 000	36	56	1
6306		72	19	1.1	27.0	15.2	9 000	11 000	37	65	1
6406		90	21	1.5	47.5	24.5	8 000	10 000	39	81	1.5
6007	35	62	14	1	16.2	10.5	9 500	12 000	41	56	1
6207		72	17	1.1	25.5	15.2	8 500	11 000	42	65	1
6307		80	21	1.5	33.4	19.2	8 000	9 500	44	71	1.5
6407		100	25	1.5	56.8	29.5	6 700	8 500	44	91	1.5
6008	40	68	15	1	17.0	11.8	9 000	11 000	46	62	1
6208		80	18	1.1	29.5	18.0	8 000	10 000	47	73	1
6308		90	23	1.5	40.8	24.0	7 000	8 500	49	81	1.5
6408		110	27	2	65.5	37.5	6 300	8 000	50	100	2
6009	45	75	16	1	21.0	14.8	8 000	10 000	51	69	1
6209		85	19	1.1	31.5	20.5	7 000	9 000	52	78	1
6309		100	26	1.5	53.8	31.8	6 300	7 500	54	91	1.5
6409		120	29	2	77.5	45.5	5 600	7 000	55	110	2
6010	50	80	16	1	22.0	16.2	7 000	9 500	56	74	1
6210		90	20	1.1	35.0	23.2	6 700	8 000	57	83	1
6310		110	27	2	61.8	38.0	6 000	7 000	60	100	2
6410		130	31	2.1	92.2	55.2	5 300	6 300	62	118	2.1
6011	55	90	18	1.1	30.2	21.8	7 000	8 500	62	83	1.1
6211		100	21	1.5	43.2	29.2	6 000	7 500	64	91	1.5
6311		120	29	2	71.5	44.8	5 600	6 700	65	110	2
6411		140	33	2.1	100	62.5	4 800	6 000	67	128	2.1

续表

轴承型号	外形尺寸/mm				基本额定载荷/kN		极限转速/(r·min^{-1})		安装尺寸/mm		
60000 型	d	D	B	r_{smin}	C_r	C_{0r}	脂润滑	油润滑	d_{amin}	D_{amax}	r_{asmax}
6012	60	95	18	1.1	31.5	24.2	6 300	7 500	67	89	1.1
6212		110	22	1.5	47.8	32.8	5 600	7 000	69	101	1.5
6312		130	31	2.1	81.8	51.8	5 000	6 000	72	118	2
6412		150	35	2.1	109	70.0	4 500	5 600	72	138	2
6013	65	100	18	1.1	32.0	24.8	6 000	7 000	72	93	1
6213		120	23	1.5	57.2	40.0	5 000	6 300	74	111	1.5
6313		140	33	2.1	93.8	60.5	4 500	5 300	77	128	2.1
6413		160	37	2.1	118	78.5	4 300	5 300	77	148	2.1
6014	70	110	20	1.1	38.5	30.5	5 600	6 700	77	103	1
6214		125	24	1.5	60.8	45.0	4 800	6 000	79	116	1.5
6314		150	35	2.1	105	68.0	4 300	5 000	82	138	2.1
6414		180	42	3	140	99.5	3 800	4 500	84	166	2.5
6015	75	115	20	1.1	40.2	33.2	5 300	6 300	82	108	1.1
6215		130	25	1.5	66.0	49.5	4 500	5 600	84	121	1.5
6315		160	37	2.1	113	76.8	4 000	4 800	87	148	2
6415		190	45	3	154	115	3 600	4 300	89	176	2.5
6016	80	125	22	1.1	47.5	39.8	5 000	6 000	87	118	1
6216		140	26	2	71.5	54.2	4 300	5 300	90	130	2
6316		170	39	2.1	123	86.5	3 800	4 500	92	158	2.1
6416		200	48	3	163	125	3 400	4 000	94	186	2.5
6017	85	130	22	1.1	50.8	42.8	4 500	5 600	92	123	1.1
6217		150	28	2	83.2	63.8	4 000	5 000	95	140	2
6317		180	41	3	132	96.5	3 600	4 300	99	166	2.5
6417		210	52	4	175	138	3 200	3 800	103	192	3
6018	90	140	24	1.5	58.0	49.8	4 300	5 300	99	131	1.5
6218		160	30	2	95.8	71.5	3 800	4 800	100	150	2
6318		190	43	3	145	108	3 400	4 000	104	176	2.5
6418		225	54	4	192	158	2 800	3 600	108	207	3

注：1. r_{smin} 为 r 的最小单一倒角尺寸，r_{asmax} 为 r_a 的最大单一倒角尺寸。

2. 表中右边七列数据不属于 GB/T 276—2013 的内容，仅供参考。

表 11-63　　　　　　　　　　角接触球轴承(摘自 GB/T 292—2007)

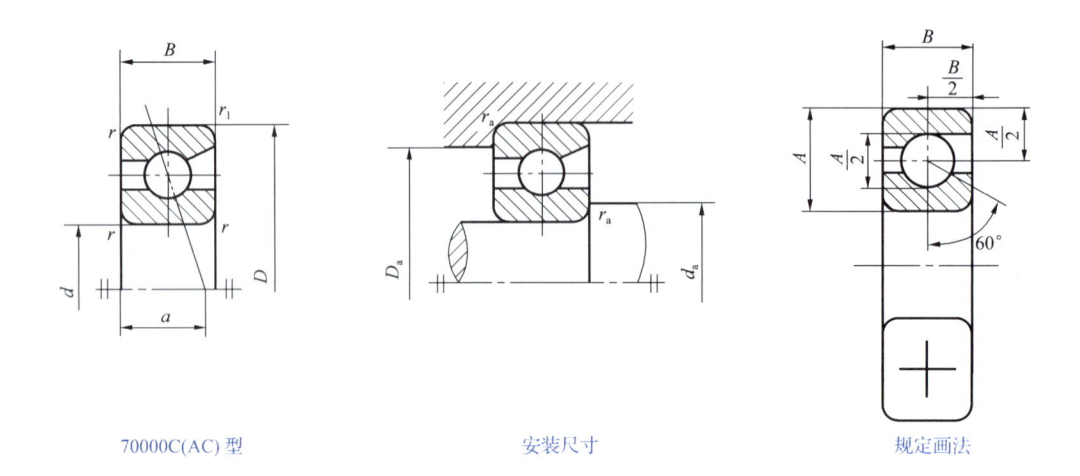

70000C(AC) 型　　　　　安装尺寸　　　　　规定画法

标记示例：滚动轴承　7205C　GB/T 292—2007

iF_a/C_{0r}	e	Y	70000C 型	70000AC 型
0.015	0.38	1.47	径向当量动载荷：	径向当量动载荷：
0.029	0.40	1.40	当 $\frac{F_a}{F_r} \leqslant e$ 时，$P_r = F_r$	当 $\frac{F_a}{F_r} \leqslant 0.68$ 时，$P_r = F_r$
0.058	0.43	1.30		
0.087	0.46	1.23	当 $\frac{F_a}{F_r} > e$ 时，$P_r = 0.44F_r + YF_a$	当 $\frac{F_a}{F_r} > 0.68$ 时，$P_r = 0.41F_r + 0.87F_a$
0.12	0.47	1.19		
0.17	0.50	1.12	径向当量静载荷：	径向当量静载荷：
0.29	0.55	1.02	$P_{0r} = 0.5F_r + 0.46F_a$	$P_{0r} = 0.5F_r + 0.38F_a$
0.44	0.56	1.00		
0.58	0.56	1.00	当 $P_{0r} < F_r$ 时，取 $P_{0r} = F_r$	当 $P_{0r} < F_r$ 时，取 $P_{0r} = F_r$

轴承型号		基本尺寸/mm					安装尺寸/mm			基本额定载荷/kN		极限转速/(r·min^{-1})	
70000 型 (AC)型	d	D	B	r_{smin}	r_{1smin}	a	d_{amin}	D_{amax}	r_{asmax}	C_r	C_{0r}	脂润滑	油润滑
7000C	10	26	8	0.3	0.1	6.4	12.4	23.6	0.3	4.92	2.25	19 000	28 000
7000AC		26	8	0.3	0.1	8.2	12.4	23.6	0.3	4.75	2.12	19 000	28 000
7200C		30	9	0.6	0.3	7.2	15	25	0.6	5.82	2.95	18 000	26 000
7200AC		30	9	0.6	0.3	9.2	15	25	0.6	5.58	2.82	18 000	26 000
7001C	12	28	8	0.3	0.1	6.7	14.4	25.6	0.3	5.42	2.65	18 000	26 000
7001AC		28	8	0.3	0.1	8.7	14.4	25.6	0.3	5.20	2.55	18 000	26 000
7201C		32	10	0.6	0.3	8	17	27	0.6	7.35	3.52	17 000	24 000
7201AC		32	10	0.6	0.3	10.2	17	27	0.6	7.10	3.35	17 000	24 000
7002C	15	32	9	0.3	0.1	7.6	17.4	29.6	0.3	6.25	3.42	17 000	24 000
7002AC		32	9	0.3	0.1	10	17.4	29.6	0.3	5.95	3.25	17 000	24 000
7202C		35	11	0.6	0.3	8.9	20	30	0.6	8.68	4.62	16 000	22 000
7202AC		35	11	0.6	0.3	11.4	20	30	0.6	8.35	4.40	16 000	22 000

续表

轴承型号		基本尺寸/mm					安装尺寸/mm			基本额定载荷/kN		极限转速/(r·min^{-1})	
70000型(AC)型	d	D	B	r_{smin}	r_{1smin}	a	d_{amin}	D_{amax}	r_{asmax}	C_r	C_{0r}	脂润滑	油润滑
7003C	17	35	10	0.3	0.1	8.5	19.4	32.6	0.3	6.6	3.85	16 000	22 000
7003AC		35	10	0.3	0.1	11.1	19.4	32.6	0.3	6.3	3.68	16 000	22 000
7203C		40	12	0.6	0.3	9.9	22	35	0.6	10.8	5.95	15 000	20 000
7203AC		40	12	0.6	0.3	12.8	22	35	0.6	10.5	5.65	15 000	20 000
7004C	20	42	12	0.6	0.3	10.2	25	37	0.6	10.5	6.08	14 000	19 000
7004AC		42	12	0.6	0.3	13.2	25	37	0.6	10.0	5.73	14 000	19 000
7204C		47	14	1	0.3	11.5	26	41	1.1	14.5	8.22	13 000	18 000
7204AC		47	14	1	0.3	14.9	26	41	1.1	14.0	7.82	13 000	18 000
7005C	25	47	12	0.6	0.3	10.8	30	42	0.6	11.5	7.45	12 000	17 000
7005AC		47	12	0.6	0.3	14.4	30	42	0.6	11.2	7.08	12 000	17 000
7205C		52	15	1	0.3	12.7	31	46	1	16.5	10.5	11 000	16 000
7205AC		52	15	1	0.3	16.4	31	46	1	15.8	9.88	11 000	16 000
7006C	30	55	13	1	0.3	12.2	36	49	1	15.2	10.2	9 500	14 000
7006AC		55	13	1	0.3	16.4	36	49	1	14.5	9.85	9 500	14 000
7206C		62	16	1	0.3	14.2	36	56	1	23.0	15.0	9 000	13 000
7206AC		62	16	1	0.3	18.7	36	56	1	22.0	14.2	9 000	13 000
7007C	35	62	14	1	0.3	13.5	41	56	1	19.5	14.2	8 500	12 000
7007AC		62	14	1	0.3	18.3	41	56	1	18.5	13.5	8 500	12 000
7207C		72	17	1.1	0.3	15.7	42	65	1.1	30.5	20.0	8 000	11 000
7207AC		72	17	1.1	0.3	21	42	65	1.1	29.0	19.2	8 000	11 000
7008C	40	68	15	1	0.3	14.7	46	62	1	20.0	15.2	8 000	11 000
7008AC		68	15	1	0.3	20.1	46	62	1	19.0	14.5	8 000	11 000
7208C		80	18	1.1	0.6	17	47	73	1.1	36.8	25.8	7 500	10 000
7208AC		80	18	1.1	0.6	23	47	73	1.1	35.2	24.5	7 500	10 000
7009C	45	75	16	1	0.3	16	51	69	1	25.8	20.5	7 500	10 000
7009AC		75	16	1	0.3	21.9	51	69	1	25.8	19.5	7 500	10 000
7209C		85	19	1.1	0.6	18.2	52	78	1.1	38.5	28.5	6 700	9 000
7209AC		85	19	1.1	0.6	24.7	52	78	1.1	36.8	27.2	6 700	9 000
7010C	50	80	16	1	0.3	16.7	56	74	1	26.5	22.0	6 700	9 000
7010AC		80	16	1	0.3	23.2	56	74	1	25.2	21.0	6 700	9 000
7210C		90	20	1.1	0.6	19.4	57	83	1.1	42.8	32.0	6 300	8 500
7210AC		90	20	1.1	0.6	26.3	57	83	1.1	40.8	30.5	6 300	8 500

续表

轴承型号	基本尺寸/mm						安装尺寸/mm			基本额定载荷/kN		极限转速/(r·min⁻¹)	
70000 型 (AC)型	d	D	B	r_{smin}	r_{1smin}	a	d_{amin}	D_{amax}	r_{asmax}	C_r	C_{0r}	脂润滑	油润滑
7011C	55	90	18	1.1	0.6	18.7	62	83	1.1	37.2	30.5	6 000	8 000
7011AC		90	18	1.1	0.6	25.9	62	83	1.1	35.2	29.2	6 000	8 000
7211C		100	21	1.5	0.6	20.9	64	91	1.5	52.8	40.5	5 600	7 500
7211AC		100	21	1.5	0.6	28.6	64	91	1.5	50.5	38.5	5 600	7 500
7012C	60	95	18	1.1	0.6	19.4	67	88	1.1	38.2	32.8	5 600	7 500
7012AC		95	18	1.1	0.6	27.1	67	88	1.1	36.2	31.5	5 600	7 500
7212C		110	22	1.5	0.6	22.4	69	101	1.5	61.0	48.5	5 300	7 000
7212AC		110	22	1.5	0.6	30.8	69	101	1.5	58.2	46.2	5 300	7 000
7013C	65	100	18	1.1	0.6	20.1	72	93	1.1	40.0	35.5	5 300	7 000
7013AC		100	18	1.1	0.6	28.2	72	93	1.1	38.0	33.8	5 300	7 000
7213C		120	23	1.5	0.6	24.2	74	111	1.5	69.8	55.2	4 800	6 300
7213AC		120	23	1.5	0.6	33.5	74	111	1.5	66.5	52.5	4 800	6 300
7014C	70	110	20	1.1	0.6	22.1	77	103	1.1	48.2	43.5	5 000	6 700
7014AC		110	20	1.1	0.6	30.9	77	103	1.1	45.8	41.5	5 000	6 700
7214C		125	24	1.5	0.6	25.3	79	116	1.5	70.2	60.0	4 500	6 000
7214AC		125	24	1.5	0.6	35.1	79	116	1.5	69.2	57.5	4 500	6 000
7015C	75	115	20	1.1	0.6	22.7	82	108	1.1	49.5	46.5	4 800	6 300
7015AC		115	20	1.1	0.6	32.2	82	108	1.1	46.8	44.2	4 800	6 300
7215C		130	25	1.5	0.6	26.4	84	121	1.5	79.2	65.8	4 300	5 600
7215AC		130	25	1.5	0.6	36.6	84	121	1.5	75.2	63.0	4 300	5 600
7016C	80	125	22	1.1	0.6	24.7	87	118	1.1	58.5	55.8	4 500	6 000
7016AC		125	22	1.1	0.6	34.9	87	118	1.1	55.5	53.2	4 500	6 000
7216C		140	26	2	1	27.7	90	130	2	89.5	78.2	4 000	5 300
7216AC		140	26	2	1	38.9	90	130	2	85.0	74.5	4 000	5 300
7017C	85	130	22	1.1	0.6	25.4	92	123	1.1	62.5	60.2	4 300	5 600
7017AC		130	22	1.1	0.6	36.1	92	123	1.1	59.2	57.2	4 300	5 600
7217C		150	28	2	1	29.9	95	140	2	99.8	85.0	3 800	5 000
7217AC		150	28	2	1	41.6	95	140	2	94.8	81.5	3 800	5 000

注：1. r_{smin}为 r 的最小单一倒角尺寸，r_{1smin}为 r_1 的最小单一倒角尺寸，r_{asmax}为 r_a 的最大单一倒角尺寸。

2. 表中右边八列数据不属于 GB/T 292—2007 的内容，仅供参考。

3. 接触角为 40°的角接触球轴承的基本尺寸可参考 GB/T 292—2007 的相关内容。

第11章　机械设计常用标准、规范及其他设计资料　207

表 11-64　　向心轴承和轴、孔的配合及轴、孔公差带(摘自 GB/T 275—2015)

向心轴承(圆柱孔轴承)和轴的配合——轴公差带							
载荷情况			举例	深沟球轴承、调心球轴承和角接触球轴承	圆柱滚子轴承和圆锥滚子轴承	调心滚子轴承	公差带
				轴承公称内径/mm			
内圈承受旋转载荷或方向不定载荷	轻载荷		输送机、轻载齿轮箱	≤18 >18～100 >100～200 —	— ≤40 >40～140 >140～200	— ≤40 >40～100 >100～200	h5 j6① k6① m6①
	正常载荷		一般通用机械、电动机、泵、内燃机、正齿轮传动装置	≤18 >18～100 >100～140 >140～200 >200～280 — —	— ≤40 >40～100 >100～140 >140～200 >200～400 —	— ≤40 >40～65 >65～100 >140～280 >280～500	j5　js5 k5② m5② m6 n6 p6 r6
	重载荷		铁路机车车辆轴箱、牵引电机、破碎机等	—	>50～140 >140～200 >200 —	>50～100 >100～140 >140～200 >200	n6③ p6③ r6③ r7③
内圈承受固定载荷	所有载荷	内圈需在轴向易移动	非旋转轴上的各种轮子	所有尺寸			f6 g6
		内圈不需在轴向易移动	张紧轮、绳轮				h6 j6
仅有轴向载荷			—				j6、js6

向心轴承和轴承座孔的配合——孔公差带					
载荷情况		举例	其他情况	公差带④	
				球轴承	滚子轴承
外圈承受固定载荷	轻、正常、重	一般机械、铁路机车车辆轴箱	轴向易移动,可采用剖分式轴承座	H7、G7⑤	
	冲击		轴向能移动,可采用整体式或剖分式轴承座	J7、JS7	
方向不定载荷	轻、正常	电机、泵、曲轴主轴承			
	正常、重		轴向不移动,采用整体式轴承座	K7	
	重、冲击	牵引电机		M7	
外圈承受旋转载荷	轻	皮带张紧轮		J7	K7
	正常	轮毂轴承		M7	N7
	重			—	N7、P7

注:①凡精度要求较高的场合,应用 j5、k5、m5 代替 j6、k6、m6。
②圆锥滚子轴承、角接触球轴承配合对游隙影响不大,可用 k6、m6 代替 k5、m5。
③重载荷下轴承游隙应选大于 N 组。
④并列公差带随尺寸的增大从左至右选择。对旋转精度有较高要求时,可相应提高一个公差等级。
⑤不适用于剖分式轴承座。

表 11-65　轴和轴承座孔的几何公差及表面粗糙度(摘自 GB/T 275—2015)

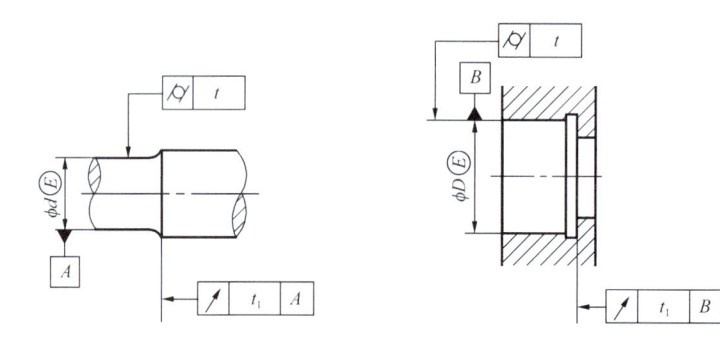

<table>
<tr><th colspan="9">轴和轴承座孔的几何公差</th></tr>
<tr><th colspan="2" rowspan="3">公称尺寸/
mm</th><th colspan="4">圆柱度 $t/\mu m$</th><th colspan="4">轴向圆跳动 $t_1/\mu m$</th></tr>
<tr><th colspan="2">轴颈</th><th colspan="2">轴承座孔</th><th colspan="2">轴肩</th><th colspan="2">轴承座孔肩</th></tr>
<tr><th colspan="8">轴承公差等级</th></tr>
<tr><th>></th><th>≤</th><th>N</th><th>6(6X)</th><th>N</th><th>6(6X)</th><th>N</th><th>6(6X)</th><th>N</th><th>6(6X)</th></tr>
<tr><td>—</td><td>6</td><td>2.5</td><td>1.5</td><td>4</td><td>2.5</td><td>5</td><td>3</td><td>8</td><td>5</td></tr>
<tr><td>6</td><td>10</td><td>2.5</td><td>1.5</td><td>4</td><td>2.5</td><td>6</td><td>4</td><td>10</td><td>6</td></tr>
<tr><td>10</td><td>18</td><td>3</td><td>2</td><td>5</td><td>3</td><td>8</td><td>5</td><td>12</td><td>8</td></tr>
<tr><td>18</td><td>30</td><td>4</td><td>2.5</td><td>6</td><td>4</td><td>10</td><td>6</td><td>15</td><td>10</td></tr>
<tr><td>30</td><td>50</td><td>4</td><td>2.5</td><td>7</td><td>4</td><td>12</td><td>8</td><td>20</td><td>12</td></tr>
<tr><td>50</td><td>80</td><td>5</td><td>3</td><td>8</td><td>5</td><td>15</td><td>10</td><td>25</td><td>15</td></tr>
<tr><td>80</td><td>120</td><td>6</td><td>4</td><td>10</td><td>6</td><td>15</td><td>10</td><td>25</td><td>15</td></tr>
<tr><td>120</td><td>180</td><td>8</td><td>5</td><td>12</td><td>8</td><td>20</td><td>12</td><td>30</td><td>20</td></tr>
<tr><td>180</td><td>250</td><td>10</td><td>7</td><td>14</td><td>10</td><td>20</td><td>12</td><td>30</td><td>20</td></tr>
<tr><td>250</td><td>315</td><td>12</td><td>8</td><td>16</td><td>12</td><td>25</td><td>15</td><td>40</td><td>25</td></tr>
<tr><td>315</td><td>400</td><td>13</td><td>9</td><td>18</td><td>13</td><td>25</td><td>15</td><td>40</td><td>25</td></tr>
<tr><td>400</td><td>500</td><td>15</td><td>10</td><td>20</td><td>15</td><td>25</td><td>15</td><td>40</td><td>25</td></tr>
</table>

<table>
<tr><th colspan="8">轴和轴承座孔配合表面的粗糙度</th></tr>
<tr><th colspan="2" rowspan="3">轴或轴承座孔的直径/
mm</th><th colspan="6">轴和轴承座孔配合表面的直径公差等级</th></tr>
<tr><th colspan="2">IT7</th><th colspan="2">IT6</th><th colspan="2">IT5</th></tr>
<tr><th colspan="6">表面粗糙度 $Ra/\mu m$</th></tr>
<tr><th>></th><th>≤</th><th>磨</th><th>车</th><th>磨</th><th>车</th><th>磨</th><th>车</th></tr>
<tr><td>—</td><td>80</td><td>1.6</td><td>3.2</td><td>0.8</td><td>1.6</td><td>0.4</td><td>0.8</td></tr>
<tr><td>80</td><td>500</td><td>1.6</td><td>3.2</td><td>1.6</td><td>3.2</td><td>0.8</td><td>1.6</td></tr>
<tr><td>500</td><td>1 250</td><td>3.2</td><td>6.3</td><td>1.6</td><td>3.2</td><td>1.6</td><td>3.2</td></tr>
<tr><td colspan="2">端面</td><td>3.2</td><td>6.3</td><td>6.3</td><td>6.3</td><td>6.3</td><td>3.2</td></tr>
</table>

11.12 滚动轴承座

表 11-66 二螺柱剖分立式轴承座(SN 型)(摘自 GB/T 7813—2018) mm

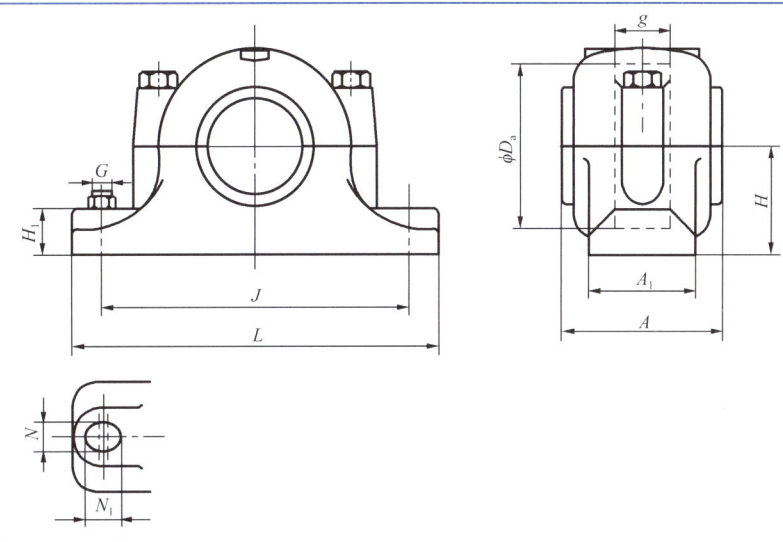

标注示例:剖分立式轴承座 SN208 GB/T 7813—2018

轴承座型号	外形尺寸													适用轴承	
	d	d_0	D_a	H	J	N	N_1 min	A max	L max	A_1	H_1 max	g	G	调心球轴承	调心滚子轴承
SN 205	25	30	52	40	130	15	15	72	170	46	22	25	M12	1205 2205	22205 —
SN 206	30	35	62	50	150	15	15	82	190	52	22	30	M12	1206 2206	22206 —
SN 207	35	45	72	50	150	15	15	85	190	52	22	33	M12	1207 2207	22207 —
SN 208	40	50	80	60	170	15	15	92	210	60	25	33	M12	1208 2208	22208 —
SN 209	45	55	85	60	170	15	15	92	210	60	25	31	M12	1209 2209	22209 —
SN 210	50	60	90	60	170	15	15	100	210	60	25	33	M12	1210 2210	22210 —
SN 211	55	65	100	70	210	18	18	105	270	70	28	33	M16	1211 2211	22211 —
SN 212	60	70	110	70	210	18	18	115	270	70	30	38	M16	1212 2212	22212 —
SN 213	65	75	120	80	230	18	18	120	290	80	30	43	M16	1213 2213	22213 —
SN 214	70	80	125	80	230	18	18	120	290	80	30	44	M16	1214 2214	22214 —
SN 215	75	85	130	80	230	18	18	125	290	80	30	41	M16	1215 2215	22215 —
SN 216	80	90	140	95	260	22	22	135	330	90	32	43	M20	1216 2216	22216 —
SN 217	85	95	150	95	260	22	22	140	330	90	32	46	M20	1217 2217	22217 —
SN 218	90	100	160	100	290	22	22	145	360	100	35	62.4	M20	1218 2218	22218 —
SN 219	95	110	170	112	290	22	22	150	360	100	35	53	M20	1219 2219	22219 —
SN 220	100	115	180	112	320	26	26	165	400	110	40	70.3	M24	1220 2220	22220 23220
SN 222	110	125	200	125	350	26	26	177	420	120	45	80	M24	1222 2222	22222 23222
SN 224	120	135	215	140	350	26	26	187	420	120	45	86	M24	—	22224 23224
SN 226	130	145	230	150	380	26	26	192	450	130	50	90	M24	—	22226 23226
SN 228	140	155	250	150	420	35	35	207	510	150	50	98	M30	—	22228 23228
SN 230	150	165	270	160	450	35	35	224	540	160	60	106	M30	—	22230 23230
SN 232	160	175	290	170	470	35	35	237	560	160	60	114	M30	—	22232 23232

续表

轴承座型号	外形尺寸													适用轴承	
	d	d_0	D_a	H	J	N	N_1 min	A max	L max	A_1	H_1 max	g	G	调心球轴承	调心滚子轴承
SN 305	25	30	62	50	150	15	20	82	185	52	22	34	M12	1305 2305	—
SN 306	30	35	72	50	150	15	20	85	185	52	22	37	M12	1306 2306	—
SN 307	35	45	80	60	170	15	20	92	205	60	25	41	M12	1307 2307	—
SN 308	40	50	90	60	170	15	20	100	205	60	25	43	M12	1308 2308	21308 22308
SN 309	45	55	100	70	210	18	23	105	255	70	28	46	M16	1309 2309	21309 22309
SN 310	50	60	110	70	210	18	23	115	255	70	30	50	M16	1310 2310	21310 22310
SN 311	55	65	120	80	230	18	23	120	275	80	30	53	M16	1311 2311	21311 22311
SN 312	60	70	130	80	230	18	23	125	280	80	30	56	M16	1312 2312	21312 22312
SN 313	65	75	140	95	260	22	27	135	315	90	32	58	M20	1313 2313	21313 22313
SN 314	70	80	150	95	260	22	27	140	320	90	32	61	M20	1314 2314	21314 22314
SN 315	75	85	160	100	290	22	27	145	345	100	35	65	M20	1315 2315	21315 22315
SN 316	80	90	170	112	290	22	27	150	345	100	35	68	M20	1316 2316	21316 22316
SN 317	85	95	180	112	320	26	32	165	380	110	40	70	M24	1317 2317	21317 22317

注:d 为适用的轴承内径,d_0 为适用的轴径。

表 11-67　四螺柱剖分立式轴承座(SD 型)(摘自 GB/T 7813—2018)

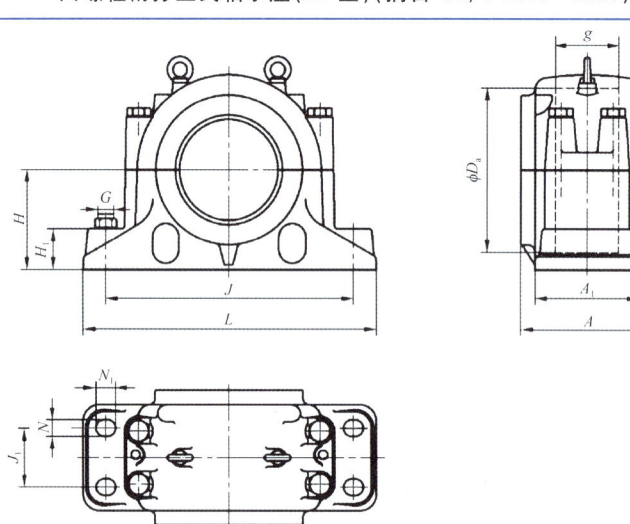

标记示例:剖分立式轴承座　SD 3136 TS　GB/T 7813—2018

轴承座型号	外形尺寸														适用轴承及附件	
	d	d_0	D_a	H	J	J_1	N	N_1 min	A max	L max	A_1	H_1 max	g	G	调心滚子轴承	紧定套
SD 3134 TS	170	150	280	170	430	100	28	28	235	515	180	70	108	M24	23134 K	H 3134
SD 3136 TS	180	160	300	180	450	110	28	28	245	535	190	75	116	M24	23136 K	H 3136
SD 3138 TS	190	170	320	190	480	120	28	28	265	565	210	80	124	M24	23138 K	H 3138
SD 3140 TS	200	180	340	210	510	130	35	35	285	615	230	85	132	M30	23140 K	H 3140
SD 3144 TS	220	200	370	220	540	140	35	35	295	645	240	90	140	M30	23144 K	H 3144
SD 3148 TS	240	220	400	240	600	150	35	35	315	705	260	95	148	M30	23148 K	H 3148
SD 3152 TS	260	240	440	260	650	160	42	42	325	775	280	100	164	M36	23152 K	H 3152
SD 3156 TS	280	260	460	280	670	160	42	42	325	795	280	105	166	M36	23156 K	H 3156
SD 3160 TS	300	280	500	300	710	190	42	42	355	835	310	110	180	M36	23160 K	H 3160
SD 3164 TS	320	300	540	320	750	200	42	42	375	885	330	115	196	M36	23164 K	H 3164

注:1. d 为适用的轴承内径,d_0 为适用的轴径。
　　2. 不利用定位环使轴承在轴承座内固定时,g 值减小 20 mm。

第11章 机械设计常用标准、规范及其他设计资料

11.13 密封件

表 11-68 毡圈油封及槽(摘自 JB/ZQ 4606—1997)　　　　　mm

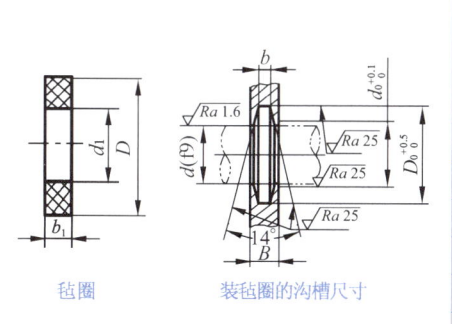

轴径 d	毡圈 D	d_1	b_1	槽 D_0	d_0	b	B_{min} 铜	铸铁
16	29	14	6	28	16	5	10	12
20	33	19	6	32	21	5	10	12
25	39	24	7	38	26	6		
30	45	29	7	44	31	6		
35	49	34	7	48	36	6		
40	53	39	7	52	41	6		
45	61	44		60	46		12	15
50	69	49		68	51		12	15
55	74	53	8	72	56	7		
60	80	58	8	78	61	7		
65	84	63		82	66			
70	90	68		88	71			
75	94	73		92	77			
80	102	78		100	82			
85	107	83	9	105	87			
90	112	88	9	110	92	8	15	18
95	117	93	10	115	97			
100	122	98	10	120	102			

标记示例：
 毡圈 40 JB/ZQ 4606—1997
($d=40$ mm 的毡圈)
材料：半粗羊毛毡

注：本标准适用于线速度 $v>5$ m/s 的情况。

表 11-69　O 形橡胶密封圈(摘自 GB/T 3452.1—2005)　　　　mm

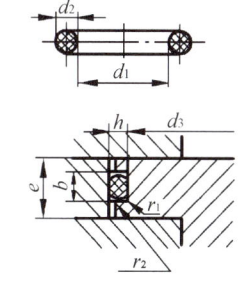

	沟槽尺寸(GB/T 3452.3—2005)				
d_2	$b^{+0.25}_{\ \ 0}$	$h^{+0.10}_{\ \ 0}$	d_3 极限偏差	r_1	r_2
1.8	2.4	1.38	$0 \atop -0.04$	0.2~0.4	
2.65	3.6	2.07	$0 \atop -0.05$	0.4~0.8	0.1~0.3
3.55	4.8	2.74	$0 \atop -0.06$	0.4~0.8	0.1~0.3
5.3	7.1	4.19	$0 \atop -0.07$	0.8~1.2	
7.0	9.5	5.67	$0 \atop -0.09$	0.8~1.2	

标记示例：
 40×3.55 GB/T 3452.1—2005
(内径 $d_1=40$ mm，截面直径 $d_2=3.55$ mm 的通用 O 形橡胶密封圈)

续表

内径		截面直径 d_2			内径		截面直径 d_2				内径		截面直径 d_2			内径		截面直径 d_2			
d_1	极限偏差	1.80±0.08	2.65±0.09	3.55±0.10	d_1	极限偏差	1.80±0.08	2.65±0.09	3.55±0.10	5.30±0.13	d_1	极限偏差	2.65±0.09	3.55±0.10	5.30±0.13	d_1	极限偏差	2.65±0.09	3.55±0.10	5.30±0.13	7.0±0.15
13.2		*	*		33.5			*	*		56.0		*	*	*	95.0		*	*	*	
14.0		*	*		34.5		*	*	*		58.0		*	*	*	97.5			*	*	
15.0	±0.17	*	*		35.5			*	*		60.0	±0.44	*	*	*	100		*	*	*	
16.0		*	*		36.5	±0.30	*	*	*		61.5		*	*	*	103			*	*	
17.0		*	*		37.5			*	*		63.0		*	*	*	106	±0.65	*	*	*	
18.0		*	*	*	38.7		*	*	*		65.0			*	*	109			*	*	*
19.0		*	*	*	40.0			*	*	*	67.0		*	*	*	112		*	*	*	*
20.0		*	*	*	41.2			*	*	*	69.0			*	*	115			*	*	*
21.2		*	*	*	42.5		*	*	*	*	71.0	±0.53	*	*	*	118		*	*	*	*
22.4		*	*	*	43.7			*	*	*	73.0			*	*	122			*	*	*
23.6	±0.22	*	*	*	45.0	±0.36		*	*	*	75.0		*	*	*	125		*	*	*	*
25.0		*	*	*	46.2		*	*	*	*	77.5			*	*	128			*	*	*
25.8		*	*	*	47.5			*	*	*	80.0		*	*	*	132		*	*	*	*
26.5		*	*	*	48.7			*	*	*	82.5			*	*	136	±0.90		*	*	*
28.0		*	*	*	50.0		*	*	*	*	85.0		*	*	*	140		*	*	*	*
30.0		*	*	*	51.5			*	*	*	87.5	±0.65		*	*	145			*	*	*
31.5	±0.30		*	*	53.0	±0.44		*	*	*	90.0		*	*	*	150		*	*	*	*
32.5		*	*	*	54.5			*	*	*	92.5			*	*	155			*	*	*

注:“*”是指内径对应截面直径存在的尺寸系列。

表 11-70　J 型无骨架橡胶油封(摘自 HG4-338—1966)(1988 年确认继续执行)　mm

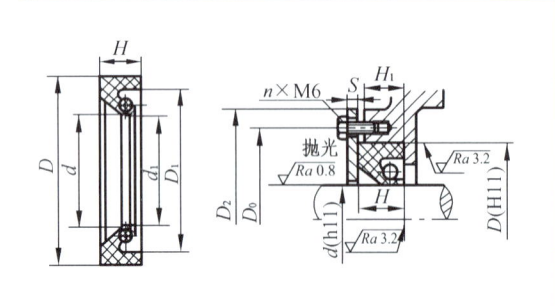

标记示例:

J 型油封 50×75×12 橡胶 I-1　HG4-338—1966

(d=50 mm、D=75 mm、H=12 mm、材料为耐油橡胶 I-1 的 J 型无骨架橡胶油封)

轴径 d		30～95（按 5 进位）	100～170（按 10 进位）
油封尺寸	D	$d+25$	$d+30$
	D_1	$d+16$	$d+20$
	d_1	$d-1$	
	H	12	16
油封槽尺寸	S	6～8	8～10
	D_0	$D+15$	
	D_2	D_0+15	
	n	4	6
	H_1	$H-(1～2)$	

第11章　机械设计常用标准、规范及其他设计资料

表 11-71　旋转轴唇形密封圈（摘自 GB/T 13871.1—2007）　　mm

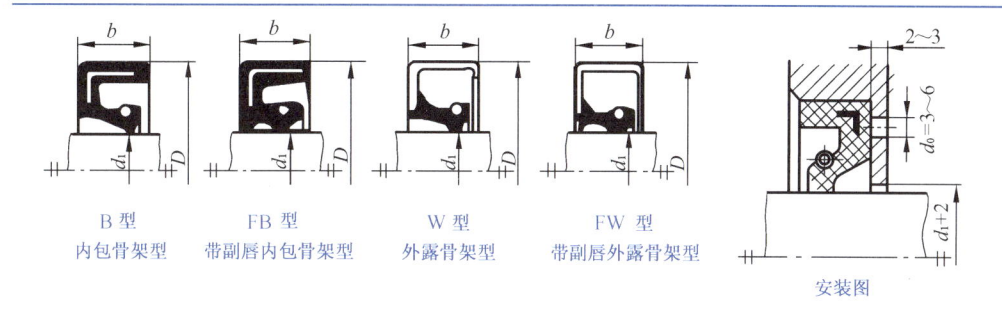

B 型　内包骨架型　　FB 型　带副唇内包骨架型　　W 型　外露骨架型　　FW 型　带副唇外露骨架型　　安装图

标记示例：

(F)B　120　150　GB/T 13871.1—2007

(带副唇内包骨架型旋转轴唇形密封圈，$d_1=120$ mm，$D=150$ mm)

d_1	D	b	d_1	D	b	d_1	D	b
6	16,22	7	25	40,47,52	7	60	80,85	8
7	22		28	40,47,52		65	85,90	
8	22,24		30	42,47,(50),52		70	90,95	10
9	22		32	45,47,52		75	95,100	
10	22,25		35	50,52,55		80	100,110	
12	24,25,30		38	55,58,62	8	85	110,120	
15	26,30,35		40	55,(60),62		90	(115),120	
16	30,(35)		42	55,62		95	120	12
18	30,35		45	62,65		100	125	
20	35,40,(45)		50	68,(70),72		105	(130)	
22	35,40,47		55	72,(75),80				

旋转轴唇形密封圈的安装要求

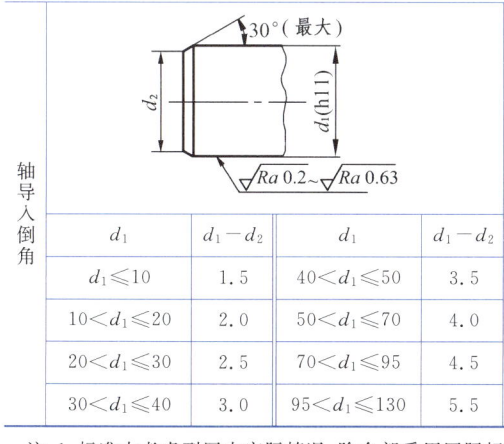

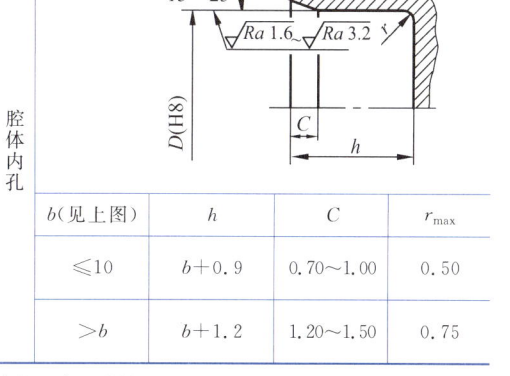

轴导入倒角

d_1	d_1-d_2	d_1	d_1-d_2
$d_1 \leqslant 10$	1.5	$40 < d_1 \leqslant 50$	3.5
$10 < d_1 \leqslant 20$	2.0	$50 < d_1 \leqslant 70$	4.0
$20 < d_1 \leqslant 30$	2.5	$70 < d_1 \leqslant 95$	4.5
$30 < d_1 \leqslant 40$	3.0	$95 < d_1 \leqslant 130$	5.5

腔体内孔

b（见上图）	h	C	r_{max}
$\leqslant 10$	$b+0.9$	0.70～1.00	0.50
$>b$	$b+1.2$	1.20～1.50	0.75

注：1. 标准中考虑到国内实际情况，除全部采用国际标准的基本尺寸外，还补充了若干种国内常用的规格，并加括号以示区别。

2. 安装要求中若轴端采用倒圆导入倒角，则倒圆的圆角半径不小于表中的 d_1-d_2 值。

11.14 销

表 11-72　　　　　开口销(摘自 GB/T 91—2000)　　　　　mm

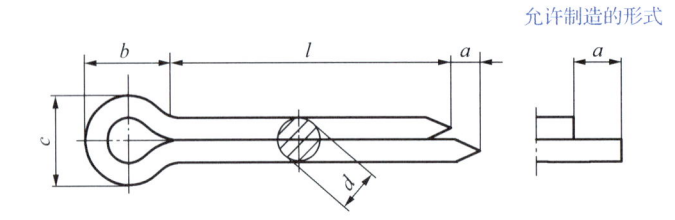

允许制造的形式

标记示例:

公称规格为 5 mm、公称长度 $l=50$ mm、材料为 Q215 或 Q235、不经表面处理的开口销标记为:

销　GB/T 91　5×50

公称直径 d		0.6	0.8	1	1.2	1.6	2	2.5	3.2	4	5	6.3	8	10	13
a	max		1.6			2.5			3.2		4			6.3	
c	max	1	1.4	1.8	2	2.8	3.6	4.6	5.8	7.4	9.2	11.8	15	19	24.8
	min	0.9	1.2	1.6	1.7	2.4	3.2	4	5.1	6.5	8	10.3	13.2	16.6	21.7
$b\approx$		2	2.4	3	3	3.2	4	5	6.4	8	10	12.6	16	20	26
l(公称)		4~12	5~16	6~20	8~26	8~32	10~40	12~50	14~63	18~80	22~100	30~120	40~160	45~200	71~250
l(公称)系列		4,5,6~32(2 进位),36,40~50(5 进位),56,63,71,80,90,100,112,125,140~200(20 进位),224,250,280													

第11章　机械设计常用标准、规范及其他设计资料

表 11-73　　　　　　　圆锥销(摘自 GB/T 117—2000)　　　　　　　mm

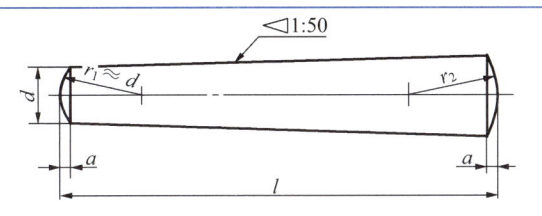

$$r_2 \approx \frac{a}{2} + d + \frac{(0.021)^2}{8a}$$

A 型(磨削):锥面表面粗糙度 Ra 0.8 μm;
B 型(切削或冷镦):锥面表面粗糙度 Ra 3.2 μm。
标记示例:
公称直径 $d=6$ mm、公称长度 $l=30$ mm、材料为 35 钢、热处理硬度(28～38)HRC、表面氧化处理的 A 型圆锥销标记为:
　　销　GB/T 117　6×30

d(h10)	1	1.5	2	2.5	3	4	5	6	8	10	12	16	20	25	30
$a\approx$	0.12	0.2	0.25	0.3	0.4	0.5	0.63	0.8	1.0	1.2	1.6	2.0	2.5	3.0	4.0
l(公称)	6～16	8～24	10～35		12～45	14～55	18～60	22～90	22～120	26～160	32～180	40～200	45～200	50～200	55～200
l(公称)系列	4,5,6,8～32(2 进位),35～100(5 进位),100～200(20 进位)															
材料	易切钢 Y12、Y15,碳素钢 35((28～38)HRC)、45((38～46)HRC),合金钢,不锈钢															

表 11-74　　　　　　　圆柱销(摘自 GB/T 119.1—2000)　　　　　　　mm

末端形状由制造者确定

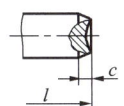

d 的公差为 h8 或 m6
公差 h8:表面粗糙度 $Ra \leqslant 1.6$ μm
公差 m6:表面粗糙度 $Ra \leqslant 0.8$ μm

标记示例:
公称直径 $d=6$ mm、公差为 m6、公称长度 $l=30$ mm、材料为钢、不经淬火、不经表面处理的圆柱销标记为:
　　销　GB/T 119.1　6 m6×30

d	3	4	5	6	8	10	12	16	20	25	30
$c\approx$	0.5	0.63	0.8	1.2	1.6	2	2.5	3	3.5	4	5
规格 l	8～30	8～40	10～50	12～60	14～80	18～95	22～140	26～180	35～200	50～200	60～200
l 系列	12,14,16,18,20,22,24,26,28,30,32,35,40,45,50,55,60,65,70,75,80,85,90,95,100,120,140,160,180,200											

11.15 极限与配合

表 11-75　　标准公差数值(摘自 GB/T 1800.1—2020)

公称尺寸/mm		标准公差等级																			
		IT01	IT0	IT1	IT2	IT3	IT4	IT5	IT6	IT7	IT8	IT9	IT10	IT11	IT12	IT13	IT14	IT15	IT16	IT17	IT18
大于	至	μm											mm								
—	3	0.3	0.5	0.8	1.2	2	3	4	6	10	14	25	40	60	0.1	0.14	0.25	0.4	0.6	1	1.4
3	6	0.4	0.6	1	1.5	2.5	4	5	8	12	18	30	48	75	0.12	0.18	0.3	0.48	0.75	1.2	1.8
6	10	0.4	0.6	1	1.5	2.5	4	6	9	15	22	36	58	90	0.15	0.22	0.36	0.58	0.9	1.5	2.2
10	18	0.5	0.8	1.2	2	3	5	8	11	18	27	43	70	110	0.18	0.27	0.43	0.7	1.1	1.8	2.7
18	30	0.6	1	1.5	2.5	4	6	9	13	21	33	52	84	130	0.21	0.33	0.52	0.84	1.3	2.1	3.3
30	50	0.6	1	1.5	2.5	4	7	11	16	25	39	62	100	160	0.25	0.39	0.62	1	1.6	2.5	3.9
50	80	0.8	1.2	2	3	5	8	13	19	30	46	74	120	190	0.3	0.46	0.74	1.2	1.9	3	4.6
80	120	1	1.5	2.5	4	6	10	15	22	35	54	87	140	220	0.35	0.54	0.87	1.4	2.2	3.5	5.4
120	180	1.2	2	3.5	5	8	12	18	25	40	63	100	160	250	0.4	0.63	1	1.6	2.5	4	6.3
180	250	2	3	4.5	7	10	14	20	29	46	72	115	185	290	0.46	0.72	1.15	1.85	2.9	4.6	7.2
250	315	2.5	4	6	8	12	16	23	32	52	81	130	210	320	0.52	0.81	1.3	2.1	3.2	5.2	8.1
315	400	3	5	7	9	13	18	25	36	57	89	140	230	360	0.57	0.89	1.4	2.3	3.6	5.7	8.9
400	500	4	6	8	10	15	20	27	40	63	97	155	250	400	0.63	0.97	1.55	2.5	4	6.3	9.7
500	630			9	11	16	22	32	44	70	110	175	280	440	0.7	1.1	1.75	2.8	4.4	7	11
630	800			10	13	18	25	36	50	80	125	200	320	500	0.8	1.25	2	3.2	5	8	12.5

第11章　机械设计常用标准、规范及其他设计资料　217

表 11-76　　基孔制配合的优先配合(摘自 GB/T 1800.1—2020)

基准孔	轴公差带代号																	
	间隙配合							过渡配合				过盈配合						
H6						g5	h5	js5	k5	m5		n5	p5					
H7					f6	**g6**	**h6**	**js6**	**k6**	m6	**n6**		**p6**	**r6**	**s6**	t6	u6	x6
H8				e7	**f7**		**h7**	js7	k7	m7					s7		u7	
			d8	**e8**	f8		h8											
H9			d8	**e8**	f8		h8											
H10	b9	c9	**d9**	e9			**h9**											
H11	**b11**	**c11**	d10				h10											

表 11-77　　基轴制配合的优先配合(摘自 GB/T 1800.1—2020)

基准轴	孔公差带代号																	
	间隙配合							过渡配合				过盈配合						
h5						G6	H6	JS6	K6	M6		N6	N6					
h6					F7	**G7**	**H7**	**JS7**	**K7**	M7	**N7**		**P7**	**R7**	**S7**	T7	U7	X7
h7				E8	**F8**		**H8**											
h8			D9	**E9**	F9		**H9**											
				E8	**F8**		**H8**											
h9			D9	**E9**	F9		**H9**											
	B11	C10	**D10**				H10											

表 11-78　轴的基本偏差数值(摘自 GB/T 1800.1—2020)

公称尺寸/mm		基本偏差数值/μm																														
		上极限偏差 *es*												下极限偏差 *ei*																		
		所有标准公差等级												IT5、IT6	IT7	IT8	IT4～IT7	≤IT3 >IT7	所有标准公差等级													
大于	至	a	b	c	cd	d	e	ef	f	fg	g	h	js	j			k		m	n	p	r	s	t	u	v	x	y	z	za	zb	zc
—	3	−270	−140	−60	−34	−20	−14	−10	−6	−4	−2	0		−2	−4	−6	0	0	+2	+4	+6	+10	+14		+18		+20		+26	+32	+40	+60
3	6	−270	−140	−70	−46	−30	−20	−14	−10	−6	−4	0		−2	−4		+1	0	+4	+8	+12	+15	+19		+23		+28		+35	+42	+50	+80
6	10	−280	−150	−80	−56	−40	−25	−18	−13	−8	−5	0		−2	−5		+1	0	+6	+10	+15	+19	+23		+28		+34		+42	+52	+67	+97
10	14	−290	−150	−95	−70	−50	−32	−23	−16	−10	−6	0		−3	−6		+1	0	+7	+12	+18	+23	+28		+33		+40		+50	+64	+90	+130
14	18																									+39	+45		+60	+77	+108	+150
18	24	−300	−160	−110	−85	−65	−40	−25	−20	−12	−7	0		−4	−8		+2	0	+8	+15	+22	+28	+35		+41	+47	+54	+63	+73	+98	+136	+188
24	30																							+41	+48	+55	+64	+75	+88	+118	+160	+218
30	40	−310	−170	−120	−100	−80	−50	−35	−25	−15	−9	0		−5	−10		+2	0	+9	+17	+26	+34	+43	+48	+60	+68	+80	+94	+112	+148	+200	+274
40	50	−320	−180	−130																				+54	+70	+81	+97	+114	+136	+180	+242	+325
50	65	−340	−190	−140		−100	−60		−30		−10	0		−7	−12		+2	0	+11	+20	+32	+41	+53	+66	+87	+102	+122	+144	+172	+226	+300	+405
65	80	−360	−200	−150																		+43	+59	+75	+102	+120	+146	+174	+210	+274	+360	+480
80	100	−380	−220	−170		−120	−72		−36		−12	0	偏差＝$\pm\frac{IT_n}{2}$，式中 *n* 为标准公差等级数	−9	−15		+3	0	+13	+23	+37	+51	+71	+91	+124	+146	+178	+214	+258	+335	+445	+585
100	120	−410	−240	−180																		+54	+79	+104	+144	+172	+210	+254	+310	+400	+525	+690
120	140	−460	−260	−200		−145	−85		−43		−14	0		−11	−18		+3	0	+15	+27	+43	+63	+92	+122	+170	+202	+248	+300	+365	+470	+620	+800
140	160	−520	−280	−210																		+65	+100	+134	+190	+228	+280	+340	+415	+535	+700	+900
160	180	−580	−310	−230																		+68	+108	+146	+210	+252	+310	+380	+465	+600	+780	+1 000
180	200	−660	−340	−240		−170	−100		−50		−15	0		−13	−21		+4	0	+17	+30	+50	+77	+122	+166	+236	+284	+350	+425	+520	+670	+880	+1 150
200	225	−740	−380	−260																		+80	+130	+180	+258	+310	+385	+470	+575	+740	+960	+1 250
225	250	−820	−420	−280																		+84	+140	+196	+284	+340	+425	+520	+640	+820	+1 050	+1 350
250	280	−920	−480	−300		−190	−110		−56		−17	0		−16	−26		+4	0	+20	+34	+56	+94	+158	+218	+315	+385	+475	+580	+710	+920	+1 200	+1 550
280	315	−1 050	−540	−330																		+98	+170	+240	+350	+425	+525	+650	+790	+1 000	+1 300	+1 700
315	355	−1 200	−600	−360		−210	−125		−62		−18	0		−18	−28		+4	0	+21	+37	+62	+108	+190	+268	+390	+475	+590	+730	+900	+1 150	+1 500	+1 900
355	400	−1 350	−680	−400																		+114	+208	+294	+435	+530	+660	+820	+1 000	+1 300	+1 650	+2 100
400	450	−1 500	−760	−440		−230	−135		−68		−20	0		−20	−32		+5	0	+23	+40	+68	+126	+232	+330	+490	+595	+740	+920	+1 100	+1 450	+1 850	+2 400
450	500	−1 650	−840	−480																		+132	+252	+360	+540	+660	+820	+1 000	+1 250	+1 600	+2 100	+2 600
500	560					−260	−145		−76		−22	0					0	0	+26	+44	+78	+150	+280	+400	+600							
560	630																					+155	+310	+450	+660							

注：公称尺寸不大于 1 mm 时，不适用基本偏差 a、b。

第11章　机械设计常用标准、规范及其他设计资料　219

表 11-79　　**孔的基本偏差数值(摘自 GB/T 1800.1—2020)**

公称尺寸/mm		基本偏差数值/μm																					
		下极限偏差 *EI*												上极限偏差 *ES*									
		所有标准公差等级												IT6	IT7	IT8	≤IT8	>IT8	≤IT8	>IT8	≤IT8	>IT8	≤IT7
大于	至	A	B	C	CD	D	E	EF	F	FG	G	H	JS	J			K		M		N		P～ZC
—	3	+270	+140	+60	+34	+20	+14	+10	+6	+4	+2	0	偏差 = ±$\frac{IT_n}{2}$，式中 n 为标准公差等级数	+2	+4	+6	0	0	2	−2	−4	−4	在大于IT7的标准公差等级的基本偏差数值上增加一个Δ值
3	6	+270	+140	+70	+46	+30	+20	+14	+10	+6	+4	0		+5	+6	+10	−1+Δ		−4+Δ	−4	−8+Δ	0	
6	10	+280	+150	+80	+56	+40	+25	+18	+13	+8	+5	0		+5	+8	+12	−1+Δ		−6+Δ	−6	−10+Δ	0	
10	14	+290	+150	+95	+70	+50	+32	+23	+16	+10	+6	0		+6	+10	+15	−1+Δ		−7+Δ	−7	−12+Δ	0	
14	18																						
18	24	+300	+160	+110	+85	+65	+40	+28	+20	+12	+7	0		+8	+12	+20	−2+Δ		−8+Δ	−8	−15+Δ	0	
24	30																						
30	40	+310	+170	+120	+100	+80	+50	+35	+25	+15	+9	0		+10	+14	+24	−2+Δ		−9+Δ	−9	−17+Δ	0	
40	50	+320	+180	+130																			
50	65	+340	+190	+140		+100	+60		+30		+10	0		+13	+18	+28	−2+Δ		−11+Δ	−11	−20+Δ	0	
65	80	+360	+200	+150																			
80	100	+380	+220	+170		+120	+72		+36		+12	0		+16	+22	+34	−3+Δ		−13+Δ	−13	−23+Δ	0	
100	120	+410	+240	+180																			
120	140	+460	+260	+200		+145	+85		+43		+14	0		+18	+26	+41	−3+Δ		−15+Δ	−15	−27+Δ	0	
140	160	+520	+280	+210																			
160	180	+580	+310	+230																			
180	200	+660	+340	+240		+170	+100		+50		+15	0		+22	+30	+47	−4+Δ		−17+Δ	−17	−31+Δ	0	
200	225	+740	+380	+260																			
225	250	+820	+420	+280																			
250	280	+920	+480	+300		+190	+110		+56		+17	0		+25	+36	+55	−4+Δ		−20+Δ	−20	−34+Δ	0	
280	315	+1 050	+540	+330																			
315	355	+1 200	+600	+360		+210	+125		+62		+18	0		+29	+39	+60	−4+Δ		−21+Δ	−21	−37+Δ	0	
355	400	+1 350	+680	+400																			
400	450	+1 500	+760	+440		+230	+135		+68		+20	0		+33	+43	+66	−5+Δ		−23+Δ	−23	−40+Δ	0	
450	500	+1 650	+840	+480																			
500	560					+260	+145		+76		+22	0					0		−26		−44		
560	630																						

公称尺寸/mm		基本偏差数值/μm												Δ值/μm					
		上极限偏差 *ES*																	
		>IT7												标准公差等级					
大于	至	P	R	S	T	U	V	X	Y	Z	ZA	ZB	ZC	IT3	IT4	IT5	IT6	IT7	IT8
—	3	−6	−10	−14		−18		−20		−26	−32	−40	−60	0	0	0	0	0	0
3	6	−21	−15	−19		−23		−28		−35	−42	−50	−80	1	1.5	1	3	4	6
6	10	−15	−19	−23		−28		−34		−42	−52	−67	−97	1	1.5	2	3	6	7
10	14	−18	−23	−28		−33		−40		−50	−64	−90	−130	1	2	3	3	7	9
14	18						−39	−45		−60	−77	−108	−150						
18	24	−22	−28	−35		−41	−47	−54	−63	−73	−98	−136	−188	1.5	2	3	4	8	12
24	30				−41	−48	−55	−64	−75	−88	−118	−160	−218						
30	40	−26	−34	−43	−48	−60	−68	−80	−94	−112	−148	−200	−274	1.5	3	4	5	9	14
40	50				−54	−70	−81	−97	−114	−136	−180	−242	−325						
50	65	−32	−41	−53	−66	−87	−102	−122	−144	−172	−226	−300	−405	2	3	5	6	11	16
65	80		−43	−59	−75	−102	−120	−146	−174	−210	−274	−360	−480						
80	100	−37	−51	−71	−91	−124	−146	−178	−214	−258	−335	−445	−585	2	4	5	7	13	19
100	120		−54	−79	−104	−144	−172	−210	−254	−310	−400	−525	−690						
120	140	−43	−63	−92	−122	−170	−202	−248	−300	−365	−470	−620	−800	3	4	6	7	15	23
140	160		−65	−100	−134	−190	−228	−280	−340	−415	−535	−700	−900						
160	180		−68	−108	−146	−210	−252	−310	−380	−465	−600	−780	−1 000						
180	200	−50	−77	−122	−166	−236	−284	−350	−425	−520	−670	−880	−1 150	3	4	6	9	17	26
200	225		−80	−130	−180	−258	−310	−385	−470	−575	−740	−960	−1 250						
225	250		−84	−140	−196	−284	−340	−425	−520	−640	−820	−1 050	−1 350						
250	280	−56	−94	−158	−218	−315	−385	−475	−580	−710	−920	−1 200	−1 550	4	4	7	9	20	29
280	315		−98	−170	−240	−350	−425	−525	−650	−790	−1 000	−1 300	−1 700						
315	355	−62	−108	−190	−268	−390	−475	−590	−730	−900	−1 150	−1 500	−1 900	4	5	7	11	21	32
355	400		−114	−208	−294	−435	−530	−660	−820	−1 000	−1 300	−1 650	−2 100						
400	450	−68	−126	−232	−330	−490	−595	−740	−920	−1 100	−1 450	−1 850	−2 400	5	5	7	13	23	34
450	500		−132	−252	−360	−450	−660	−820	−1 000	−1 250	−1 600	−2 100	−2 600						
500	560	−78	−150	−280	−400	−600													
560	630		−155	−310	−450	−660													

注：公称尺寸不大于 1 mm 时，不适用基本偏差 A、B。

11.16 几何公差数值

表 11-80　　直线度、平面度公差值(摘自 GB/T 1184—1996 附录 B)

主参数 L/mm	公差等级											
	1	2	3	4	5	6	7	8	9	10	11	12
	公差值/μm											
≤10	0.2	0.4	0.8	1.2	2	3	5	8	12	20	30	60
>10～16	0.25	0.5	1	1.5	2.5	4	6	10	15	25	40	80
>16～25	0.3	0.6	1.2	2	3	5	8	12	20	30	50	100
>25～40	0.4	0.8	1.5	2.5	4	6	10	15	25	40	60	120
>40～63	0.5	1	2	3	5	8	12	20	30	50	80	150
>63～100	0.6	1.2	2.5	4	6	10	15	25	40	60	100	200

注:主参数 L 是轴、直线、平面的长度。

表 11-81　　圆度、圆柱度公差值(摘自 GB/T 1184—1996 附录 B)

主参数 $d(D)$/mm	公差等级												
	0	1	2	3	4	5	6	7	8	9	10	11	12
	公差值/μm												
≤3	0.1	0.2	0.3	0.5	0.8	1.2	2	3	4	6	10	14	25
>3～6	0.1	0.2	0.4	0.6	1	1.5	2.5	4	5	8	12	18	30
>6～10	0.12	0.25	0.4	0.6	1	1.5	2.5	4	6	9	15	22	36
>10～18	0.15	0.25	0.5	0.8	1.2	2	3	5	8	11	18	27	43
>18～30	0.2	0.3	0.6	1	1.5	2.5	4	6	9	13	21	33	52
>30～50	0.25	0.4	0.6	1	1.5	2.5	4	7	11	16	25	39	62
>50～80	0.3	0.5	0.8	1.2	2	3	5	8	13	19	30	46	74

注:主参数 $d(D)$是轴(孔)的直径。

表 11-82　　平行度、垂直度、倾斜度公差值(摘自 GB/T 1184—1996 附录 B)

主参数 L、$d(D)$/mm	公差等级											
	1	2	3	4	5	6	7	8	9	10	11	12
	公差值/μm											
≤10	0.4	0.8	1.5	3	5	8	12	20	30	50	80	120
>10～16	0.5	1	2	4	6	10	15	25	40	60	100	150
>16～25	0.6	1.2	2.5	5	8	12	20	30	50	80	120	200
>25～40	0.8	1.5	3	6	10	15	25	40	60	100	150	150
>40～63	1	2	4	8	12	20	30	50	80	120	200	300
>63～100	1.2	2.5	5	10	15	25	40	60	100	150	250	400

注:1. 主参数 L 为给定平行度时轴线或平面的长度,或给定垂直度、倾斜度时被测要素的长度。

2. 主参数 $d(D)$ 为给定面对线的垂直度时,被测要素的轴(孔)的直径。

第11章　机械设计常用标准、规范及其他设计资料　221

表 11-83　同轴度、对称度、圆跳动和全跳动公差值(摘自 GB/T 1184—1996 附录 B)

主参数 $d(D)$、B、L/mm	公差等级											
	1	2	3	4	5	6	7	8	9	10	11	12
	公差值/μm											
≤1	0.4	0.6	1.0	1.5	2.5	4	6	10	15	25	40	60
>1～3	0.4	0.6	1.0	1.5	2.5	4	6	10	20	40	60	120
>3～6	0.5	0.8	1.2	2	3	5	8	12	25	50	80	150
>6～10	0.6	1	1.5	2.5	4	6	10	15	30	60	100	200
>10～18	0.8	1.2	2	3	5	8	12	20	40	80	120	250
>18～30	1	1.5	2.5	4	6	10	15	25	50	100	150	300
>30～50	1.2	2	3	5	8	12	20	30	60	120	200	400
>50～120	1.5	2.5	4	6	10	15	25	40	80	150	250	500

注：1. 主参数 $d(D)$ 为给定同轴度或给定圆跳动、全跳动时轴(孔)的直径。
2. 圆锥体斜向跳动公差的主参数为平均直径。
3. 主参数 B 为给定对称度时槽的宽度。
4. 主参数 L 为给定两孔对称度时的孔心距。

表 11-84　位置度公差值数系(摘自 GB/T 1184—1996 附录 B)　μm

1	1.2	1.5	2	2.5	3	4	5	6	8
1×10^n	1.2×10^n	1.5×10^n	2×10^n	2.5×10^n	3×10^n	4×10^n	5×10^n	6×10^n	8×10^n

注：n 为正整数。

表 11-85　直线度、平面度未注公差值(摘自 GB/T 1184—1996)　mm

公差等级	基本长度范围					
	≤10	>10～30	>30～100	>100～300	>300～1 000	>1 000～3 000
H	0.02	0.05	0.1	0.2	0.3	0.4
K	0.05	0.1	0.2	0.4	0.6	0.8
L	0.1	0.2	0.4	0.8	1.2	1.6

表 11-86　垂直度未注公差值(摘自 GB/T 1184—1996)　mm

公差等级	基本长度范围			
	≤100	>100～300	>300～1 000	>1 000～3 000
H	0.2	0.3	0.4	0.5
K	0.4	0.6	0.8	1
L	0.6	1	1.5	2

表 11-87　对称度未注公差值(摘自 GB/T 1184—1996)　mm

公差等级	基本长度范围			
	≤100	>100～300	>300～1 000	>1 000～3 000
H	0.5			
K	0.6		0.8	1
L	0.6	1	1.5	2

表 11-88　圆跳动未注公差值(摘自 GB/T 1184—1996)　mm

公差等级	圆跳动未注公差值
H	0.1
K	0.2
L	0.5

11.17 表面粗糙度

表 11-89 轮廓算术平均偏差 *Ra* 的数值(摘自 GB/T 1031—2009) μm

基本系列	补充系列	基本系列	补充系列	基本系列	补充系列	基本系列	补充系列	基本系列	补充系列
	0.008		0.063		0.50		4.0		32
	0.010		0.080		0.63		5.0		40
0.012		0.1		0.8		6.3		50	
	0.016		0.125		1.00		8.0		63
	0.020		0.160		1.25		10.0		80
0.025		0.2		1.6		12.5		100	
	0.032		0.25		2.0		16.0		
	0.040		0.32		2.5		20		
0.05		0.4		3.2		25			

注:根据表面功能和生产的经济合理性,优先选用基本系列值。当基本系列值不能满足要求时,可选用补充系列值。

表 11-90 轮廓最大高度 *Rz* 的数值(摘自 GB/T 1031—2009) μm

基本系列	补充系列	基本系列	补充系列	基本系列	补充系列	基本系列	补充系列	基本系列	补充系列
0.025			0.25		2.5	25			250
	0.032		0.32	3.2			32		320
	0.040	0.4			4.0		40	400	
0.05			0.50		5.0	50			500
	0.063		0.63	6.3			63		630
	0.080	0.8			8.0		80	800	
0.1			1.00		10.0	100			1 000
	0.125		1.25	12.5			125		1 250
	0.160	1.6			16.0		160	1 600	
0.2			2.0		20	200			

注:优先选用基本系列值,当基本系列值不能满足要求时,可选用补充系列值。

表 11-91 轮廓单元的平均宽度 *Rsm* 的数值(摘自 GB/T 1031—2009) mm

基本系列	补充系列	基本系列	补充系列	基本系列	补充系列	基本系列	补充系列	基本系列	补充系列
	0.002		0.016	0.1			0.63		4.0
	0.003		0.020		0.125	0.8			5.0
	0.004	0.025			0.160		1.00	6.3	
	0.005		0.023	0.2			1.25		8.0
0.006			0.040		0.25	1.6			10.0
	0.008	0.05			0.32		2.0	12.5	
	0.010		0.063	0.4			2.5		
0.012 5			0.080		0.5	3.2			

注:优先选用基本系列值,当基本系列值不能满足要求时,可选用补充系列值。

其中 $Rsm=\frac{1}{m}\sum_{i=1}^{m}Xs_i$(见右图)。*Rsm* 是评定轮廓间距的参数,它的大小反映了轮廓表面峰谷的疏密程度。*Rsm* 越大,峰谷越稀,密封性越差。

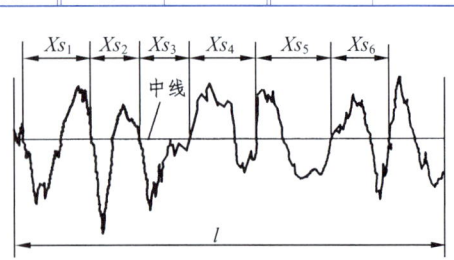

表 11-92　　轴和孔的表面粗糙度参数推荐值

<table>
<tr><td colspan="3">表面特征</td><td colspan="6">Ra/μm(≤)</td></tr>
<tr><td rowspan="10">轻度装卸零件的配合表面(挂轮、滚刀)</td><td rowspan="2">公差等级</td><td rowspan="2">表面</td><td colspan="6">基本尺寸/mm</td></tr>
<tr><td colspan="3">≤50</td><td colspan="3">50～500</td></tr>
<tr><td rowspan="2">5</td><td>轴</td><td colspan="3">0.2</td><td colspan="3">0.4</td></tr>
<tr><td>孔</td><td colspan="3">0.4</td><td colspan="3">0.8</td></tr>
<tr><td rowspan="2">6</td><td>轴</td><td colspan="3">0.4</td><td colspan="3">0.8</td></tr>
<tr><td>孔</td><td colspan="3">0.4～0.8</td><td colspan="3">0.8～1.6</td></tr>
<tr><td rowspan="2">7</td><td>轴</td><td colspan="3">0.4～0.8</td><td colspan="3">0.8～1.6</td></tr>
<tr><td>孔</td><td colspan="3">0.8</td><td colspan="3">1.6</td></tr>
<tr><td rowspan="2">8</td><td>轴</td><td colspan="3">0.8</td><td colspan="3">1.6</td></tr>
<tr><td>孔</td><td colspan="3">0.8～1.6</td><td colspan="3">1.6～3.2</td></tr>
<tr><td rowspan="10">过盈配合的配合表面:
(1)装配按机械压入法;
(2)装配按热处理法</td><td rowspan="2">公差等级</td><td rowspan="2">表面</td><td colspan="6">基本尺寸/mm</td></tr>
<tr><td colspan="2">≤50</td><td colspan="2">50～120</td><td colspan="2">120～500</td></tr>
<tr><td rowspan="2">5</td><td>轴</td><td colspan="2">0.1～0.2</td><td colspan="2">0.4</td><td colspan="2">0.4</td></tr>
<tr><td>孔</td><td colspan="2">0.2～0.4</td><td colspan="2">0.8</td><td colspan="2">0.8</td></tr>
<tr><td rowspan="2">6～7</td><td>轴</td><td colspan="2">0.4</td><td colspan="2">0.8</td><td colspan="2">1.6</td></tr>
<tr><td>孔</td><td colspan="2">0.8</td><td colspan="2">1.6</td><td colspan="2">1.6</td></tr>
<tr><td rowspan="2">8</td><td>轴</td><td colspan="2">0.8</td><td colspan="2">0.8～1.6</td><td colspan="2">1.6～3.2</td></tr>
<tr><td>孔</td><td colspan="2">1.6</td><td colspan="2">1.6～3.2</td><td colspan="2">1.6～3.2</td></tr>
<tr><td rowspan="2">—</td><td>轴</td><td colspan="6">1.6</td></tr>
<tr><td>孔</td><td colspan="6">1.6～3.2</td></tr>
<tr><td rowspan="4">精密定心用配合的零件表面</td><td colspan="2" rowspan="2">表面</td><td colspan="6">径向圆跳动公差/μm</td></tr>
<tr><td>2.5</td><td>4</td><td>6</td><td>10</td><td>16</td><td>25</td></tr>
<tr><td colspan="2">轴</td><td>0.05</td><td>0.1</td><td>0.1</td><td>0.2</td><td>0.4</td><td>0.8</td></tr>
<tr><td colspan="2">孔</td><td>0.1</td><td>0.2</td><td>0.2</td><td>0.4</td><td>0.8</td><td>1.6</td></tr>
<tr><td rowspan="4">滑动轴承的配合表面</td><td colspan="2" rowspan="2">表面</td><td colspan="4">公差等级</td><td colspan="2" rowspan="2">液体湿摩擦条件</td></tr>
<tr><td colspan="2">6～9</td><td colspan="2">10～12</td></tr>
<tr><td colspan="2">轴</td><td colspan="2">0.4～0.8</td><td colspan="2">0.8～3.2</td><td colspan="2">0.1～0.4</td></tr>
<tr><td colspan="2">孔</td><td colspan="2">0.8～1.6</td><td colspan="2">1.6～3.2</td><td colspan="2">0.2～0.8</td></tr>
</table>

11.18 齿轮的精度

表 11-93　　　单个齿距偏差±f_{pt}（摘自 GB/T 10095.1—2008）　　　μm

分度圆直径 d/mm	模数 m/mm	精度等级 0	1	2	3	4	5	6	7	8	9	10	11	12
5≤d≤20	0.5≤m≤2	0.8	1.2	1.7	2.3	3.3	4.7	6.5	9.5	13.0	19.0	26.0	37.0	53.0
	2＜m≤3.5	0.9	1.3	1.8	2.6	3.7	5.0	7.5	10.0	15.0	21.0	29.0	41.0	59.0
20＜d≤50	0.5≤m≤2	0.9	1.2	1.8	2.5	3.5	5.0	7.0	10.0	14.0	20.0	28.0	40.0	56.0
	2＜m≤3.5	1.0	1.4	1.9	2.7	3.9	5.5	7.5	11.0	15.0	22.0	31.0	44.0	62.0
	3.5＜m≤6	1.1	1.5	2.1	3.0	4.3	6.0	8.5	12.0	17.0	24.0	34.0	48.0	68.0
	6＜m≤10	1.2	1.7	2.5	3.5	4.9	7.0	10.5	14.0	20.0	28.0	40.0	56.0	79.0
50＜d≤125	0.5≤m≤2	0.9	1.3	1.9	2.7	3.8	5.5	7.5	11.0	15.0	21.0	30.0	43.0	61.0
	2＜m≤3.5	1.0	1.5	2.1	2.9	4.1	6.0	8.5	12.0	17.0	23.0	33.0	47.0	66.0
	3.5＜m≤6	1.1	1.6	2.3	3.2	4.6	6.5	9.0	13.0	18.0	26.0	36.0	52.0	73.0
	6＜m≤10	1.3	1.8	2.6	3.7	5.0	7.5	10.0	15.0	21.0	30.0	42.0	59.0	84.0
	10＜m≤16	1.6	2.2	3.1	4.4	6.5	9.0	13.0	18.0	25.0	35.0	50.0	71.0	100.0
	16＜m≤25	2.0	2.8	3.9	5.5	8.0	11.0	16.0	22.0	31.0	44.0	63.0	89.0	125.0
125＜d≤280	0.5≤m≤2	1.1	1.5	2.1	3.0	4.2	6.0	8.5	12.0	17.0	24.0	34.0	48.0	67.0
	2＜m≤3.5	1.1	1.6	2.3	3.2	4.6	6.5	9.0	13.0	18.0	26.0	36.0	51.0	73.0
	3.5＜m≤6	1.2	1.8	2.5	3.5	5.0	7.0	10.0	14.0	20.0	28.0	40.0	56.0	79.0
	6＜m≤10	1.4	2.0	2.8	4.0	5.5	8.0	11.0	16.0	23.0	32.0	45.0	64.0	90.0
	10＜m≤16	1.7	2.4	3.3	4.7	6.5	9.5	13.0	19.0	27.0	28.0	53.0	75.0	107.0
	16＜m≤25	2.1	2.9	4.1	6.0	8.0	12.0	16.0	23.0	33.0	47.0	66.0	93.0	132.0
	25＜m≤40	2.7	3.8	5.5	7.5	11.0	15.0	21.0	30.0	43.0	61.0	86.0	121.0	171.0
280＜d≤560	0.5≤m≤2	1.2	1.7	2.4	3.3	4.7	5.5	9.5	13.0	19.0	27.0	38.0	54.0	76.0
	2＜m≤3.5	1.3	1.8	2.5	3.6	5.0	7.0	10.0	14.0	20.0	29.0	41.0	57.0	81.0
	3.5＜m≤6	1.4	1.9	2.7	3.9	5.5	8.0	11.0	16.0	22.0	31.0	44.0	62.0	88.0
	6＜m≤10	1.5	2.2	3.1	4.4	6.0	8.5	12.0	17.0	25.0	25.0	49.0	70.0	99.0
	10＜m≤16	1.8	2.5	3.6	5.0	7.0	10.0	14.0	20.0	29.0	41.0	58.0	81.0	115.0
	16＜m≤25	2.2	3.1	4.4	6.0	9.0	12.0	18.0	25.0	35.0	50.0	70.0	99.0	140.0
	25＜m≤40	2.8	4.0	5.5	8.0	11.0	16.0	22.0	32.0	45.0	63.0	90.0	127.0	180.0
	40＜m≤70	3.9	5.5	8.0	11.0	16.0	22.0	31.0	45.0	63.0	89.0	126.0	178.0	252.0
560＜d≤1 000	0.5≤m≤2	1.3	1.9	2.7	3.8	5.5	7.5	11.0	15.0	21.0	30.0	43.0	61.0	86.0
	2＜m≤3.5	1.4	2.0	2.9	4.0	5.5	8.0	11.0	16.0	23.0	32.0	46.0	65.0	91.0
	3.5＜m≤6	1.5	2.2	3.1	4.3	6.0	8.5	12.0	17.0	24.0	35.0	49.0	69.0	98.0
	6＜m≤10	1.7	2.4	3.4	4.8	7.0	9.5	14.0	19.0	27.0	38.0	54.0	77.0	109.0
	10＜m≤16	2.0	2.8	3.9	5.5	8.0	11.0	16.0	22.0	31.0	44.0	63.0	89.0	125.0
	16＜m≤25	2.3	3.3	4.7	6.5	9.5	13.0	19.0	27.0	38.0	53.0	75.0	106.0	150.0
	25＜m≤40	3.0	4.2	6.0	8.5	12.0	17.0	24.0	34.0	47.0	67.0	95.0	134.0	190.0
	40＜m≤70	4.1	6.0	8.0	12.0	16.0	23.0	33.0	46.0	65.0	93.0	131.0	185.0	262.0

表 11-94　　齿距累积总偏差 F_p(摘自 GB/T 10095.1—2008)　　μm

分度圆直径 d/mm	模数 m/mm	精度等级												
		0	1	2	3	4	5	6	7	8	9	10	11	12
$5 \leqslant d \leqslant 20$	$0.5 \leqslant m \leqslant 2$	2.0	2.8	4.0	5.5	8.0	11.0	16.0	23.0	32.0	45.0	64.0	90.0	127.0
	$2 < m \leqslant 3.5$	2.1	2.9	4.2	6.0	8.5	12.0	17.0	23.0	33.0	47.0	66.0	94.0	133.0
$20 < d \leqslant 50$	$0.5 \leqslant m \leqslant 2$	2.5	3.6	5.0	7.0	10.0	14.0	20.0	29.0	41.0	67.0	81.0	115.0	162.0
	$2 < m \leqslant 3.5$	2.6	3.7	5.0	7.5	10.0	15.0	21.0	30.0	42.0	69.0	84.0	119.0	168.0
	$3.5 < m \leqslant 6$	2.7	3.9	5.5	7.5	11.0	15.0	22.0	31.0	44.0	62.0	87.0	123.0	174.0
	$6 < m \leqslant 10$	2.9	4.1	6.0	8.0	12.0	16.0	23.0	33.0	46.0	65.0	93.0	131.0	185.0
$50 < d \leqslant 125$	$0.5 \leqslant m \leqslant 2$	3.3	4.6	6.5	9.0	13.0	18.0	26.0	37.0	52.0	74.0	104.0	147.0	208.0
	$2 < m \leqslant 3.5$	3.3	4.7	6.5	9.5	13.0	19.0	27.0	38.0	53.0	73.0	107.0	151.0	214.0
	$3.5 < m \leqslant 6$	3.4	4.9	7.0	9.5	14.0	19.0	28.0	39.0	55.0	78.0	110.0	156.0	220.0
	$6 < m \leqslant 10$	3.6	5.0	7.5	10.0	14.0	20.0	29.0	41.0	58.0	82.0	116.0	164.0	231.0
	$10 < m \leqslant 16$	3.9	5.5	7.5	11.0	15.0	22.0	31.0	44.0	62.0	88.0	124.0	175.0	248.0
	$16 < m \leqslant 25$	4.3	6.0	8.5	12.0	17.0	24.0	34.0	48.0	68.0	96.0	136.0	193.0	273.0
$125 < d \leqslant 280$	$0.5 \leqslant m \leqslant 2$	4.3	6.0	8.5	12.0	17.0	24.0	35.0	49.0	69.0	98.0	138.0	195.0	276.0
	$2 < m \leqslant 3.5$	4.4	6.0	9.0	12.0	18.0	25.0	35.0	50.0	70.0	100.0	141.0	199.0	282.0
	$3.5 < m \leqslant 6$	4.5	6.0	9.0	12.0	18.0	25.0	36.0	51.0	72.0	102.0	144.0	204.0	288.0
	$6 < m \leqslant 10$	4.7	6.5	9.5	13.0	19.0	26.0	37.0	53.0	75.0	106.0	149.0	211.0	299.0
	$10 < m \leqslant 16$	4.9	7.0	10.0	14.0	20.0	28.0	38.0	56.0	79.0	112.0	158.0	223.0	316.0
	$16 < m \leqslant 25$	5.5	7.5	11.0	15.0	21.0	30.0	43.0	60.0	85.0	120.0	170.0	241.0	341.0
	$25 < m \leqslant 40$	6.0	8.5	12.0	17.0	24.0	34.0	47.0	67.0	95.0	134.0	190.0	269.0	380.0
$280 < d \leqslant 560$	$0.5 \leqslant m \leqslant 2$	5.5	8.0	11.0	16.0	23.0	32.0	46.0	64.0	91.0	129.0	182.0	257.0	364.0
	$2 < m \leqslant 3.5$	6.0	8.0	12.0	16.0	23.0	33.0	46.0	65.0	92.0	131.0	185.0	261.0	370.0
	$3.5 < m \leqslant 6$	6.0	8.5	12.0	17.0	24.0	33.0	47.0	66.0	94.0	133.0	188.0	266.0	376.0
	$6 < m \leqslant 10$	6.0	8.5	12.0	17.0	24.0	34.0	48.0	68.0	97.0	137.0	193.0	274.0	387.0
	$10 < m \leqslant 16$	6.5	9.0	13.0	18.0	25.0	36.0	50.0	71.0	101.0	143.0	202.0	285.0	404.0
	$16 < m \leqslant 25$	6.5	9.5	13.0	19.0	27.0	38.0	54.0	76.0	107.0	151.0	214.0	303.0	428.0
	$25 < m \leqslant 40$	7.5	10.0	15.0	21.0	29.0	41.0	58.0	83.0	117.0	165.0	234.0	331.0	468.0
	$40 < m \leqslant 70$	8.5	12.0	17.0	24.0	34.0	48.0	68.0	95.0	135.0	191.0	270.0	382.0	540.0
$560 < d \leqslant 1\,000$	$0.5 \leqslant m \leqslant 2$	7.5	10.0	15.0	21.0	29.0	41.0	59.0	83.0	117.0	166.0	235.0	332.0	469.0
	$2 < m \leqslant 3.5$	7.5	10.0	15.0	21.0	30.0	42.0	59.0	84.0	119.0	168.0	238.0	336.0	475.0
	$3.5 < m \leqslant 6$	7.5	11.0	15.0	21.0	30.0	43.0	60.0	85.0	120.0	170.0	241.0	341.0	482.0
	$6 < m \leqslant 10$	7.5	11.0	15.0	22.0	31.0	44.0	62.0	87.0	123.0	174.0	246.0	348.0	492.0
	$10 < m \leqslant 16$	8.0	11.0	16.0	22.0	32.0	45.0	64.0	90.0	127.0	180.0	254.0	360.0	509.0
	$16 < m \leqslant 25$	8.5	12.0	17.0	24.0	33.0	47.0	67.0	94.0	133.0	189.0	267.0	378.0	534.0
	$25 < m \leqslant 40$	9.0	13.0	18.0	25.0	36.0	51.0	72.0	101.0	143.0	203.0	287.0	405.0	573.0
	$40 < m \leqslant 70$	10.0	14.0	20.0	29.0	40.0	57.0	81.0	114.0	161.0	228.0	323.0	457.0	646.0

表 11-95 齿廓总偏差 F_α（摘自 GB/T 10095.1—2008） μm

分度圆直径 d/mm	模数 m/mm	精度等级											
		0	1	2	3	4	5	6	7	8	9	10	11	12
5≤d≤20	0.5≤m≤2	0.8	1.1	1.6	2.3	3.2	4.6	6.5	9.0	13.0	18.0	26.0	37.0	52.0
	2<m≤3.5	1.2	1.7	2.3	3.3	4.7	6.5	9.5	13.0	19.0	26.0	37.0	53.0	75.0
20<d≤50	0.5≤m≤2	0.9	1.3	1.8	2.6	3.6	5.0	7.5	10.0	15.0	21.0	29.0	41.0	58.0
	2<m≤3.5	1.3	1.8	2.5	3.6	5.0	7.0	10.0	14.0	20.0	29.0	40.0	57.0	81.0
	3.5<m≤6	1.6	2.2	3.1	4.4	6.0	9.0	12.0	18.0	25.0	35.0	50.0	70.0	99.0
	6<m≤10	1.9	2.8	3.8	5.5	7.5	11.0	15.0	22.0	31.0	43.0	61.0	87.0	123.0
50<d≤125	0.5≤m≤2	1.0	1.5	2.1	2.9	4.1	6.0	8.5	12.0	17.0	23.0	33.0	47.0	66.0
	2<m≤3.5	1.4	2.0	2.8	3.9	5.5	8.0	11.0	16.0	22.0	31.0	44.0	63.0	89.0
	3.5<m≤6	1.7	2.4	3.4	4.8	6.5	9.5	13.0	19.0	27.0	38.0	54.0	76.0	108.0
	6<m≤10	2.0	2.9	4.1	6.0	8.0	12.0	16.0	23.0	33.0	46.0	65.0	92.0	131.0
	10<m≤16	2.5	3.5	5.0	7.0	10.0	14.0	20.0	28.0	40.0	56.0	79.0	112.0	159.0
	16<m≤25	3.0	4.2	6.0	8.5	12.0	17.0	24.0	34.0	48.0	68.0	96.0	136.0	192.0
125<d≤280	0.5≤m≤2	1.2	1.7	2.4	3.5	4.9	7.0	10.0	14.0	20.0	28.0	39.0	55.0	78.0
	2<m≤3.5	1.6	2.2	3.2	4.5	6.5	9.0	13.0	18.0	25.0	36.0	50.0	71.0	101.0
	3.5<m≤6	1.9	2.6	3.7	5.5	7.5	11.0	15.0	21.0	30.0	42.0	60.0	84.0	119.0
	6<m≤10	2.2	3.2	4.5	6.5	9.0	13.0	18.0	25.0	36.0	50.0	71.0	101.0	143.0
	10<m≤16	2.7	3.8	5.5	7.5	11.0	15.0	21.0	30.0	43.0	60.0	85.0	121.0	171.0
	16<m≤25	3.2	4.5	6.5	9.0	13.0	18.0	15.0	36.0	51.0	72.0	102.0	144.0	204.0
	25<m≤40	3.8	5.5	7.5	11.0	15.0	22.0	31.0	43.0	61.0	87.0	123.0	174.0	246.0
280<d≤560	0.5≤m≤2	1.5	2.1	2.9	4.1	6.0	8.5	12.0	17.0	23.0	33.0	47.0	66.0	94.0
	2<m≤3.5	1.8	2.6	3.6	5.0	7.5	10.0	15.0	21.0	29.0	41.0	58.0	82.0	116.0
	3.5<m≤6	2.1	3.0	4.2	6.0	8.5	12.0	17.0	24.0	34.0	48.0	67.0	95.0	135.0
	6<m≤10	2.5	3.5	4.9	7.0	10.0	14.0	20.0	28.0	40.0	56.0	79.0	112.0	158.0
	10<m≤16	2.9	4.1	6.0	8.0	12.0	16.0	23.0	33.0	47.0	66.0	93.0	132.0	186.0
	16<m≤25	3.4	4.8	7.0	9.5	14.0	19.0	27.0	39.0	55.0	78.0	110.0	155.0	219.0
	25<m≤40	4.1	6.0	8.0	12.0	16.0	23.0	33.0	46.0	65.0	92.0	131.0	185.0	261.0
	40<m≤70	5.0	7.0	10.0	14.0	20.0	28.0	40.0	57.0	80.0	113.0	160.0	227.0	321.0
560<d≤1 000	0.5≤m≤2	1.8	2.5	3.5	5.0	7.0	10.0	14.0	20.0	28.0	40.0	56.0	79.0	112.0
	2<m≤3.5	2.1	3.0	4.2	6.0	8.5	12.0	17.0	24.0	34.0	48.0	67.0	95.0	135.0
	3.5<m≤6	2.4	3.4	4.8	7.0	9.5	14.0	19.0	27.0	38.0	54.0	77.0	109.0	154.0
	6<m≤10	2.8	3.9	5.5	8.0	11.0	16.0	22.0	31.0	44.0	62.0	88.0	125.0	177.0
	10<m≤16	3.2	4.5	6.5	9.0	13.0	18.0	26.0	36.0	51.0	72.0	102.0	145.0	205.0
	16<m≤25	3.7	5.5	7.5	11.0	16.0	22.0	31.0	44.0	59.0	88.0	125.0	168.0	238.0
	25<m≤40	4.4	6.0	8.5	12.0	17.0	25.0	35.0	49.0	70.0	99.0	140.0	198.0	280.0
	40<m≤70	5.5	7.5	11.0	15.0	21.0	30.0	42.0	60.0	85.0	120.0	170.0	240.0	339.0

表 11-96　　f_i'/K 的值(摘自 GB/T 10095.1—2008)　　μm

分度圆直径 d/mm	模数 m/mm	精度等级												
		0	1	2	3	4	5	6	7	8	9	10	11	12
$5\leqslant d\leqslant 20$	$0.5\leqslant m\leqslant 2$	2.4	3.4	4.8	7.0	9.5	14.0	19.0	27.0	38.0	54.0	77.0	109.0	154.0
	$2<m\leqslant 3.5$	2.8	4.0	5.5	8.0	11.0	16.0	23.0	32.0	45.0	64.0	91.0	129.0	182.0
$20<d\leqslant 50$	$0.5\leqslant m\leqslant 2$	2.5	3.6	5.0	7.0	10.0	14.0	20.0	29.0	41.0	58.0	82.0	115.0	463.0
	$2<m\leqslant 3.5$	3.0	4.2	6.0	8.5	12.0	17.0	24.0	34.0	18.0	68.0	96.0	135.0	191.0
	$3.5<m\leqslant 6$	3.4	4.8	7.0	9.5	14.0	19.0	27.0	38.0	54.0	77.0	108.0	153.0	217.0
	$6<m\leqslant 10$	3.9	5.5	8.0	11.0	16.0	22.0	31.0	44.0	63.0	89.0	125.0	177.0	251.0
$50<d\leqslant 125$	$0.5\leqslant m\leqslant 2$	2.7	3.9	5.5	8.0	11.0	16.0	22.0	31.0	44.0	62.0	88.0	124.0	176.0
	$2<m\leqslant 3.5$	3.2	4.5	6.5	9.0	13.0	18.0	25.0	36.0	51.0	72.0	102.0	144.0	204.0
	$3.5<m\leqslant 6$	3.6	5.0	7.0	11.0	14.0	20.0	29.0	40.0	57.0	81.0	115.0	162.0	229.0
	$6<m\leqslant 10$	4.1	6.0	8.0	12.0	16.0	23.0	33.0	47.0	66.0	93.0	132.0	186.0	263.0
	$10<m\leqslant 16$	4.8	7.0	9.5	14.0	19.0	27.0	38.0	54.0	77.0	109.0	154.0	218.0	308.0
	$16<m\leqslant 25$	5.5	8.0	11.0	16.0	23.0	32.0	46.0	65.0	91.0	129.0	183.0	259.0	366.0
$125<d\leqslant 280$	$0.5\leqslant m\leqslant 2$	3.0	4.3	6.0	8.5	12.0	17.0	24.0	34.0	49.0	69.0	97.0	137.0	194.0
	$2<m\leqslant 3.5$	3.5	4.9	7.0	10.0	14.0	20.0	28.0	39.0	56.0	79.0	111.0	157.0	222.0
	$3.5<m\leqslant 6$	3.9	5.5	7.5	11.0	15.0	22.0	31.0	44.0	62.0	88.0	124.0	175.0	247.0
	$6<m\leqslant 10$	4.4	6.0	9.0	12.0	18.0	25.0	35.0	50.0	70.0	100.0	141.0	199.0	281.0
	$10<m\leqslant 16$	5.0	7.0	10.0	14.0	20.0	29.0	41.0	58.0	82.0	115.0	163.0	231.0	326.0
	$16<m\leqslant 25$	6.0	8.5	12.0	17.0	24.0	34.0	48.0	68.0	96.0	136.0	192.0	272.0	384.0
	$25<m\leqslant 40$	7.5	10.0	15.0	21.0	29.0	41.0	58.0	82.0	116.0	165.0	233.0	329.0	465.0
$280<d\leqslant 560$	$0.5\leqslant m\leqslant 2$	3.4	4.8	7.0	9.5	14.0	19.0	27.0	39.0	54.0	77.0	109.0	154.0	218.0
	$2<m\leqslant 3.5$	3.8	5.5	7.5	11.0	15.0	22.0	31.0	44.0	62.0	87.0	123.0	174.0	246.0
	$3.5<m\leqslant 6$	4.2	6.5	8.5	12.0	17.0	24.0	34.0	48.0	68.0	96.0	136.0	192.0	217.0
	$6<m\leqslant 10$	4.8	6.5	9.5	13.0	19.0	27.0	39.0	54.0	76.0	108.0	153.0	216.0	305.0
	$10<m\leqslant 16$	5.5	7.5	11.0	15.0	22.0	31.0	44.0	62.0	88.0	124.0	175.0	248.0	350.0
	$16<m\leqslant 25$	6.5	9.0	13.0	18.0	26.0	36.0	51.0	72.0	102.0	144.0	204.0	289.0	408.0
	$25<m\leqslant 40$	7.5	11.0	15.0	22.0	31.0	43.0	61.0	86.0	122.0	173.0	245.0	346.0	489.0
	$40<m\leqslant 70$	9.5	14.0	19.0	27.0	39.0	55.0	78.0	110.0	155.0	220.0	311.0	439.0	621.0
$560<d\leqslant 1\ 000$	$0.5\leqslant m\leqslant 2$	3.9	5.5	7.5	11.0	15.0	22.0	31.0	44.0	62.0	87.0	123.0	174.0	247.0
	$2<m\leqslant 3.5$	4.3	6.0	8.5	12.0	17.0	24.0	34.0	49.0	69.0	97.0	137.0	194.0	275.0
	$3.5<m\leqslant 6$	4.7	6.5	9.5	13.0	19.0	27.0	38.0	53.0	75.0	106.0	150.0	212.0	300.0
	$6<m\leqslant 10$	5.0	7.5	10.0	15.0	21.0	30.0	42.0	59.0	84.0	118.0	167.0	236.0	334.0
	$10<m\leqslant 16$	6.0	8.5	12.0	17.0	24.0	33.0	47.0	67.0	95.0	134.0	189.0	268.0	379.0
	$16<m\leqslant 25$	7.0	9.5	14.0	19.0	27.0	39.0	55.0	77.0	109.0	154.0	218.0	309.0	437.0
	$25<m\leqslant 40$	8.0	11.0	16.0	23.0	32.0	46.0	65.0	92.0	129.0	183.0	259.0	366.0	518.0
	$40<m\leqslant 70$	10.0	14.0	20.0	29.0	41.0	57.0	81.0	115.0	163.0	230.0	325.0	460.0	650.0

表 11-97　　螺旋线总偏差 F_β（摘自 GB/T 10095.1—2008）　　μm

分度圆直径 d/mm	齿宽 b/mm	精度等级												
		0	1	2	3	4	5	6	7	8	9	10	11	12
5≤d≤20	4≤b≤10	1.1	1.5	2.2	3.1	4.3	6.0	8.5	12.0	17.0	24.0	35.0	49.0	69.0
	10<b≤20	1.2	1.7	2.4	3.4	4.9	7.0	9.8	14.0	19.0	28.0	39.0	55.0	78.0
	20<b≤40	1.4	2.0	2.8	3.9	5.5	8.0	11.0	16.0	22.0	31.0	45.0	63.0	89.0
	40<b≤80	1.6	2.3	3.3	4.6	6.5	9.5	13.0	19.0	26.0	37.0	52.0	74.0	105.0
20<d≤50	4≤b≤10	1.1	1.6	2.2	3.2	4.5	6.5	9.0	13.0	18.0	25.0	36.0	51.0	72.0
	10<b≤20	1.3	1.8	2.5	3.6	5.0	7.0	10.0	14.0	20.0	29.0	40.0	57.0	81.0
	20<b≤40	1.4	2.0	2.9	4.1	5.5	8.0	11.0	16.0	23.0	32.0	46.0	65.0	92.0
	40<b≤80	1.7	2.4	3.4	4.8	6.5	9.5	13.0	19.0	27.0	38.0	54.0	76.0	107.0
	80<b≤160	2.0	2.9	4.1	5.5	8.0	11.0	16.0	23.0	32.0	46.0	65.0	92.0	130.0
50<d≤125	4≤b≤10	1.2	1.7	2.4	3.3	4.7	6.5	9.5	13.0	19.0	27.0	38.0	53.0	76.0
	10<b≤20	1.3	1.9	2.6	3.7	5.5	7.5	11.0	15.0	21.0	30.0	42.0	60.0	84.0
	20<b≤40	1.5	2.1	3.0	4.2	6.0	8.5	12.0	17.0	24.0	34.0	48.0	68.0	95.0
	40<b≤80	1.7	2.5	3.5	4.9	7.0	10.0	14.0	20.0	28.0	39.0	56.0	79.0	111.0
	80<b≤160	2.1	2.9	4.2	6.0	8.5	12.0	17.0	24.0	33.0	47.0	67.0	94.0	133.0
	160<b≤250	2.5	3.5	4.9	7.0	10.5	14.0	20.0	28.0	40.0	56.0	79.0	122.0	158.0
	250<b≤400	2.9	4.1	6.0	8.0	12.0	16.0	23.0	33.0	46.0	65.0	92.0	130.0	184.0
125<d≤280	4≤b≤10	1.3	1.8	2.5	3.6	5.0	7.0	10.0	14.0	20.0	29.0	40.0	57.0	81.0
	10<b≤20	1.4	2.0	2.8	4.0	5.5	8.0	11.0	16.0	22.0	32.0	45.0	63.0	90.0
	20<b≤40	1.6	2.2	3.2	4.5	6.5	9.0	13.0	18.0	25.0	36.0	50.0	71.0	101.0
	40<b≤80	1.8	2.6	3.6	5.0	7.5	10.0	15.0	21.0	29.0	41.0	58.0	82.0	117.0
	80<b≤160	2.2	3.1	4.3	6.0	8.5	12.0	17.0	25.0	35.0	49.0	69.0	98.0	139.0
	160<b≤250	2.6	2.6	5.0	7.0	10.0	14.0	20.0	29.0	41.0	58.0	82.0	116.0	164.0
	250<b≤400	3.0	4.2	6.0	8.5	12.0	17.0	24.0	34.0	47.0	67.0	95.0	134.0	190.0
	400<b≤650	3.5	4.9	7.0	10.0	14.0	20.0	28.0	40.0	56.0	79.0	112.0	158.0	224.0
280<d≤560	10≤b≤20	1.5	2.1	3.0	4.3	6.0	8.5	12.0	17.0	24.0	34.0	48.0	68.0	97.0
	20<b≤40	1.7	2.4	3.4	4.8	6.5	9.5	13.0	19.0	27.0	38.0	54.0	76.0	108.0
	40<b≤80	1.9	2.7	3.9	5.5	7.5	11.0	15.0	22.0	31.0	44.0	62.0	87.0	124.0
	80<b≤160	2.3	3.2	4.6	6.5	9.0	13.0	18.0	26.0	36.0	52.0	73.0	103.0	146.0
	160<b≤250	2.7	3.8	5.5	7.5	11.0	15.0	21.0	30.0	43.0	60.0	85.0	121.0	171.0
	250<b≤400	3.1	4.3	6.0	8.5	12.0	17.0	25.0	35.0	49.0	70.0	98.0	139.0	197.0
	400<b≤650	3.6	5.0	7.0	10.0	14.0	20.0	29.0	41.0	58.0	82.0	115.0	163.0	231.0
	650<b≤1 000	4.3	6.0	8.5	12.0	17.0	24.0	34.0	48.0	68.0	96.0	136.0	193.0	272.0
560<d≤1 000	10≤b≤20	1.6	2.3	3.3	4.7	6.5	9.5	13.0	19.0	26.0	37.0	53.0	74.0	105.0
	20<b≤40	1.8	2.6	3.6	5.0	7.5	10.0	15.0	21.0	29.0	41.0	58.0	82.0	116.0
	40<b≤80	2.1	2.9	4.1	6.0	8.5	12.0	17.0	23.0	33.0	47.0	66.0	93.0	132.0
	80<b≤160	2.4	3.4	4.8	7.0	9.5	14.0	19.0	27.0	39.0	55.0	77.0	109.0	154.0
	160<b≤250	2.8	4.0	5.5	8.0	11.0	16.0	22.0	32.0	45.0	63.0	90.0	127.0	179.0
	250<b≤400	3.2	4.5	6.5	9.0	13.0	18.0	36.0	36.0	51.0	73.0	103.0	145.0	205.0
	400<b≤650	3.7	5.5	7.5	11.0	15.0	21.0	30.0	42.0	60.0	85.0	120.0	169.0	239.0
	650<b≤1 000	4.4	6.0	9.0	12.0	18.0	25.0	35.0	50.0	70.0	99.0	140.0	199.0	281.0

表 11-98　一齿径向综合偏差 f_i''（摘自 GB/T 10095.2—2008）　　μm

分度圆直径 d/mm	法向模数 m_n/mm	精度等级								
		4	5	6	7	8	9	10	11	12
$5 \leqslant d \leqslant 20$	$0.2 \leqslant m_n \leqslant 0.5$	1.0	2.0	2.5	3.5	5.0	7.0	10	14	20
	$0.5 < m_n \leqslant 0.8$	2.0	2.5	4.0	5.5	7.5	11	15	22	31
	$0.8 < m_n \leqslant 1.0$	2.5	3.5	5.0	7.0	10	14	20	28	39
	$1.0 < m_n \leqslant 1.5$	3.0	4.5	6.5	9.0	13	18	25	36	50
	$1.5 < m_n \leqslant 2.5$	4.5	6.5	9.5	13	19	26	37	53	74
	$2.5 < m_n \leqslant 4.0$	7.0	10	14	20	29	41	58	82	115
$20 < d \leqslant 50$	$0.2 \leqslant m_n \leqslant 0.5$	1.5	2.0	2.5	3.5	5.0	7.0	10	14	20
	$0.5 < m_n \leqslant 0.8$	2.0	2.5	4.0	5.5	7.5	11	15	22	31
	$0.8 < m_n \leqslant 1.0$	2.5	3.5	5.0	7.0	10	14	20	28	40
	$1.0 < m_n \leqslant 1.5$	3.0	4.5	6.5	9.0	13	18	25	36	51
	$1.5 < m_n \leqslant 2.5$	4.5	6.5	9.5	13	19	26	37	53	75
	$2.5 < m_n \leqslant 4.0$	7.0	10	14	20	29	41	58	82	116
	$4.0 < m_n \leqslant 6.0$	11	15	22	31	43	61	98	123	174
	$6.0 < m_n \leqslant 10$	17	24	34	48	67	95	135	190	269
$50 < d \leqslant 125$	$0.2 \leqslant m_n \leqslant 0.5$	1.5	2.0	2.5	3.5	5.0	7.5	10	15	21
	$0.5 < m_n \leqslant 0.8$	2.0	3.0	4.0	5.5	8.0	11	16	22	31
	$0.8 < m_n \leqslant 1.0$	2.5	3.5	5.0	7.0	10	14	20	28	40
	$1.0 < m_n \leqslant 1.5$	3.0	4.5	6.5	9.0	13	18	26	36	51
	$1.5 < m_n \leqslant 2.5$	4.5	6.5	9.5	13	19	26	37	53	75
	$2.5 < m_n \leqslant 4.0$	7.0	10	14	20	29	41	58	82	116
	$4.0 < m_n \leqslant 6.0$	11	15	22	31	44	62	87	123	174
	$6.0 < m_n \leqslant 10$	17	24	34	48	67	95	135	191	369
$125 < d \leqslant 280$	$0.2 \leqslant m_n \leqslant 0.5$	1.5	2.0	2.5	3.5	5.5	7.5	11	15	21
	$0.5 < m_n \leqslant 0.8$	2.0	3.0	4.0	5.5	8.0	11	16	22	32
	$0.8 < m_n \leqslant 1.0$	2.5	3.5	5.0	7.0	10	14	20	29	41
	$1.0 < m_n \leqslant 1.5$	3.0	4.5	6.5	9.0	13	18	26	36	52
	$1.5 < m_n \leqslant 2.5$	4.5	6.5	9.5	13	19	28	38	53	73
	$2.5 < m_n \leqslant 4.0$	7.5	10	15	21	29	41	58	82	116
	$4.0 < m_n \leqslant 6.0$	11	15	22	31	44	62	87	124	175
	$6.0 < m_n \leqslant 10.0$	17	24	34	48	67	95	135	191	270
$280 < d \leqslant 560$	$0.2 \leqslant m_n \leqslant 0.5$	1.5	2.0	2.5	4.0	5.5	7.5	11	15	22
	$0.5 < m_n \leqslant 0.8$	2.0	3.0	4.0	5.5	8.0	11	16	23	32
	$0.8 < m_n \leqslant 1.0$	2.5	3.5	5.0	7.5	10	15	21	29	41
	$1.0 < m_n \leqslant 1.5$	3.5	4.5	6.5	9.0	13	18	26	37	52
	$1.5 < m_n \leqslant 2.5$	5.0	6.5	9.5	13	19	27	38	54	76
	$2.5 < m_n \leqslant 4.0$	7.5	10	15	21	29	41	59	83	117
	$4.0 < m_n \leqslant 6.0$	11	15	22	31	44	62	88	124	175
	$6.0 < m_n \leqslant 10$	17	24	34	48	68	96	135	191	271
$560 < d \leqslant 1\,000$	$0.2 \leqslant m_n \leqslant 0.5$	1.5	2.0	3.0	4.0	5.5	8.0	11	16	23
	$0.5 < m_n \leqslant 0.8$	2.0	3.0	4.0	6.0	8.5	12	17	24	33
	$0.8 < m_n \leqslant 1.0$	2.5	3.5	5.5	7.5	11	15	21	30	42
	$1.0 < m_n \leqslant 1.5$	3.5	4.5	6.5	9.5	13	19	27	38	53
	$1.5 < m_n \leqslant 2.5$	5.0	7.0	9.5	14	19	27	38	54	77
	$2.5 < m_n \leqslant 4.0$	7.5	10	15	21	30	42	59	83	118
	$4.0 < m_n \leqslant 6.0$	11	16	22	31	44	63	88	125	176
	$6.0 < m_n \leqslant 10$	17	24	34	48	68	96	136	192	272

表 11-99　　径向综合总偏差 F_i''（摘自 GB/T 10095.2—2008）　　μm

分度圆直径 d/mm	法向模数 m_n/mm	精度等级								
		4	5	6	7	8	9	10	11	12
$5 \leqslant d \leqslant 20$	$0.2 \leqslant m_n \leqslant 0.5$	7.5	11	15	21	30	42	60	85	120
	$0.5 < m_n \leqslant 0.8$	8.0	12	16	23	33	46	66	93	131
	$0.8 < m_n \leqslant 1.0$	9.0	12	18	23	35	50	70	100	141
	$1.0 < m_n \leqslant 1.5$	10	14	16	27	38	54	76	108	153
	$1.5 < m_n \leqslant 2.5$	11	16	22	32	45	63	89	126	179
	$2.5 < m_n \leqslant 4.0$	14	20	28	39	56	79	112	158	223
$20 < d \leqslant 50$	$0.2 \leqslant m_n \leqslant 0.5$	9.0	13	19	26	37	52	74	105	148
	$0.5 < m_n \leqslant 0.8$	10	14	20	28	40	56	80	113	160
	$0.8 < m_n \leqslant 1.0$	11	15	21	30	42	60	85	120	169
	$1.0 < m_n \leqslant 1.5$	11	16	23	32	45	64	91	128	181
	$1.5 < m_n \leqslant 2.5$	13	18	26	37	52	73	103	146	207
	$2.5 < m_n \leqslant 4.0$	16	22	31	44	63	89	126	178	251
	$4.0 < m_n \leqslant 6.0$	20	28	39	56	79	111	157	222	314
	$6.0 < m_n \leqslant 10.0$	26	37	52	74	104	147	209	295	417
$50 < d \leqslant 125$	$0.2 \leqslant m_n \leqslant 0.5$	12	16	23	33	46	66	93	131	185
	$0.5 < m_n \leqslant 0.8$	12	17	25	35	49	70	98	139	197
	$0.8 < m_n \leqslant 1.0$	13	18	26	36	52	73	103	146	206
	$1.0 < m_n \leqslant 1.5$	14	19	27	39	55	77	109	154	218
	$1.5 < m_n \leqslant 2.5$	15	22	31	43	61	86	122	173	244
	$2.5 < m_n \leqslant 4.0$	18	25	36	51	72	102	144	204	288
	$4.0 < m_n \leqslant 6.0$	22	31	44	62	88	124	176	248	351
	$6.0 < m_n \leqslant 10.0$	28	40	57	80	114	161	227	321	454
$125 < d \leqslant 280$	$0.2 \leqslant m_n \leqslant 0.5$	15	21	30	42	60	85	120	170	240
	$0.5 < m_n \leqslant 0.8$	16	22	31	44	64	89	126	178	252
	$0.8 < m_n \leqslant 1.0$	16	23	33	46	65	92	131	185	261
	$1.0 < m_n \leqslant 1.5$	17	24	34	48	68	97	137	193	273
	$1.5 < m_n \leqslant 2.5$	19	26	37	53	75	106	149	211	299
	$2.5 < m_n \leqslant 4.0$	21	30	43	61	86	121	172	243	343
	$4.0 < m_n \leqslant 6.0$	25	36	51	72	102	144	203	287	406
	$6.0 < m_n \leqslant 10.0$	32	45	64	90	127	180	255	360	509
$280 < d \leqslant 560$	$0.2 \leqslant m_n \leqslant 0.5$	19	28	29	55	78	110	156	220	311
	$0.5 < m_n \leqslant 0.8$	20	29	40	57	81	114	161	228	323
	$0.8 < m_n \leqslant 1.0$	21	29	42	59	83	117	166	235	332
	$1.0 < m_n \leqslant 1.5$	22	30	43	61	86	122	172	243	344
	$1.5 < m_n \leqslant 2.5$	23	33	46	65	92	131	185	262	370
	$2.5 < m_n \leqslant 4.0$	26	37	52	73	104	146	207	293	414
	$4.0 < m_n \leqslant 6.0$	30	42	60	84	119	169	239	337	477
	$6.0 < m_n \leqslant 10.0$	36	51	73	103	145	205	290	410	580
$560 < d \leqslant 1\,000$	$0.2 \leqslant m_n \leqslant 0.5$	25	35	50	70	99	140	198	280	396
	$0.5 < m_n \leqslant 0.8$	25	36	51	72	102	144	204	288	408
	$0.8 < m_n \leqslant 1.0$	26	37	52	74	104	148	209	295	417
	$1.0 < m_n \leqslant 1.5$	27	38	54	76	107	152	215	304	429
	$1.5 < m_n \leqslant 2.5$	28	40	57	80	114	161	228	322	455
	$2.5 < m_n \leqslant 4.0$	31	44	62	88	125	177	250	353	499
	$4.0 < m_n \leqslant 6.0$	35	50	70	99	141	199	281	398	562
	$6.0 < m_n \leqslant 10.0$	42	59	83	118	166	235	333	471	665

第11章　机械设计常用标准、规范及其他设计资料　231

表 11-100　　径向跳动公差 F_r（摘自 GB/T 10095.2—2008）　　μm

分度圆直径 d/mm	法向模数 m_n/mm	精度等级												
		0	1	2	3	4	5	6	7	8	9	10	11	12
$5 \leqslant d \leqslant 20$	$0.5 \leqslant m_n \leqslant 2.0$	1.5	2.5	3.0	4.5	6.5	9.0	13	18	25	36	51	72	102
	$2.0 < m_n \leqslant 3.5$	1.5	2.5	3.5	4.5	6.5	9.5	13	19	27	38	53	75	106
$20 < d \leqslant 50$	$0.5 \leqslant m_n \leqslant 2.0$	2.0	3.0	4.0	5.5	8.0	11	16	23	32	46	65	92	130
	$2.0 < m_n \leqslant 3.5$	2.0	3.0	4.0	6.0	8.5	12	17	24	34	47	67	95	134
	$3.5 < m_n \leqslant 6.0$	2.0	3.0	4.5	6.0	8.5	12	17	25	35	49	80	99	139
	$6.0 < m_n \leqslant 10$	2.5	3.5	4.5	6.5	9.5	13	19	26	37	52	74	105	148
$50 < d \leqslant 125$	$0.5 \leqslant m_n \leqslant 2.0$	2.5	3.5	5.0	7.5	10	15	21	29	42	59	83	118	167
	$2.0 < m_n \leqslant 3.5$	2.5	4.0	5.5	7.5	11	15	21	30	43	61	86	121	171
	$3.5 < m_n \leqslant 6.0$	3.0	4.0	5.5	8.0	11	16	22	31	44	62	88	125	176
	$6.0 < m_n \leqslant 10$	3.0	4.0	6.0	8.0	12	16	23	33	46	65	92	131	185
	$10 < m_n \leqslant 16$	3.0	4.5	6.0	9.0	12	18	25	35	50	70	99	140	198
	$16 < m_n \leqslant 25$	3.5	5.0	7.0	9.5	14	19	27	39	55	77	109	154	218
$125 < d \leqslant 280$	$0.5 \leqslant m_n \leqslant 2.0$	3.5	5.0	7.0	10	14	20	28	39	55	78	110	156	221
	$2.0 < m_n \leqslant 3.5$	3.5	5.0	7.0	10	14	20	28	40	56	80	113	159	225
	$3.5 < m_n \leqslant 6.0$	3.5	5.0	7.0	10	14	20	29	41	58	82	115	163	231
	$6.0 < m_n \leqslant 10$	3.5	5.5	7.5	11	15	21	30	42	60	85	120	169	239
	$10 < m_n \leqslant 16$	4.0	5.5	8.0	11	16	22	32	45	63	89	126	179	252
	$16 < m_n \leqslant 25$	4.5	6.0	8.5	12	17	24	34	48	68	96	126	193	272
	$25 < m_n \leqslant 40$	4.5	6.5	9.5	13	19	27	36	54	76	107	152	215	304
$280 < d \leqslant 560$	$0.5 \leqslant m_n \leqslant 2.0$	4.5	6.5	9.0	13	18	26	36	51	73	103	146	206	291
	$2.0 < m_n \leqslant 3.5$	4.5	6.5	9.0	13	18	26	37	52	74	105	148	209	296
	$3.5 < m_n \leqslant 6.0$	4.5	6.5	9.5	14	19	27	38	53	75	106	150	213	301
	$6.0 < m_n \leqslant 10$	4.5	6.5	9.5	14	19	27	39	55	77	109	155	219	310
	$10 < m_n \leqslant 16$	5.0	7.0	10	14	20	29	40	57	81	114	161	228	323
	$16 < m_n \leqslant 25$	5.5	7.5	11	15	21	30	43	61	86	121	171	242	343
	$25 < m_n \leqslant 40$	6.0	8.5	12	17	23	33	47	66	94	132	187	265	374
	$40 < m_n \leqslant 70$	7.0	9.5	14	19	27	38	54	76	108	153	216	306	462
$560 < d \leqslant 1\,000$	$0.5 \leqslant m_n \leqslant 2.0$	6.0	8.5	12	17	23	33	47	66	94	133	188	266	376
	$2.0 < m_n \leqslant 3.5$	6.0	8.5	12	17	24	34	48	67	95	134	190	269	380
	$3.5 < m_n \leqslant 6.0$	6.0	8.5	12	17	24	34	48	68	96	136	193	282	385
	$6.0 < m_n \leqslant 10$	6.0	8.5	12	17	25	35	49	70	98	139	197	279	394
	$10 < m_n \leqslant 16$	6.5	9.0	13	18	25	36	51	72	102	144	204	288	407
	$16 < m_n \leqslant 25$	6.5	9.5	13	19	27	38	53	76	107	151	214	302	427
	$25 < m_n \leqslant 40$	7.0	10	14	20	29	41	57	81	115	162	229	324	459
	$40 < m_n \leqslant 70$	8.0	11	16	23	32	46	65	91	129	183	258	365	517

表 11-101　　算术平均偏差 Ra、微观不平度十点高度 Rz 的推荐极限值

（摘自 GB/Z 18620.4—2008）　　　　　μm

等级	模数 m/mm					
	m≤6		6<m≤25		m>25	
	Ra	Rz	Ra	Rz	Ra	Rz
1	—	—	0.04	0.25	—	—
2	—	—	0.08	0.50	—	—
3	—	—	0.16	1.0	—	—
4	—	—	0.32	2.0	—	—
5	0.5	3.2	0.63	4.0	0.80	5.0
6	0.8	5.0	1.0	6.3	1.25	8.0
7	1.25	8.0	1.6	10.0	2.0	12.5
8	2.0	12.5	2.5	16	3.2	20
9	3.2	20	4.0	25	5.0	32
10	5.0	32	6.3	40	8.0	50
11	10.0	63	12.5	80	16	100
12	20	125	25	160	32	200

表 11-102　　渐开线圆柱齿轮齿坯的几何公差推荐值（摘自 GB/Z 18620.3—2008）

公差项目		推荐值
圆度		$0.04(L/b)F_\beta$ 或 $(0.06\sim 0.1)F_p$
圆柱度		$0.04(L/b)F_\beta$ 或 $0.1F_p$
平面度		$0.06(D_d/b)F_\beta$ 或 F_β
圆跳动	径向	$0.15(L/b)F_\beta$ 或 $0.3F_p$
	轴向	$0.2(D_d/b)F_\beta$

表 11-103　　渐开线圆柱齿轮传动中心距的极限偏差 f_a（供参考）　　　　　μm

齿轮副中心距 a/mm	精度等级		
	5～6	7～8	9～10
6<a≤10	±7.5	±11	±18
10<a≤18	±9	±13.5	±21.5
18<a≤30	±10.5	±16.5	±26
30<a≤50	±12.5	±19.5	±31
50<a≤80	±15	±23	±37
80<a≤120	±17.5	±27	±43.5
120<a≤180	±20	±31.5	±50
180<a≤250	±23	±36	±57
250<a≤315	±26	±40.5	±65
315<a≤400	±28.5	±44.5	±70
400<a≤500	±31.5	±48.5	±77.5
500<a≤630	±35	±55	±87
630<a≤800	±40	±62	±100
800<a≤1 000	±45	±70	±115

参 考 文 献

[1] 吴宗泽,高志.机械设计实用手册[M].4版.北京:化学工业出版社,2021.

[2] 杨可桢,程光蕴,李仲生,钱瑞明.机械设计基础[M].7版.北京:高等教育出版社,2020.

[3] 陈铁鸣.新编机械设计课程设计图册[M].4版.北京:高等教育出版社,2020.

[4] 李育锡,董海军.机械设计课程设计[M].3版.北京:高等教育出版社,2020.

[5] 陈立德.机械设计基础课程设计指导书[M].5版.北京:高等教育出版社,2019.

[6] 吴宗泽,罗圣国,高志,李威.机械设计课程设计手册[M].5版.北京:高等教育出版社,2018.

[7] 闻邦椿.机械设计手册[M].6版.北京:机械工业出版社,2018.

[8] 宋宝玉.机械设计课程设计指导书[M].2版.北京:高等教育出版社,2016.

[9] 傅燕鸣.机械设计课程设计手册[M].2版.上海:上海科学技术出版社,2016.

[10] 宋宝玉.简明机械设计课程设计图册[M].2版.北京:高等教育出版社,2013.

[11] 王少岩,罗玉福.机械设计基础[M].7版.大连:大连理工大学出版社,2022.